黄河源区水文气象变量演化特征研究

张金萍　李云玲　肖宏林　著

中国水利水电出版社
www.waterpub.com.cn
·北京·

内 容 提 要

本书以黄河源区水文气象变量为数据基础，以黄河源区水文气象变量演化特征、关系特性及其丰枯特征等统计计算为理论基础，系统地研究了黄河源区水文气象变量的统计特征。本书以降雨量、径流量和泥沙量作为黄河源区的主要水文气象变量，对其趋势性、持续性和多周期性等演化特征及其关系特征进行了较为全面的分析。利用协整理论分别分析了降雨-径流、径流-泥沙和降雨-径流-泥沙之间的协整关系，分位数协整关系和多时间尺度协整关系特征。同时，在识别结构突变的基础上，利用变结构协整理论研究了它们之间的变结构协整关系特征。此外，以龙羊峡水库为例，研究了大型水库构建对其下游水沙关系的影响，利用 Copula 理论分析了入库站和出库站水文气象变量的丰枯遭遇特征。最后，基于"延拓-分解-预测-重构"思路，对黄河源区降雨和径流序列进行了模拟预测，确定了水文气象变量中比较可靠的组合预测模型。

本书可供水文水资源和气象方面的科技工作者参考。

图书在版编目（CIP）数据

黄河源区水文气象变量演化特征研究 / 张金萍，李云玲，肖宏林著. -- 北京 : 中国水利水电出版社，2023.12
ISBN 978-7-5226-1952-1

Ⅰ．①黄… Ⅱ．①张… ②李… ③肖… Ⅲ．①黄河流域－水文气象学－研究 Ⅳ．①P339

中国国家版本馆CIP数据核字(2023)第217563号

审图号：GS 京（2023）1901 号

书　　名	**黄河源区水文气象变量演化特征研究** HUANG HE YUANQU SHUIWEN QIXIANG BIANLIANG YANHUA TEZHENG YANJIU
作　　者	张金萍　李云玲　肖宏林　著
出版发行	中国水利水电出版社 （北京市海淀区玉渊潭南路 1 号 D 座　100038） 网址：www.waterpub.com.cn E-mail：sales@mwr.gov.cn 电话：(010) 68545888（营销中心）
经　　售	北京科水图书销售有限公司 电话：(010) 68545874、63202643 全国各地新华书店和相关出版物销售网点
排　　版	中国水利水电出版社微机排版中心
印　　刷	天津嘉恒印务有限公司
规　　格	184mm×260mm　16 开本　13 印张　285 千字
版　　次	2023 年 12 月第 1 版　2023 年 12 月第 1 次印刷
定　　价	**80.00** 元

前　言

黄河源区是黄河流域最重要的产流区，素有"黄河水塔"之称。黄河源区径流量变化对于整个黄河流域水资源的变化具有至关重要的影响和控制性作用。在气候变化和人类活动叠加的影响下，黄河源区流域产汇流系统及水文过程会受到不同程度的扰动，流域水文气象变量在时间和空间上会呈现出复杂的演化特征。由于黄河源区产汇流系统及水文气象变量在黄河流域中地位重要，为了实现黄河流域水资源的可持续利用，水沙的合理调控和流域健康发展，非常有必要开展变化环境下的黄河源区水文气象变量演化特征研究工作。为此，针对流域水资源现状，结合流域产汇流过程中的相关水文气象变量的演化特征，撰写了此书。

本书以流域水循环过程中的实测水文气象数据作为基础，旨在对黄河源区产汇流系统的主要输入变量（降雨量）和输出变量（径流量、泥沙量）以及主要系统参变量的演化特征进行深入分析和系统研究，以便能够由因及果、逻辑递进地系统分析、综合把握和评价预测黄河源区降雨、径流、泥沙等水文气象变量的演化特征及相关关系。同时，探究黄河源区水文和水资源系统的时空变化规律，研究自然水文过程的变化节律，分析大型水库调度运行对径流-泥沙过程及其不确定性关系的影响，揭示工程调度与水文节律协调的可行性，为黄河流域的水量分配、水库水沙调度等水资源开发、利用、保护与管理工作提供基础参考和科学指导，实现以水资源可持续利用支撑流域经济社会和生态环境的协调与可持续发展。

本书利用统计学方法，分析了流域内水文气象变量的趋势性、持续性和多周期性等演化特征，利用协整理论解析水文气象变量在微观和宏观多时间尺度下的长期均衡关系和短期波动关系。利用熵值理论，剖析黄河源区水文气象变量的不确定性，解析龙羊峡水库运行对径流-泥沙关系的影响。利用Copula理论量化黄河源区降雨-径流和径流-泥沙丰枯遭遇特征及关系性。此外，基于组合预测的思路，构建组合预测模型，分别对降雨和径流进行重构模拟与预测，以便提高水文气象变量时间序列的预测精度。总体而言，本书系统地研究了黄河源区水文气象变量的关系特性、丰枯遭遇和演化特征。

本书收集了大量的资料，参考了国内外诸多学者的研究成果，经过斟酌编写而成。作者阅读和参考了大量的论著，并从中受到了很大的启发，在此向各位科研工作者表示感谢！本书由张金萍和肖宏林统筹负责，由多位学者参与编写，是集体的研究成果和智慧结晶。本书共包括8章，其中，第1～4章由张金萍撰写，第5章、第6章、第8章由肖宏林撰写，第7章由李云玲撰写。全书由张金萍和李云玲统稿和把关。

　　本书的每一章节都凝聚着作者的智慧和心血，可供水文气象学领域的科研工作者参考使用。同时，感谢中国水利水电出版社编辑为本书出版所付出的辛苦劳动。此外，由于流域水循环过程复杂，作者水平有限，编写时间仓促，书中的一些方法和观点可能存在争议和缺点。书中也难免会出现一些错误，恳请各位专家和广大读者给予批评和指正，以便作者在以后的研究工作中进行补充和完善。

张金萍

2023 年 3 月 5 日

目　录

第1章　概　　述

1.1　问题的由来

黄河是中华民族的母亲河,发源于中国青海省青藏高原巴颜喀拉山北麓的约古宗列盆地,流经九省(自治区)并注入渤海。黄河以占全国河川径流总量 2.2% 的天然径流量支撑着全国总人口的 12%、耕地总面积的 15%,除了承担着本流域的供水任务之外,还承担着向流域外的河北省和天津市的引黄供水任务。黄河源区作为黄河流域的主要产流地区,河川径流主要由降雨、降雪和冰川融水构成,是黄河流域重要的水源涵养区。黄河水资源量的变化对于黄河流域和相关区域的社会经济发展与生态系统维系具有重大影响。

黄河龙羊峡以上区域是黄河流域水资源规划分区体系中的一个二级分区,以唐乃亥水文站为界又可分为两个子区域。唐乃亥水文站是黄河干流天然径流河段与人工调节河段的分界点,唐乃亥水文站以上区域即为黄河源区,控制流域面积 12.2 万 km^2,多年平均年径流量 205.1 亿 m^3,在黄河水量监测和调度工作中具有重要战略地位[1]。黄河源区水资源量丰富,占黄河流域总汇水面积的 13%,贡献了黄河年径流量的 34%,是黄河流域主要的产流区,素有"黄河水塔"之称,黄河源区径流量变化对于整个黄河流域水资源的变化具有至关重要的影响作用[2]。唐乃亥至龙羊峡区域为唐乃亥水文站至龙羊峡水库之间的汇水区域,多年平均区间年径流量为 7.3 亿 m^3。龙羊峡水库位于黄河干流上青海省共和县与贵德县之间,是黄河上游的第一座大型水电站和黄河干流水库群的龙头水库,具有多年调节性能,始建于 1976 年,1986 年年底下闸蓄水,坝高 178m,总库容 247 亿 m^3,调节库容 194 亿 m^{3}[3]。唐乃亥水文站是龙羊峡水库的入库控制站,下距龙羊峡水库 134km,其间无大中型支流汇入[4]。贵德水文站是龙羊峡水库以下河段的第一个水文站,它是龙羊峡水库的控制性出库水文站。

黄河源区海拔高、气候寒冷、自然条件恶劣、人口稀少,2015 年共有人口 31.6 万人,城镇化率 24%,人口密度 3 人/km^2,产业以畜牧业为主体。龙羊峡水库是多年调节水库,防洪作用和发电效益显著,其运行调度对水库下游径流过程的影响巨大,特别是对龙羊峡水库出库站贵德水文站径流过程产生较大的影响。流域产汇流系统是一个受到自然环境和人为环境双重变化影响的、开放的、复杂的非线性系统[5]。近几十年来,随着气候的变暖,黄河源区出现了冰川减缩、冻土退化和草场减少的现象,加上源区内人类活动的影响,致使植被覆盖率和下垫面发生了变化,直接影响了黄河源区水文系统的稳定性。从水资源系统的角度来看，径流量、蒸发量、泥沙量是流域产汇流系统的主要输出变量，降雨量是主要的输入变量，而气温、风速、日照、植被覆盖与土地利用、地形、水文地质、人类活动等因素是主要的系统参变量，筑坝建库是人类影响流域产汇流系统水循环过程的典型活动。输入变量与系统参变量共同作用而影响着输出变量的演化。

综上所述，基于黄河龙羊峡以上区域产汇流系统在黄河流域的重要地位和典型特征，为了实现黄河流域水资源的可持续利用，亟须开展变化环境下的黄河龙羊峡以上区域产汇流系统演化特征研究工作。本书旨在对黄河源区产汇流系统的输入和输出变量以及主要系统参变量的演化特征进行深入分析和系统研究以便能够由因及果、逻辑递进地系统分析、综合把握和评价预测黄河源区降雨、径流、泥沙等水文气象变量的演化特征，探究黄河源区水文和水资源系统的时空变化规律，研究自然水文过程的变化节律，分析大型水库调度运行对径流过程的影响程度，探索工程调度与水文节律协调的可行性，为黄河流域的水量分配、水库水沙调度、生态保护等水资源开发、利用、保护与管理工作提供基础参考和科学指导，实现以水资源可持续利用支撑流域经济社会和生态环境的协调与可持续发展。

1.2　国内外研究现状

1.2.1　演化特征研究

Mann - Kendall 趋势检验法是世界气象组织推荐的水文气象时间序列趋势性分析方法[6]，在国内外水文水资源变量趋势性研究方面得到了广泛应用。Myronidis 等[7]应用 Mann - Kendall 趋势检验法对希腊北部 Doiran 湖流域的 SPI（Standardized Precipiation Index）标准干旱指数的演化趋势进行了检验，结果显示该区域的干旱情势呈增加趋势；Seo 等[8] 应用 Mann - Kendall 趋势检验法对韩国汉江流域降雨量的变化趋势进行了研究，结果显示汉江流域大部分站点的年最大降雨量呈一定程度的增加趋势；Reiter 等[9] 应用 Mann - Kendall 趋势检验法对欧洲上多瑙河流域 1960—2006 年的年、季气温和降雨量序列的变化趋势进行了研究，结果显示春季、夏季和年气温呈显著上升趋势而降雨量无显著变化趋势；张建云等[10] 应用 Mann - Kendall 趋势检验法分析了黄河中游 3 个区间历史年径流量的变化趋势，结果显示各区间年径流量呈显著减少趋势；丁志宏等[11] 应用 Mann - Kendall 趋势检验法分析了黑河莺落峡 1945—2000 年的年径流量变化趋势，结果显示该站年径流量呈不显著的增加趋势；刘茂峰等[12] 采用 Mann - Kendall 趋势检验法分析了白洋淀流域近 50 年的年径流量变化趋势，结果显示该流域年径流量呈下降趋势。

水文气象时间序列的持续性又称长程相关性，其实质是序列的分形特征。重标度极差分析法（Rescaled Range Analysis，R/S）是研究时间序列长程相关性的常用方法[13]。Tongal 等[14] 应用 R/S 分析法分析了莱茵河低流量和控制性径流过程的季节性特征；姚治君等[15] 应用 R/S 分析法研究了金沙江下游梯级水电开发区降雨的年际和季节持续性，结果显示研究区降雨序列总体上存在明显的赫斯特（Hurst）现象，具有持续性特征，未来降雨仍会维持减少趋势；Hu 等[16] 应用 R/S 分析法研究了新疆巴音布鲁克草原 1958—2012 年的日最高气温、日最低气温和降雨量变化的趋势性，结果显示巴音布鲁克草原的暖湿化趋势在未来将持续。但当序列包含短期记忆或序列是非平稳时，R/S 分析法将产生一定的误差。

多时间尺度特性是复杂非线性系统的重要演化特性之一。小波分析法在时频领域具有良好的识别能力，是水文变量多时间尺度特性研究的基本手段之一，因此在国内外水文领域存在较多研究工作。在国内，如许文龙等[17] 应用小波分析法对黄河上游各站点的月径流量和月泥沙量数据进行分析，分析月径流量、月泥沙量变化的周期性；杨敏等[18] 应用小波分析法对洞庭湖入湖（湖南四水、荆江三口）和出湖（城陵矶）的主要控制性水文站水沙变化的周期性进行分析；罗玉等[19] 基于长江源区沱沱河水文站和直达门水文站 1961—2016 年月平均径流量数据，应用小波分析方法对多时间尺度周期性特征进行了研究；刘星根[20] 应用小波分析方法对赣江流域年降雨和年径流的多时间尺度周期特征和相关性进行了研究；在国外，Lane[21] 将小波分析法应用于澳大利亚博干河上游流域的降雨和径流记录，利用连续小波变换来识别降雨和径流的时间变异性及其相互关系；Nakken[22] 基于小波分析方法构建了降雨径流评估模型；Aksoy 等[23] 提出了一种基于小波分析的泥沙排放时间序列建模方法，在使用 Haar 小波分析的模型中，可用的数据被分解成详细的函数；Shenify 等[24] 利用小波分析方法对降雨量进行分解，再利用 SVM（Support Vector Machines）方法构建了组合预测模型，对降雨量进行了预测研究。

但小波变换从本质上讲是窗口可调的傅里叶变换，其小波窗内的信号必须是平稳信号，因此没有从完全摆脱傅里叶变换分析的局限。小波分析虽然能够在频域内具有较高的分辨率，但同样存在一定的问题，它在分解的过程中通常会产生伪谐波，并且小波基函数的选择也会对小波分解结果产生显著的影响[25]。为了克服小波变换的诸多不足之处，Huang 等[26] 于 1998 年提出一种多分辨率自适应信号时频分析新方法——经验模态分解（Empirical Mode Decomposition，EMD）方法。它是通过一个"筛选"过程从复杂的多分量原始信号中分离本征模态函数（Intrinsic Mode Function，IMF）。虽然 EMD 方法分解比较精确，但是它在计算分解的过程中可能会存在模态混淆现象、端点效应等缺陷。针对模态混淆问题，Wu 等[27] 在 EMD 方法的基础上向原始信号加入白噪声，提出了集合经验模态分解（Ensemble Empirical Mode Decomposition，EEMD）方法（简称 EEMD 方法），对模态混淆问题能有效解决，但在信号重构序列中会存在残余噪声；Yeh 等[28] 对 EEMD 方法作了新的改进，加入的辅助噪声采用正、负成对的形式，这种方法被称为互补集合经验模态分解方法（简称 CEEMD 方法），但是该方法同样存在新的问题。2011 年，Torres 等[29] 提出了具适应性噪声的完全集合经验模态分解（Complete Ensemble Empirical Mode Decomposition with A-daptive Noise，CEEMDAN），解决了 EEMD 存在的残余噪声问题。2014 年，Colo-minas 等[30] 又对 CEEMDAN 进行了进一步改进，解决了早期 CEEMDAN 方法中个别模态包含的残留噪声以及虚假模态等问题。

近年来国内外学者[31-33] 对 EMD 系列方法有很多研究，并应用于计算机、机械、医学等多个领域中。在国内，张洪波等[34] 基于经验模态分解（EMD）和自回归模型建立"分解-预测"耦合模型对陕北丁家沟水文站、关中华县水文站、陕南白河水文站径流量进行组合预测研究；任博等[35] 应用 EMD 方法对大凌河朝阳水文站 1956—2009 年的降雨量资料进行分解，以分解出的分量作为 BP 神经网络预测模型的输入，以实测的年径流量作为输出，建立降雨径流预测模型；王俊鸿等[36] 利用 EMD 方法，分析了岷江上中游地区 6 个代表水文站 1956—2016 年年均流量序列变化的周期、趋势和统计规律；Zhang 等[37] 应用 EMD 方法研究了新乡水利试验站 1961—2010 年的降雨量与参考作物腾发量在多时间尺度下的关系；Meng 等[38] 以 EMD 方法为基础，提出了一种改进的经验模态分解和支持向量机组合模型（M-EMDSVM），以提高月径流预测精度；杜懿等[39] 利用 EEMD 方法构建一种新的 EEMD-BP-ANN 非线性预测模型，并对广西澄碧河平塘水文站的径流量进行分析研究；姜璇[40] 将 EEMD 方法与人工神经网络方法结合，构建 EEMD-ANN 模型，开展考虑突变特征的三峡水库年径流和月径流预报中长期预测研究；张晶等[41] 应用 EEMD 方法对漳泽水库水文站 1956—2008 年的年径流量进行多时间尺度研究。

在国外，Reddy 等[42] 应用 EMD 方法分析了印度降雨量的多时间尺度特征，并探讨了季风季节降雨量和不同全球气候波动的可能联系；Kim 等[43] 应用 EEMD 方法识别了韩国气候指数与长期降雨之间的关系；Prasad 等[44] 将 EEMD 方法和随机森林杂交算法结合对澳大利亚墨累令盆地进行土壤水分周预报研究；Antico 等[45] 对阿根廷河洪水过程利用应用 EEMD 方法进行了多时间尺度特征；Karthikeyan 等[46] 利用基于小波和经验模态分解的时间序列模型对降雨非平稳时间序列的可预测性进行了研究；Napolitano 等[47] 研究了 EMD 方法和权值随机初始化对 ANN 方法进行逐日径流序列预测的影响。

1.2.2　水文气象变量关系研究

研究水文气象变量之间的关系是水文学研究的重点内容，其中降雨、径流、泥沙之间关系的研究更是诸多研究的热点问题，贯穿于整个水文学的发展过程。目前有诸多国内外学者对降雨-径流关系进行了大量研究。张文[48] 应用统计学方法，根据 1956—2018 年下河南水文站的实测降雨、径流数据对蚂蚁吐河流域的降雨-径流关系进行了趋势性分析；张克阳等[49] 根据降雨-径流双累积曲线和单次降雨-径流相关图，定量地分析了清水河上游西沟降雨-径流的变化规律；Koradia 等[50] 采用了 10 年的降雨和径流数据，通过 LM、GDX、BFG、CGF、SCG、BR、CGP 和 RP 等不同的训练方法建立了 AROBIST 神经网络模型，对半干旱中部古吉拉特地区进行降雨径流关系模拟及预测；Nielsen 等[51] 通过建立大型田间试验站分析由砂壤土组成的城市集水区的内在水文过程，研究了城市绿地的降雨径流过程。也有诸多学者对径流泥沙关系进行大量的研究。张金萍等[52] 将 CEEMDAN 方法与集对分析和信息熵理论结合，分析了黄河龙羊峡水库以上区域的径流泥沙关系的随机变化和水库对水沙关系的影响；邓娟等[53] 以不同生态类型的渭河、延河和汉江为研究对象，根据河流断面的水质监测资料从水质的角度研究了三条河流径流泥沙与污染源间的关系；Husen 等[54] 采用 SWAT 模型估算了埃塞俄比亚裂谷卡塔尔流域的径流和泥沙量，分析径流和泥沙的关系；Li 等[55] 根据 1971—2017 年安宁河流域降雨资料，采用 Mann - Kendall 趋势检验法和滑动 t 检验法确定典型降雨月份后，结合 Copula 分析方法构建了 2010—2015 年的水沙模型，从时间和空间两个方面分析了径流和泥沙的同步概率和非同步概率。

上述无论是对降雨-径流关系的研究，还是对径流-泥沙关系的研究都有诸多成果，但是研究降雨-径流-泥沙三者之间关系的成果较少。张富等[56] 根据祖厉河流域 1955—2013 年的实测数据分析了降雨、径流、泥沙的时段特征和变化趋势，依据 Mann - Kendall 趋势检验法得出突变点，并依据 UF_k 值信度变化趋势将径流量、泥沙量变化划分为四个时期。许小梅[57] 根据黄土高原沟壑区砚瓦川中尺度流域降雨、径流和泥沙资料来分析三者的变化特征，结果表明砚瓦川流域径流量、泥沙量的变化与降雨量密切相关，径流量和泥沙量呈逐年减少的趋势。

1.2.3　协整理论的研究及应用

协整理论的最大优势是能够处理变量的非平稳性问题，同时还可以揭示变量之间的长期均衡关系和短期波动关系。由于水文变量受到气候变化、下垫面、人类活动等诸多不确定性因素影响[58-59]，水文序列其时间序列的统计特征总是随着时间变化的，因此大多水文序列是非线性非平稳的，而非平稳序列会导致伪回归，使得计算结果失真[60-62]。协整理论是处理非平稳性的有力工具，近年来协整理论在水文学领域有着广泛的应用，畅明琦等[63]、张利亚等[64]、张金萍等[65] 将协整理论应用于河川径流分析，通过建立误差修正模型实现了对河川径流的预测，证明了误差修正模型在河川年径流预测中的适用性。李佳艺等[66] 根据陆浑灌区 1951—2002 年降雨量和作物需水量数据运用协整理论建立了 VAR、VEC 模型，对陆浑灌区的降雨量与作物需水量的动态关系进行了研究。Zhang 等[67] 利用协整理论和小波分析，对渭河下游华县水文站的径流和泥沙关系进行了协整分析，并对径流量进行了有效预测。同时，协整理论还可以同其他数据分析方法相结合，以达到提高计算精度的目的。Zhang 等[68-69] 将小波分析方法和线性协整、非线性协整相结合对陆浑灌区降雨量、灌溉水量和作物需水量的关系进行了三变量多时间尺度协整研究和非线性协整关系研究，并对灌溉需水量进行了预测，提高了预测精度。

运用协整理论分析时间序列要求其结构是稳定的，即不存在突变点，否则会产生单位根统计量发生偏移的可能[70-71]。事实上，气候变化、人类活动和下垫面改变等因素均有可能引起水文变量序列结构的变化，进而导致协整关系发生突变，并因此影响水文变量之间的关系，从而使得协整检验的基础不复存在。因此，在进行相关的协整分析时，有必要考虑结构突变的因素，才能更为准确地把握水文变量之间的协整关系[72-73]。变结构协整理论是研究结构突变时间序列的一种有效的方法，目前研究水文变量之间的变结构协整关系这一问题的文献较少。Zhang 等[74]采用变结构协整方法建立了降雨-径流变结构误差修正模型，对黄河源区的降雨径流关系进行了分析和预测。郭兵托等[75]对陆浑灌区的降雨量、作物需水量和灌溉用水时间序列建立了变结构协整误差模型，证明了引入突变点的变结构误差修正模型的拟合能力更高。

1.2.4　水文气象变量时间序列预测研究

为了提高水文气象变量预测的精度，国内外学者对预测的理论和方法进行了深入的探索和研究，提出了各种预测模型。这些模型可以粗略地分为两大类：过程驱动模型和数据驱动模型[76-77]。由于水文气象现象成因的复杂性，基于物理成因的过程驱动模型虽然可信度较高但在具体研究和应用中实施较困难。数据驱动模型主要针对水文气象变量时间序列进行研究而不涉及水文气象系统内部复杂的物理机制，模型设计与应用更加方便。而且随着技术的发展，基于时间序列的预测模型越加完善，预测精度不断提高。因此结合研究内容，这里重点介绍数据驱动模型在水文气象预测方面的发展。

数据驱动模型主要包括传统的数理统计模型和基于现代预测法[78-79]的机器学习模型。根据模型构建过程，数据驱动模型又可分为单一预测模型和组合预测模型。单一预测模型即采用具体的单一数据驱动模型直接对原始水文气象变量序列进行预测。组合预测模型是指通过时间序列分析工具将原始序列解构为多组分量，对每组分量分别进行预测，各组预测结果重构后得到最终预测结果；或者采用多种单一模型分别对原始序列进行预测，将每个预测结果通过各种方法进行加权组合，得到最终的预测结果[80-88]。

1. 单一预测模型

单一预测模型即对数据序列采用单一数据驱动模型预测。数据驱动模型中的数理统计方法以概率论和数理统计原理为理论基础，以历史系列数据资料为样本，根据水文要素序列的时序性和自相关性来建立预测模型，推求水文气象变量变化的统计规律[89]。经典的基于数理统计模型主要有自回归模型（Auto Regressive，AR）[90]，滑动平均自回归模型（Auto Regressive Moving Average，ARMA）[91]、自回归积分移动平均模型（Auto Regressive Integrated Moving Average，ARIMA）[92]以及门限自回归模型[93-94]。以上模型理论成熟且实施方便，因此基于数理统计方法的单一预测模型在水文时间序列预测领域得到广泛应用。王昱等[95]构建了平稳时间序列的 AR 模型并对年平均流量进行预报，模型运算迅速并具有较好的适应性和预报精度。汤成友等[96] 对提取周期项和趋势项后的残差序列建立 AR 模型，并对组合模型进行水文中长期预报。Mondal 等[97] 对孟加拉国布拉马普特拉河的流量构建消除季节因素的 AR-MA 模型，较好地捕捉布拉马普特拉河流量的变化特征。张春岚等[98] 在构建 ARMA 模型过程中运用最小信息准则来确定模型的最佳阶数，并运用修正的可变遗忘因子递推最小二乘法进行参数的动态修正，达到了较高的预测精度。白晓等[99] 将 ARIMA 降雨量预测模型和 Modflow 地下水流数值模型结合，对矿区岩溶地下水资源量和水位动态变化进行模拟和预测，为地下水资源的合理开发利用提供参考。周泽江等[100] 对若尔盖水文站逐日平均流量建立门限回归模型以及最近邻抽样回归模型进行拟合和预测，研究表明两种模型对于日平均流量均有较好的预测效果。

近年来，随着计算机性能的提高和新的数学分支的开拓，包含人工神经网络、支持向量机、灰色系统、模糊分析以及混沌系统等基于现代数据驱动预测法的机器学习模型得以快速发展。机器学习模型通过建立输入与输出数据之间最优数学关系来构建模型，具有较强的处理非线性问题的能力。模型可以映射输入变量和目标变量之间的关系来模拟水文过程，进而达到良好的预测效果。此类方法在水文领域得到了广泛应用，是目前进行水文要素预测的常用手段。屈忠义等[101] 探讨了不同 BP 网络结构和算法在地下水文预测中的应用，预测了河套灌区节水工程实施后未来灌区地下水位下降的趋势。Birikundsvyi 等[102] 将 BP 神经网络模型的日径流量预测结果与经典的自回归模型和卡尔曼滤波器进行对比，证明人工神经网络具有更优的预测结果。黄国如等[103] 将径向基函数（RBF）神经网络模型应用于感潮河段的洪水位预报，认为该方法比 BP 算法有更快的收敛速度，预报精度较高，应用价值较大。Nor 等[104] 应用径向基函数（RBF）方法对马来西亚两处集水区的降雨与径流关系进行建模，得到了较为精确的模型预测结果。陈守煜等[105] 将模糊集理论引入水文学中，提出了模糊水文学的基本理论模型与应用。但是因为其包含的信息带有明显的主观性，所以在生产实践中有一定的局限性。Hense 等[106] 在 1987 年将混沌动力学方法引入水文学领域，建立了同时考虑水文变量确定性和随机性的混沌分析方法。权先璋等[107] 以多条河流的径流时间序列为例构建了基于混沌动力学的局部预测模型，相比于 AR 模型等预测方法取得了更好的效果。林剑艺等[108] 探索了支持向量机（Support Vector Machine，SVM）模型在中长期径流预报中的应用，并与人工神经网络模型预报结果进行比较，显示 SVM 模型可以提高预报精度。Maity 等[109] 利用支持向量回归（Support Vector Regression，SVR）对印度奥里萨邦 Mahanadi 河的月流量进行预测，证实了与传统的 ARIMA 方法相比，SVR 模型具有更好的预测精度。任化准等[110] 将遗传算法（GA）与支持向量回归模型进行耦合，构建了动态三参数优化 GA - SVR 日径流预测模型用于黑水河流域日径流预报，预测结果比 BP 神经网络模型和多元线性回归模型具有更高的精度。

2. 组合预测模型

上述基于数理统计和机器学习的单一预测模型具有各自的不同特点和适用条件，

一种模型无法在不同情况下始终保持最优的预测性能。在采用单一模型对复杂的水文序列进行预测时,选择模型的过程会带来预测风险,选用的模型可能不适用于所研究的水文变量。针对单一预测模型的局限,学者们提出了基于加权组合的组合预测模型。加权组合是指通过加权方式将多种单一预测模型的预测结果进行组合得到最终预测值。针对这种组合预测思路,水文领域学者们进行了一系列相关研究并取得了不错的效果。然而,水文时间序列难以直接预测的根本原因在于序列本身的非平稳和非线性特征,加权组合模型并没有对水文序列的复杂性进行处理,因此预测精度的提高效果有限。

小波分析、EMD、EEMD 以及 CEEMDAN 等时频分析方法可以将非线性较强的水文序列分解为具有不同时间尺度的多组分量,提取水文气象变量序列中蕴含的多时间尺度变化特征,达到简化复杂原始序列的目的,由此提出的"分解-预测-重构"组合预测模型拥有更强的预测能力。"分解-预测-重构"的具体过程为:利用小波分析等工具把原始水文序列分解为多组分量,选用具体的数理统计和机器学习模型对各个分量进行预测,将分量预测结果重构得到最终预测结果。这种基于时频分析方法组合模型构建思路能够充分把握水文序列的细部变化特征,明晰内在的波动规律,降低数据序列预测难度并充分发挥单一预测模型的预测能力,达到精确预测的目的,已被广泛应用于水文时间序列预测研究中。

钱镜林等[111] 利用小波分解将径流时间序列分解为低频项和高频项,分别采用逐步回归法预报和 Volterra 滤波器预报法对两组分量进行预测,整合预测结果实现径流预报。实例计算表明,该模型具有较好的计算精度。Okkan 等[112] 对月降雨量、月平均气温等气象资料进行小波分解,对分量采用多种模型进行预测,预测结果表明基于小波分解和神经网络的组合预测模型具有较高的预测精度。张洪波等[113] 结合 EMD 方法和 RBF 神经网络模型构建了"分解-预测-重构"组合预测模型,并对预测误差进行了控制,为类似的非平稳时间序列预测提供参考。Karthikeyan 等[114] 分别利用小波分解和 EMD 方法与自回归模型结合对降雨量进行预测,尽管小波分解相较于EMD 方法具有局限性,其预测结果仍然具有合理精度。Beltran - Castro 等[115] 将EEMD 方法和 ANN 方法相结合构建组合预测模型,对降雨数据进行预测并对比单一模糊神经网络模型的预测精度,该模型的预测能力显著提高。刘艳等[116] 构建了 EE-MD - ARIMA 组合径流预测模型对玛纳斯河径流量进行预测,该模型预测精度明显优于单一 ARIMA 模型。

1.2.5　水库修建对水沙影响的研究

水库的修建都是具有明确目标的,这些目标通常会涉及防洪抗旱、城市供水、农业灌溉、水力发电等。为了满足供水目标的需水要求和防洪要求,水库需要对来水径流过程进行调节和控制,这将改变天然的径流过程,而径流的量值、频率、历时、出现时间以及变化率等会影响水生态系统的生态过程。因此,在倡导人与自然和谐的新时代背景下，深入分析和系统研究水库运行对天然径流过程的影响程度，提出适宜的生态需水量过程；分析水库修建对下游径流-泥沙的影响及其输移变化，对于实现社会经济发展目标与生态系统维系目标之间的协调十分重要。

为了定量评估人类活动对水文情势的影响程度，Brian 等[117] 于 1996 年提出水文变异指标法（Indicators of Hydrologic Alteration，IHA），1997 年又结合 IHA 法提出了 RVA 变动范围法[118]（Range of Variability Approach），RVA 法和 IHA 法均在国内外生态水文学研究领域得到了广泛应用。Bhat 等[119] 以美国佐治亚州 Fort Benning 流域为例提出了基于洪水过程线的水文指标提取方法，并与基于长系列日径流量数据提出的水文指标进行了对比，结果表明前者可以作为后者的替代指标。Craven 等[120] 应用分级线性模型研究了美国伊利诺伊州、亚拉巴马州和佐治亚州的 3 条暖水河流中的鱼类生长特性与径流情势之间的关系。Kumara 等[121] 应用 IHA 法分析了印度 Tungabhadra 河在大坝修建后对下游径流过程的改变程度。杜河清等[122] 应用 RVA 法研究了东江新丰江水库、枫树坝水库和白盆珠水库对水库下游河流水文情势的影响，结果表明 3 座水库建设对附近河段水文情势的影响属于高度改变。张鑫等[123] 应用 IHA 法研究了陆浑水库对伊河径流过程的影响，结果表明，陆浑水库的运用明显改变了下游河道水文情势。杨娜等[124] 应用 RVA 法建立了考虑水流情势天然性要求的河流生态目标的丹江口水库多目标优化调度模型。

郭文献等[125] 采用 Mann - Kendall 趋势检验法和变动范围法对三峡水库蓄水后下游河流水沙情势变化特征及其产生的生态影响进行了研究；刘彦等[126] 采用 Mann - Kendall 趋势检验法分析泥沙量、含沙量的变化趋势及突变特征，利用评级曲线法分析三江源区河流输沙及水沙关系；陈少冰等[127] 运用交叉小波分析方法，结合交叉小波能量谱、小波凝聚谱和小波功率谱探讨了伊洛河水沙入汇对黄河干流下游水沙的影响；姚文艺等[128] 根据河流动力学原理分析了水库运用对径流泥沙过程的调节作用及其影响，揭示了水库对其下游河道水沙关系的调控机制；郭爱军等[129] 采用滑动平均法分析流域水沙变化，并利用 Copula 函数建立水沙联合分布，对比分析泾河流域水沙变化特征，研究不同时段水沙丰枯遭遇情况；赵静等[130] 运用滑动平均法、Mann - Kendall 趋势检验法分析了渭河流域的水沙演变特征以及水沙关系；Li 等[131] 利用 SWAT 模型及其相关方法评估了在流域尺度上拦河大坝对黄河中游径流量和泥沙量的影响；张金萍等[132] 利用 CEEMDAN 方法与信息熵方法分析了水库构建前后对其下游水沙关系变化的影响；韩璞璞等[133]、Tian 等[134]、李志威等[135]、刘晶等[136] 分别对黄河源区水沙特征及其变化关系进行了研究。

1.3 研究区概况与基础数据

1.3.1 地理位置

黄河源区主要指的是唐乃亥水文站以上的区域，包括龙羊峡水库，地理坐标介于东经 95°50′~103°30′、北纬 32°10′~36°05′之间。黄河源区及龙羊峡水库位于黄河上游源地区域，其地理位置见图 1.1。黄河源区地处我国西北地区，横跨甘肃、青海和四川三省，控制面积 12.2 万 km²，占黄河流域面积的 18%。水源的补给方式主要是降水补给，其次是冰川积雪融水和地下水补给[137]。龙羊峡水库位于黄河干流上青海省共和县与贵德县之间的区间，是黄河上游的第一座大型水电站和黄河干流水库群的龙头水库，具有多年调节性能，始建于 1976 年，1986 年年底下闸蓄水，坝高 178m，总库容 247 亿 m³，调节库容 194 亿 m³。唐乃亥水文站位于水库上游，是龙羊峡水库的入库站，唐乃亥水文站多年平均年径流量 205.1 亿 m³。下距龙羊峡水库 134km，其间无大中型支流汇入。贵德水文站位于龙羊峡水库大坝下游 54.8km 处，贵德水文站是龙羊峡水库以下河段的第一个水文站，它是龙羊峡水库的控制性出库水文站。

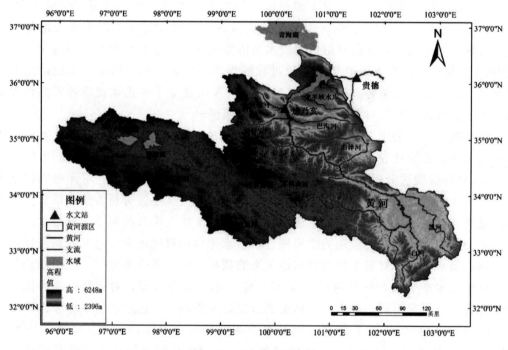

图 1.1　地理位置示意图

1.3.2　地形地貌

黄河源区地势西高东低，西起巴颜喀拉山，东抵岷山，南达邛崃山，北至共和盆地，黄河从约古宗列渠起源，经星宿海草地、扎陵湖、鄂陵湖后到玛多，再绕积石山南麓向东南流，穿过若尔盖草原北部到达玛曲处，又穿行于西倾山和积石山的峡谷间到唐乃亥便转向东流，经共和盆地进入龙羊峡谷。河流全长约 1687km，多行于海拔 3000m 以上的高原和峡谷，主要山脉的海拔多在 5000m 以上，河道迂回曲折，两岸多湖泊、沼泽和草滩。至唐乃亥水文站是为黄河河源段，整个干流呈 S 形。源区内干流河长 1959km，落差 2768m，平均比降 1.47‰。在红原、若尔盖一带是大片草地及沼泽；玛曲以下的黄河右岸地势起伏较左岸小，植被良好，而两岸群山起伏，大部分在 4000m 以上，最高的阿尼玛卿山达 6282m，其间还有一些冰川分布，该段河流切割较深，植被覆盖较差。在水库的西北面至沙珠玉一带还分布着大片沙漠，每年有大量的风沙侵入水库。龙羊峡以上的黄河主要支流（面积 3000km² 以上）有芒拉河、大河坝河、曲什安河、巴沟、切木曲、泽曲、黑河、白河、东科曲、达日河、热曲等 11 条。其中面积大于 5000km² 的有黑河、白河、曲什安河、热曲 5 条。流域平均海拔为 4500m，最高点为 6282m（位于青海省果洛藏族自治州玛沁县西北部的阿尼玛卿山），最低点为 2572m（位于龙羊峡水库出水口处）。

1.3.3 气象水文条件

黄河源区按照中国的气候分类标准属于"青藏高原气候系统"，为典型的高原大陆性气候，处于高原亚寒带和高原亚温带的交界区。气候特征表现为冷热两季交替、干湿两季分明、年温差小、日温差大、日照时间长、辐射强烈、无四季区分的气候特征。黄河源区年平均温度自东向西、自南向北随着海拔的提升呈持续下降趋势。除了东部大面积区域，温度高值区主要分布于兴海县、同德县和达日州等个别区域。尤其是东部的红原县、玛曲县以及北部的兴海县，年均温均超过了 1.5℃。与此相反，称多县、玛多县和玛沁县等区域年均气温常年处于 -3.0℃ 以下，是黄河源区最冷的几个地区。区内大部分地区年均气温在 0℃ 以下，全年最低平均气温出现在玛多气象站（海拔 4272m，1958—2013 年多年年均气温 -3.3℃）。如以玛多气象站的年均气温为标准，按垂直递减率每 100m 0.6℃ 推算，区域海拔最高点 6253m 处的年均温约为 -15.2℃。最冷月和最热月分别出现在 1 月和 7 月，其中 7 月平均气温为 7.5（玛多县）~10.8（红原县），极端最高气温 25.2℃（若尔盖县）；1 月平均气温最低为 -16.8℃，出现在玛多气象站。最高为 -9.9℃（红原县），极端最低气温 -48℃（玛多县），气温年较差在 20.9~24.8℃ 之间。年蒸发量在 730~1700mm 之间。黄河源区由于海拔高、空气干燥、降雨少，故大气透明度良好，太阳辐射强烈、日照时间长。大部分地区全年辐射总量高于 5500MJ/m²，年日照时数在 2200h 以上。

黄河源区主体位于三江源国家级自然保护区地势较低的东部，这里高山林立，河流密布，湖泊、沼泽众多，海拔区间为 2675~6282m，是世界上海拔最高、面积最大、湿地类型最丰富的地区。黄河源区属大陆性高原气候，寒冷干燥，气温和降雨总体上呈由东南向西北逐渐递减的空间分布特征。年温差小，日温差大，源区年平均气温在 5℃ 左右。年平均降雨量在 320~750mm 之间，且月、季降雨量分布极不均匀。气温和降雨在地区上的分布由东南向西北递减，蒸发量则是由东南向西北递增。干湿季分明，雨热同季，位于亚洲季风区和启动区，风蚀和冻融侵蚀作用强烈。由东南向西北大致划分为 3 个气候区：东南部湿润气候区、中部半干旱气候区、西北部干旱气候区。流域内的水汽主要来自印度洋孟加拉湾上空的西南暖湿气流，由于有大面积草原、湖泊、沼泽，汛期地表较为湿润，相对湿度较大，平均湿度在 50％～70％之间，又由于地处高寒区，水汽凝结高度低，加上群山起伏地形，导致气流垂直运动，故年内降雨日数多，一般在 100 天以上，最多可达 175 天。但由于气温低，绝对湿度不大，所以降雨强度不大，且降雨时空分布不均匀。整个区域的多年平均降雨量为 484.2mm，高值区主要分布于红原县和果洛藏族自治州，其中最高值可达 743.3mm，位于红原县境内；低值区位于源头的玛多县和北部的兴海县，其中最低值为 322.5mm，位于玛多县。年降雨量最多的红原县较年降雨量最少的玛多县偏多 420.8mm。

1.3.4　河流水系

黄河源区水资源十分丰富，水量较多，分布着大量高原湖泊。中国海拔最高的淡水湖——扎陵湖与鄂陵湖，就分布在黄河源区源头的玛多县，其中玛多县境内曾有大小湖泊 4077 个，享有"千湖之县"的美誉；而黄河源区东部的若尔盖盆地是中国最大的沼泽分布地区之一，沼泽率达 20％～30％，是黄河源区最重要的水源涵养地和生态功能区；源区内还有最大的水库——龙羊峡水库，是黄河干流上最大的多年调节型水库，其总库容为 247 亿 m³，调节库容 194 亿 m³，是黄河干流上最大的多年调节型水库。龙羊峡以上面积大于 3000km² 的黄河主要支流有芒拉河、热曲河等 11 条，其中面积大于 5000km² 的有黑河、热曲河等 5 条。流入干流的主要支流有达日河、西科曲河、泽曲河、黑河、白河、巴沟河、切木曲河、曲什安河和大河坝河。黄河源区总体地势西高东低，自西向东倾斜，巨大的海拔高差是黄河源区地貌的主要特征。区域主要地貌为强烈侵蚀剥蚀为主的中山地貌、弱侵蚀剥蚀的高原低山丘陵地貌、湖盆地貌以及河谷地貌。

1.3.5　植被情况

黄河源区属于青藏高原高寒植被区，其生态体系属草地生态和湿地生态，以高寒草甸和高寒草原为主，约占黄河源区总面积的 70％以上，按植被类型将我国划分为 8 个植被区域，22 个植被地带。该区包括高原东部高寒灌丛草甸亚区、高原中部草原亚区和高原西北部荒漠亚区；又可以进一步细分为高寒灌丛草甸地带、高寒草原地带、温性草原地带、高寒荒漠地带和温性荒漠地带。黄河源区自然环境类型多样，高寒植被分布广泛，有高寒草甸、高寒草原、高寒沼泽、高寒稀疏植被、高寒灌丛、常绿真阔叶林等植被类型。在高寒的特殊气候条件下，黄河源区特殊的地理和气候环境孕育了以高寒草甸、高寒草原和低地草甸为主的草地植被类型。其中，高寒草甸是最主要的植被类型，约占总面积的 35％。青藏高原地形地貌的高度异质性和独特的地理区域使得其小气候复杂多变，催生出丰富多样的生态系统类型，给多种生物提供了不可或缺的生境，造就了许多现代物种的分化中心，衍生出了许多高原特有物种，是全球生物多样性最丰富的地区之一。

1.3.6　基础数据

本书的数据主要包括气象数据和水文数据两部分。气象数据主要包括黄河源区各气象站的降雨量、气温、蒸发以及参考作物腾发量；水文数据主要为黄河源区龙羊峡入库站唐乃亥水文站和出库站贵德水文站的降雨量、径流量和泥沙量；其中将黄河源区各气象站的降雨量通过泰森多边形法进行处理得到黄河源区唐乃亥水文站的降雨量，而通过对数据进行整理，分别得到唐乃亥水文站 1956—2013 年的年降雨量序列数据，1956—2013 年的年径流量序列数据和 1960—2013 年的年泥沙量序列数据；达日水文站 1956—2015 年降雨量序列数据；贵德水文站 1956—2013 年的年径流量和年泥沙量序列数据。以不同序列的降雨量、径流量和泥沙量作为基础研究数据，由于变量涉及的序列长度不同，因此，对黄河源区唐乃亥水文站降雨-径流关系、径流-泥沙关系和降雨-径流-泥沙关系分析时采用的序列长度为 1966—2013 年，对贵德水文站径流-泥沙关系的研究采用的序列长度为 1960—2013 年。

第2章 黄河源区水文气象变量演化特征研究

2.1 水文气象变量演化特征

2.1.1 趋势性

近年来，受气候、土地覆盖等自然要素变化和人类活动扰动的影响，流域的水文过程发生变异，水文序列不再满足一致性要求。水循环存在一定趋势性，即水文气象要素随着时间朝着特定的方向变化。气象要素年际变化趋势性可能导致降雨量序列和年径流量序列变化的趋势性，人类下垫面变化的趋势性将导致蒸发和径流过程的趋势性变化。如汾河流域水土保持措施影响局部水循环和水资源量及其构成，加强了水循环的垂向过程，引起地表截留量、土壤入渗量、土壤蒸发量以及补给地下水资源量增加；同时，影响了水循环的水平过程，引起地表径流量和河川径流量减少，壤中流微弱增加。在高强度的人类活动影响下，水文气象要素发生了不容忽视的变化，水文气象序列不再是平稳序列，趋势变化的特征也日趋复杂，不再是简单的线性关系。这种趋势变化总结为加剧、抵消以及紊乱三种情形。所谓加剧，指持续性的高强度人类活动使原本较为显著的趋势变化更加严重，如河道阶梯性取水引发的下游径流量的持续性衰减。抵消，指人类活动使原本较为显著的水文趋势变化变缓或消失，如枯水期河川径流日益趋于干涸，但是上游水库修建后丰水期的水被调蓄至枯水期，导致枯水期水量增加，原有径流序列中的枯水减少趋势随之不显著甚至消失。紊乱，指人类活动使得原本显著的水文趋势变化趋于无序和复杂，原本单调的趋势变化开始波动，表现出越来越强的非线性特征，导致很难确定水文序列的整体走向。在水文气象序列非一致性的研究方面，数据序列的趋势变化检验一直是一项重要的研究内容，其对水文气象分析、模拟、预测以及水文气象要素时空变化规律都有着关键性影响，同样也对变化环境下水资源管理都具有深远的意义。

2.1.2 持续性

水文气象要素在时序上的变化，常常使水文序列的数值出现成组现象，当其成组的持续时间较长时，称这种序列具有长期相关性，也称长期记忆性或长期持续性。一般而言，气象水文过程中包含受确定性因素影响的确定成分（包括周期性、趋势性及突变成分等）以及受随机性因素影响的随机成分（包括相依的和纯随机的成分），因而气象及水文变量表现出确定性和随机性的特征。受自然因素和人类活动等因素的影响，水循环过程表现出确定性。如月径流过程受地球围绕太阳公转影响而呈现出周期性；河川径流量受人类活动的影响，表现出持续减少的确定性规律。长期相关的序列具有与短周期性的序列很不相同的特征，因而用以识别短期相关性的各种独立性检验方法往往不能正确识别长期相关序列。

水循环过程除受确定性因素影响外，还受到水循环过程形成和演变中众多不确定因素的影响，由于这些影响的无限复杂性和多样性，水循环过程不断发生着各种各样的情况，表现出纯随机性的变化特点。如月径流过程受流域各种调节因素的影响和多种偶然因素的综合影响表现出随机特性。由于随机特性，最大流量的出现时间、出现强度及持续时间是难以确定的；人类活动对于水循环过程的影响强度和影响范围也是难以确定的。随机成分由不规则的振荡和随机影响造成，不能严格地从物理方面来阐述，只能用随机过程理论来研究。

2.1.3 多周期性

水文气象过程的确定成分包括周期的和非周期的成分，因此水循环表现出周期性和非周期性的特点。由于地球的自转和公转，昼夜、四季、海陆分布，以及一定的大气环境、季风区域等，使水文气象现象在时程变化上形成一定的周期性，水循环过程表现出一些周期性特征，如日、旬、月径流过程明显存在以年为周期的变化，逐时气温及蒸发量过程存在以日为周期的变化。受太阳黑子和海尔周期的影响，降雨表现出一定的周期性。水循环过程除了表现出周期性的规律外，受自然和人为的因素影响，还表现出非周期性。如潮汐水位序列受地球绕太阳公转和自转影响外，还受月球绕地球公转的影响，表现出近似周期特征；水循环过程中某一水文要素随着时间的增长呈现系统而持续的增加或减少的变化。

实际上，水文气象变量在时间序列上存在多时间尺度特征（多周期），这里的多时间尺度不同于常规的年、月、日时间尺度，多时间尺度特性是指在某个时间段内系统变量的变化并不是按照某种特定的频率（周期、时间尺度）在运动，而是同时包含着不同周期性的变化和局部波动性变化，是复杂非线性系统的重要演化特性之一。水文气象系统的周期性变化是多时间尺度的，包含着各种频率的变化，并且系统变化在时域中存在多层次时间尺度结构和局部化特征。研究水文气象变量应该考虑时间序列内部的多周期性变化，了解序列内部的多时间尺度特征和微观局部细节。多时间尺度现象在水文、气象、化学、工业、社会学等领域的系统中广泛存在。多时间尺度系统的特点是系统的状态在多个不同的时间尺度上演化，如果忽略多时间尺度特点而在单一尺度上讨论这类系统的性能，会导致数值病态问题甚至错误的结论，因此开展多时间尺度系统理论研究具有重要意义。

2.2 分析方法

2.2.1 趋势性分析方法

趋势性反映了水文气象要素循环演变的总体趋势。近年来,气候变化和人类活动引起的剧烈环境变化造成全球范围内各种尺度上极端干旱、极端水文事件频发,经济受到重大损失,人类生命安全受到严重威胁。在全球环境变化背景下,水文气象序列阶段性变化特征和规律受气候变化和人类活动的双重因素扰动,如何分析其演变趋势和辨识变异性的计算理论与方法,是目前科学研究的热点及难点,也是当今水文学和气象学面临的极具挑战性的科学问题,更是提高对未来环境变化及其对人类影响预测可靠性的前提。

目前,国内外学者就全球不同地区的水文气象要素开展了大量的趋势分析研究,基于不同的理论提出和发展了多种趋势分析方法。总体而言,针对水文气象要素的时间序列在时域上的趋势性分析方法包括两大类:参数型趋势检测法和非参数型趋势检测法。参数型趋势检测法主要有线性回归、滑动平均、累积距平等方法,而 Sen 斜率估计、Mann - Kendall 趋势检验等属于非参数型趋势检测法。趋势性分析方法应用较多的是线性倾向估计、滑动平均、累积距平、二次平滑、斯波曼秩次相关检验以及Mann - Kendall 趋势检验法。

本书主要采用 Mann - Kendall 趋势检验法[138-141]进行分析。Mann - Kendall 趋势检验法是广泛应用于水文、气象等领域关于时间序列预测分析的重要方法,它是一种非参数统计检验法,不要求时间序列数据遵从一定的分布,也不受少量异常数据的影响,可以用于检验时序流量数据的变化趋势,也可以检验流量数据是否发生了突变。具体步骤如下:

设原始时间序列为 y_1, y_2, y_3, $\cdots$, y_n, m_i 表示第 i 个样本 $y_i > y_j$ 的累计数,定义统计量 d_k 为

$$d_k = \sum_{i=1}^{k} m_i \quad (2 < k < n) \tag{2.1}$$

在原序列随机独立等假设下,d_k 的均值 $E(d_k)$ 和方差 $var(d_k)$ 分别为

$$E(d_k) = k \times (k-1)/4 \tag{2.2}$$

$$var(d_k) = k \times (k-1) \times (2 \times k + 5)/72 \tag{2.3}$$

将上述公式的 d_k 标准化,得

$$UF_k = \frac{d_k - E(d_k)}{\sqrt{var(d_k)}} \tag{2.4}$$

其中 UF_k 为标准正态分布,以显著水平 $\alpha = 0.05$ 作为临界线,若 $|UF_k > U_{\alpha/2}|$,则表明该序列存在显著变化趋势,反之则没有显著变化趋势。

2.2.2 持续性方法

随机性反映了序列的不确定性和复杂性。同时，序列的自相关系数图可以直观反映数值的相关结构，但不能明确界定具有相关性的条件。Benoit 和 James 基于平稳时间序列提出了 R/S 分析法，用以识别非周期长期相依序列。R/S 分析[142] 是赫斯特（Hurst）于 1965 年提出的一种时间序列统计方法，可以反映序列的持续性或随机性。研究表明，出现 Hurst 现象的主要原因在于序列的非平稳性和长期相关性，反过来，对于平稳序列，若 Hurst 指数为 0.5，说明序列不相关，否则为长期相关。因此 Hurst 指数是表征序列具有"持续性"的一个重要参数，但如何利用该参数进行相关性的识别，目前还缺乏有效的方法。

Hurst 指数计算具体步骤如下：

设原始数据时间序列为 p_1，p_2，p_3，$\cdots$，p_n，p_i 表示时间序列中第 i 个数据，逐一计算序列对比数，以消除序列自相关性，产生新的序列：

$$R_i = \log(p_{i+1}/p_i) \tag{2.5}$$

将新序列按长度 h 等分为 L 个连续的子序列。记每个子序列为 $D_l (l=1, 2, \cdots, L)$ 子序列元素为 $R_{k,l} (k=1, 2, \cdots, h)$，均值 e_l，标准差 S_l 则：

$$(R/S)_h = \frac{1}{S_l} \left| \max_{l<k<h} \sum_{k=l}^{h} (R_{k,l} - e_l) - \min_{l<k<h} \sum_{k=l}^{h} (R_{k,l} - e_l) \right| \tag{2.6}$$

不断增加序列长度 h，重复计算式（2.6），增加数据值，得到一组散点数据，进而通过线性拟合推出一条直线，该直线斜率即为 Hurst 指数。

不同序列计算出的 Hurst 指数介于 0 和 1 之间，如果当原序列 Hurst 指数为 0.5 时，则原序列为相互独立且方差是有限的，否则原序列具有长期相关性。一般认为，如果 Hurst 指数大于 0.5，表示波动比较平缓，其变量之间不再相互独立，变量之间是正相关，即如果某一时刻的变量值较大，那么在这一时刻之后的变量值也往往较大，或者说变量之间有记忆作用，当前状态会影响未来，而且是正的影响，这种现象叫作持续效应，Hurst 指数显示了持续效应强度。Hurst 指数从 0.5 到 1 的变化，则表示持续效应越来越明显；当 Hurst 指数介于 0 和 0.5 之间时，则表示波动比较强烈，变量之间呈现负相关，称为反持续效应。

2.2.3 多周期性方法

小波变换在时频领域具有良好的识别能力，是水文变量多时间尺度特性研究的基本手段之一，因此在国内外水文领域存在较多研究工作。但小波变换从本质上讲是窗口可调的傅里叶变换，其小波窗内的信号必须是平稳信号，因此没有完全摆脱傅里叶变换分析的局限。小波变换虽然能够在频域内具有较高的分辨率，但同样存在一定的问题，它在分解的过程中通常会产生伪谐波，并且小波基函数的选择也会对小波分解结果产生显著的影响。为了克服小波变换的诸多不足之处，Huang 等[26] 于 1998 年提出一种多分辨率自适应信号时频分析新方法——经验模态分解方法。EMD 算法相对于小波变换有了改进，但是由于 EMD 算法的局部特性可能会导致模态混淆的现象，使分解结果信息缺失。于是为了改善这种模态混淆现象，Wu 等[27] 又提出了集合经验模态分解方法（Ensemble Empirical Mode Decomposition，EEMD），该方法是对带有噪声的原始序列的集合进行 EMD 分解，通过添加白噪声来减少模态混淆，利用了 EMD 的二值滤波器组特性以及遍布整个时间-频率空间的噪声，以此来求得在整个时间跨度内具有相似尺度的更规则的模态。然而，该方法也存在一个新问题，在集合经验模态分解法的重构序列（即所有模态之和）中存在着残留噪声，因此，Huang 等于 2010 年提出了互补 EEMD，通过增加和减去相反的白噪声减轻了重构序列存在的噪声残留问题。2011 年，Torres 等[29] 提出了具适应性噪声的完全集合经验模态分解，对 EEMD 进行了相关改进，解决了 EEMD 存在的问题。2014 年，Colominas 等[30] 又对 CEEMDAN 进行了改进，完美解决了 CEEMDAN 初始算法所存在的个别模态包含残余噪声以及分解早期可能存在虚假模态等问题。

　　CEEMDAN 方法是一种改进的 EMD 方法，与 EMD 方法相同，它依据数据序列自身的特点，自主提取其内在的本征模态函数（IMF 分量）和趋势项（RES 分量），通过这些相对平稳的 IMF 分量和趋势项，可以比较清晰地分辨出复杂数据中包含的不同特征尺度的数据变化模式，是一种适用于分析非线性非平稳序列的方法。该方法相较于其他如 EEMD、CEEMD 等算法，比较完备地解决了原始 EMD 算法的模态混淆问题，是一种更成熟的时频分析方法。CEEMDAN 方法具体步骤如下：

　　设 $x(t)$ 为待分解序列，$w(t)$ 为均值为 0、方差为 1 的高斯白噪声，$r(t)$ 为残余差值，IMF_k 为第 k 阶模态分量。

　　（1）向待分解序列中加入高斯白噪声，并进行 I 次实验，则第 i 次实验的信号可表示为

$$x_i(t) = x(t) + w_i(t) \tag{2.7}$$

　　（2）对第 i 次加入高斯白噪声的信号 $x_i(t)$ 进行 EMD 分解并进行 I 次实验平均，得到的第一阶模态分量为

$$IMF_1 = \frac{1}{I} \sum_{i=1}^{I} IMF_{i1} \tag{2.8}$$

　　（3）计算待分解序列与 IMF_i 分量的残余差值 $r_1(t)$：

$$r_1(t) = x(t) - IMF_1 \tag{2.9}$$

　　（4）向残余差值 $r_1(t)$ 中加入高斯白噪声，并进行 I 次实验，则第 i 次加入高斯白噪声的残余差值可表示为

$$r_{i1}(t) = r_1(t) + w_i(t) \tag{2.10}$$

（5）对第 i 次加入高斯白噪声的信号 $r_{i1}(t)$ 进行 EMD 分解，第 i 次为 IMF_{i2} 分量，通过 I 次实验，分解得到的第二阶 IMF 分量为

$$IMF_2 = \frac{1}{I} \sum_{i=1}^{I} IMF_{i2} \tag{2.11}$$

（6）此时，分解得到的残余差值为 $r_2(t) = r_1(t) - IMF_2$，返回第（4）步和第（5）步，计算下一阶模态，则第 k 阶模态为

$$IMF_k = \frac{1}{I} \sum_{i=1}^{I} IMF_{ik} \tag{2.12}$$

（7）重复第（4）步到第（6）步，当残余差值 $r_k(t)$ 满足以下条件之一时终止分解：①不能被 EMD 进一步分解为止；②满足 IMF 条件；③局部极值点的个数小于 3 个[52]。

最终，原始信号 $x(t)$ 可分解为 K 个 IMF 分量和一个趋势项 $r_K(t)$：

$$x(t) = \sum_{k=1}^{K} IMF_k + r_K(t) \tag{2.13}$$

由 CEEMDAN 具体算法可知，原始序列经该算法可被分解为包含不同特征的分量。这些分量的非线性逐层递减，可以明确地体现出不同时间尺度的波动特征，为复杂序列的分析和预测提供方便。

2.3　气象变量演化特征分析

2.3.1　降雨量

（1）年内统计规律。根据收集黄河源区各气象站的降雨序列数据，计算详情见图 2.1 及表 2.1。

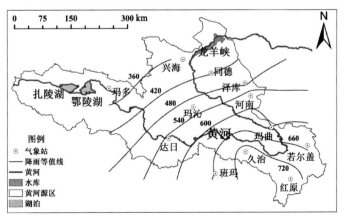

图 2.1　各站降雨量等值线图

表 2.1　　　　　　　　　　　各 站 降 雨 量 统 计 表

站点	时段	年均降雨量/mm	月均降雨量及比例	1月	2月	3月	4月	5月	6月	7月	8月	9月	10月	11月	12月
班玛	1960—2015年	662.08	月均降雨量/mm	5.20	8.15	16.10	31.09	77.97	128.42	127.30	101.97	110.92	45.59	6.81	2.56
			比例/%	0.8	1.2	2.4	4.7	11.8	19.4	19.2	15.4	16.8	6.9	1.0	0.4
达日	1956—2015年	551.69	月均降雨量/mm	5.91	6.53	13.24	23.24	59.25	108.96	114.68	94.34	84.36	32.98	5.06	3.14
			比例/%	1.1	1.2	2.4	4.2	10.7	19.8	20.8	17.1	15.2	6.0	0.9	0.6
河南	1959—2015年	580.67	月均降雨量/mm	4.05	5.62	12.64	26.65	72.27	95.13	120.11	104.13	94.53	38.05	5.57	1.92
			比例/%	0.7	1.0	2.2	4.6	12.4	16.4	20.7	17.9	16.3	6.6	1.0	0.3
红原	1960—2015年	752.05	月均降雨量/mm	7.38	9.70	23.70	46.93	100.97	129.16	123.97	109.40	117.51	68.03	11.21	4.09
			比例/%	1.0	1.3	3.2	6.2	13.4	17.2	16.5	14.5	15.6	9.0	1.6	0.5
久治	1959—2015年	748.21	月均降雨量/mm	5.61	8.45	19.90	40.80	89.08	131.52	142.99	123.00	121.76	53.84	8.09	3.17
			比例/%	0.7	1.1	2.7	5.5	11.9	17.6	19.1	16.4	16.3	7.2	1.1	0.4
玛多	1953—2015年	321.57	月均降雨量/mm	3.35	4.20	7.64	10.84	29.99	59.00	72.53	62.75	47.66	18.48	3.03	2.10
			比例/%	1.0	1.3	2.4	3.4	9.3	18.3	22.6	19.6	14.8	5.7	0.9	0.7
玛沁	1991—2015年	512.39	月均降雨量/mm	3.35	4.62	8.24	18.50	59.19	96.36	117.96	90.70	77.55	30.50	3.87	1.55
			比例/%	0.7	0.9	1.6	3.6	11.6	18.7	23.0	17.7	15.1	6.0	0.8	0.3
玛曲	1967—2015年	600.36	月均降雨量/mm	4.79	6.18	13.78	28.07	70.18	100.77	123.62	107.03	95.45	42.69	6.15	1.65
			比例/%	0.8	1.0	2.3	4.7	11.7	16.8	20.6	17.8	15.9	7.1	1.0	0.3
若尔盖	1957—2015年	648.28	月均降雨量/mm	4.94	7.91	17.23	35.66	81.35	97.20	122.61	110.61	105.84	53.06	8.99	3.18
			比例/%	0.8	1.2	2.7	5.5	12.5	15.0	18.8	17.1	16.3	8.2	1.4	0.5
同德	1955—2015年	416.79	月均降雨量/mm	2.24	2.92	7.24	17.34	54.88	76.79	92.06	73.31	61.41	24.28	3.18	1.14
			比例/%	0.5	0.7	1.7	4.2	13.2	18.4	22.1	17.6	14.7	5.8	0.8	0.3
兴海	1960—2015年	362.77	月均降雨量/mm	1.22	1.93	4.30	11.40	49.45	70.63	84.99	70.31	50.96	15.06	1.60	0.92
			比例/%	0.3	0.5	1.3	3.1	13.6	19.5	23.4	19.4	14.0	4.2	0.4	0.3
泽库	1958—2015年	461.51	月均降雨量/mm	2.70	4.02	9.42	20.36	56.92	77.75	95.82	89.94	71.63	28.04	3.78	1.13
			比例/%	0.6	0.9	2.0	4.4	12.4	16.8	20.8	19.5	15.5	6.1	0.8	0.2

续表

站点	时段	年均降雨量/mm	月均降雨量及比例	1月	2月	3月	4月	5月	6月	7月	8月	9月	10月	11月	12月
面参考量	1967—2015年	490.75	月均降雨量/mm	4.12	5.42	11.88	22.27	57.98	89.82	99.96	85.18	76.10	31.01	4.77	2.24
			比例/%	0.8	1.1	2.4	4.5	11.8	18.3	20.4	17.4	15.5	6.3	1.0	0.5

由图 2.1 分析得出，黄河源区降雨具有明显的区域地带性，降雨自东南向西北逐步递减。降雨变化特征与黄河源区地形及海拔高度变化基本保持一致，且东南与西北降雨差值较大。其中红原气象站年均降雨量最大，为 752.05mm，玛多气象站降雨量最少，为 321.55mm，二者相差 1 倍多，越靠近西北部，高原气候越明显，气候干燥寒冷，降雨量越少。统计各气象站月降雨量数据，通过分析月降雨量数据可知，黄河源区各气象站降雨量在年内变化较大，年内分配极不均匀，汛期（5—10 月）平均降雨量占全年降雨量的 90% 以上，夏秋两季（6—11 月）平均降雨量占全年降雨量的 75% 以上，其中夏季（6—8 月）降雨量占全年降雨量的 51%～60%，春季降雨量占 15%～22%，究其原因，主要是因为受季风气候影响。除玛沁气象站外的其余 11 组气象站 1967—2015 年年均降雨量统计中，7 月降雨量最大，为 99.96mm，占全年降雨量的比例高达 20.4%。利用泰森多边形，通过各气象站降雨量，计算得到黄河源区的平均面雨量，年均值为 490.75mm，夏季（6—8 月）的降雨量为 274.96mm，占全年降雨量的 56.4%。

（2）年际统计规律。黄河源区降雨量年际序列面趋势图见图 2.2。

根据黄河源区 1967—2015 年降雨量资料，将其长时间序列按 10a 进行划分，分为 1967—1975 年、1976—1985 年、1986—1995 年、1996—2005 年和 2006—2015 年 5 个时段。研究黄河源区降雨量年际序列变化，分析降雨量时空动态变化特征。对比 5

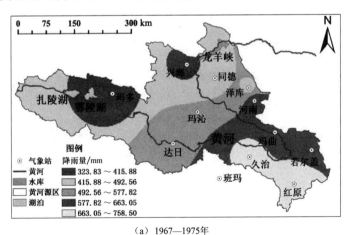

（a）1967—1975 年

图 2.2（一） 黄河源区降雨量年际序列面趋势图

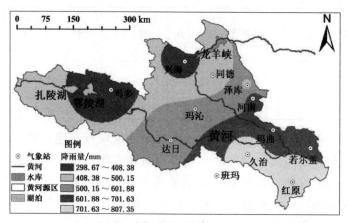

（b）1976—1985年

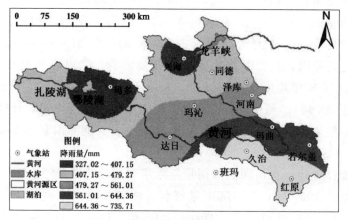

（c）1986—1995年

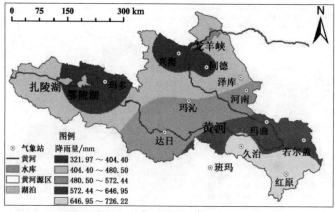

（d）1996—2005年

图 2.2（二）　黄河源区降雨量年际序列面趋势图

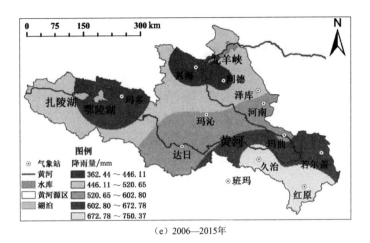

（e）2006—2015年

图 2.2（三） 黄河源区降雨量年际序列面趋势图

个时段，可见黄河源区降雨量的空间分布在不同时段均未发生显著变化，与多年平均降雨量空间分布保持一致。图 2.2 各时段降雨量的曲率及数值基本保持稳定，可见在变化环境下黄河源区降雨量变化幅度不大，基本保持在天然状态，降雨量受时间变化影响程度较小。由图 2.2 可以明显看出，黄河源区内主要存在三个较为明显的区域，即龙羊峡水库附近区域、黄河源区西北部降雨量较少处以及黄河源区东南部降雨量较多处。其中受季风气候影响使得黄河源区东南部降雨量形成高值区。由于季风气候易受地势变化影响，使得龙羊峡附近区域及黄河源区西北部形成降雨低值区。由此可以看出，虽然龙羊峡水库以上区域地理跨度较大，其多年平均降雨量值受地势、气候等因素的影响在不同地区可能会呈现不同的特征，但在同一地理位置处降雨量年际变化基本呈现稳定态势。

黄河源区降雨量面趋势分析见表 2.2。

表 2.2　　　　　　　黄河源区降雨量面趋势分析表　　　　　　　单位：mm

时　段	龙羊峡水库附近区域	黄河源区西北部降雨量较少处	黄河源区东南部降雨量较多处
1967—1975 年	324～493	324～416	663～759
1976—1985 年	299～500	299～408	702～807
1986—1995 年	327～479	327～407	644～736
1996—2005 年	322～480	322～404	647～729
2006—2015 年	362～521	362～446	673～750

（3）演化规律。

1）趋势性。从黄河源区总体降雨长系列图 2.3 可知，降雨总体趋势保持稳定，黄河源区多年平均降雨量为 551.53mm，年降雨量在平均值上下呈现来回波动状态；在 Mann-Kendall 趋势检验中，降雨检验统计量也同样呈现波动变化，未检验出明显的趋势特征。因此，从二者可知，黄河源区降雨量未发生显著的趋势性变化，见图 2.3 及图 2.4。

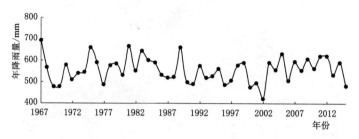

图 2.3　黄河源区降雨量趋势变化图

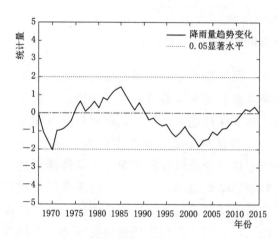

图 2.4　黄河源区降雨量 Mann‐Kendall 趋势检验

采用 Mann‐Kendall 趋势检验法分析 12 个气象站点长系列变化趋势，与下文 CEEMD 方法中趋势项变化基本保持一致，其中河南气象站 1999—2005 年间存在显著下降趋势，久治气象站 2001 年呈现显著下降趋势，玛多气象站 2010 年后呈现显著上升趋势，兴海气象站 2010—2011 年间存在显著上升趋势。

2）持续性。利用 Hurst 指数分析黄河源区降雨量的可持续性，结果见表 2.3。除玛沁气象站外，黄河源区其他气象站点的 Hurst 指数均大于 0.5，即

具有正持续效应。说明这些站点的降雨量时间序列存在长期记忆性，降雨量的未来发展趋势与过去保持一致。而玛沁气象站的 Hurst 指数为 0.4529，小于 0.5，说明其降雨量时间序列具有负持续效应，表示玛沁气象站降雨量的未来趋势与过去相反，呈现反持续性。由此可知，黄河源区河南气象站、久治气象站、玛沁气象站、玛曲气象站、泽库气象站 5 个气象站未来降雨量表现为下降的趋势，班玛气象站、达日气象站、玛多气象站、若尔盖气象站、兴海气象站等 5 个气象站未来的降雨量继续上升，而红

表 2.3　　　　　　　　　　不同气象站降雨量对应的趋势的可持续性

站　点	Hurst 指数	趋势预测	站　点	Hurst 指数	趋势预测
班玛	0.5183	上升	玛沁	0.4529	下降
达日	0.5875	上升	玛曲	0.5342	下降
河南	0.5548	下降	若尔盖	0.5199	上升
红原	0.5872	波动变化（先升）	同德	0.5893	波动变化（先降）
久治	0.5646	下降	兴海	0.5578	上升
玛多	0.5201	上升	泽库	0.5812	下降

原气象站、同德气象站未来的降雨量则表现为上下波动的趋势。由降雨趋势预测同样可以看出，各气象站趋势变化主要还是以季风气候为主要导向，地势地形因素为主要影响变量，在上述气象站点中若位于地势较高者则呈现上升趋势，位于地势较低者则呈现下降趋势。

3）多周期性。运用 CEEMDAN 方法分别对黄河源区 12 个站点的降雨量序列进行多时间尺度分解，得到 12 个站点不同数目的 IMF 分量和 1 个 RES 分量，结果见表2.4。由表 2.4 可知，黄河源区 12 个站点的降雨量序列均存在着复杂的多周期变化特征和趋势波动特性。整体来看，在同样的收敛准则下，玛沁气象站点的降雨量包含 3个 IMF 分量，达日、红原、若尔盖、泽库 4 个气象站点包含 5 个 IMF 分量，黄河源区其余 7 个站点均包含 4 个 IMF 分量。每个 IMF 分量蕴含着相应的多周期，其中 12个站点的 IMF1 分量均具有 3a 的多周期，IMF2 分量和 IMF3 分量多周期有所差别，但差别不大，分别在 5～8a 和 9～15a 范围内变化。除玛沁气象站外，达日气象站、红原气象站、若尔盖气象站和泽库气象站的 IMF4 分量的多周期与其他气象站点的IMF4 的多周期相差较大，但与其他气象站点的 IMF3 分量较接近。类似地，达日、红原、若尔盖和泽库的 IMF5 分量的准周期与其他气象站点 IMF4 分量的准周期基本一致，介于 25～32a 之间。假定将 IMF1、IMF2、IMF3、IMF4 和 IMF5 分量所有的多周期性按照时间的长短设定为短周期、中周期、中长周期、长周期和特长周期，则可以看出，黄河源区 12 个气象站点均具有高度一致的短周期、中周期和中长周期，且达日、红原、若尔盖和泽库 4 个气象站点的长周期和特长周期分别与其他气象站点的中长周期和长周期基本对应。河南、红原、久治、若尔盖及泽库各气象站的 RES分量呈现出下降趋势，玛多、玛沁两气象站的 RES 分量呈现出上升趋势，班玛、同德两气象站的 RES 分量呈现出先升后降的趋势，达日、玛曲及兴海各气象站的 RES分量呈现出先降后升的趋势。

表 2.4　　　　黄河源区各站点降雨量 IMF 分量对应的周期

站点	周期/a					RES 分量的趋势
	IMF1	IMF2	IMF3	IMF4	IMF5	
班玛	3	5	9	28	—	先升后降
达日	3	5	10	15	30	先降后升
河南	3	6	14	29	—	下降
红原	3	6	12	19	29	下降
久治	3	6	11	29	—	下降
玛多	3	7	13	32	—	上升
玛沁	3	5	13	—	—	上升
玛曲	3	5	12	25	—	先降后升
若尔盖	3	5	10	15	30	下降
同德	3	8	15	30	—	先升后降

站点	周期/a					RES 分量的趋势
	IMF1	IMF2	IMF3	IMF4	IMF5	
兴海	3	6	14	28	—	先降后升
泽库	3	7	12	20	29	下降

2.3.2　气温

（1）年内统计规律。黄河源区西部多年平均气温最低，越靠近东南气温越高，且多年平均气温差值较大。统计各气象站的气温，其中班玛气象站多年平均气温最高，为 2.96℃，玛多气象站多年平均气温最低，为 -3.48℃。由月气温可知，黄河源区整体呈现变暖趋势，且源区温度的年内分布只有单峰型一种，在年内各月气温先升后降，各气象站峰值均在 7 月，气温最高的月份发生在 7 月，其中班玛、红原、玛曲、若尔盖、同德和兴海气象站的气温相对高一些，玛多、泽库气象站的气温相对低一些。气温最低的月份发生在 1 月，达日、玛多、同德和泽库气象站的气温较低。气温在年内变化不大，但是总体而言，黄河源区气温相对较低，但是变化环境下气温有升高的趋势。详情见表 2.5。

表 2.5　　　　　　　　　　　各站气温统计表

站点	时段	月 平 均 气 温/℃												类型	峰值
		1 月	2 月	3 月	4 月	5 月	6 月	7 月	8 月	9 月	10 月	11 月	12 月		
班玛	1960—2015 年	-7.5	-4.6	-0.5	3.7	7.5	10.3	12.0	11.2	8.5	3.5	-2.7	-6.9	单峰型	7 月
达日	1956—2015 年	-12.4	-9.4	-4.7	0.2	4.1	7.3	9.5	8.8	5.7	0.0	-6.9	-11.7	单峰型	7 月
河南	1959—2015 年	-11.8	-8.3	-3.2	1.7	5.4	8.4	10.6	9.8	6.5	1.0	-5.8	-10.5	单峰型	7 月
红原	1960—2015 年	-9.7	-6.3	-1.8	2.3	5.9	9.1	11.1	10.2	7.3	2.6	-3.6	-8.4	单峰型	7 月
久治	1959—2015 年	-10.3	-7.4	-2.9	1.6	5.2	8.1	10.4	9.6	6.7	1.6	-4.6	-9.1	单峰型	7 月
玛多	1953—2015 年	-16.1	-13.0	-7.5	-2.8	1.7	5.2	7.8	7.1	3.6	-2.8	-10.6	-15.4	单峰型	7 月
玛沁	1991—2015 年	-11.6	-8.2	-3.6	1.3	5.2	8.4	10.4	9.8	6.8	0.9	-5.9	-10.7	单峰型	7 月
玛曲	1967—2015 年	-9.0	-6.2	-1.8	2.5	6.1	9.1	11.3	10.6	7.3	2.2	-3.7	-7.8	单峰型	7 月
若尔盖	1957—2015 年	-9.9	-6.9	-2.2	2.1	5.7	8.7	11.1	10.3	6.9	1.9	-4.1	-8.7	单峰型	7 月
同德	1955—2015 年	-12.8	-8.6	-3.0	2.7	6.9	9.8	12.0	11.3	7.5	1.1	-6.7	-11.9	单峰型	7 月
兴海	1960—2015 年	-11.4	-7.7	-2.5	3.3	7.4	10.3	12.5	11.9	7.8	1.7	-5.6	-10.4	单峰型	7 月
泽库	1958—2015 年	-15.1	-11.7	-6.3	-0.7	3.3	6.5	8.8	8.0	4.4	-1.5	-9.0	-13.9	单峰型	7 月

（2）年际统计规律。根据 1967—2015 年各气象站年序列气温，将黄河源区气温序列按 10a 进行划分，分析气温时空变化特征。黄河源区气温被划分为 5 个时段，5 个时段内气温的空间分布均未发生显著变化，与气温的多年平均空间分布保持一致，且面趋势图内各时段气温的曲率基本保持稳定。这表明在变化环境下黄河源区气温空

间分布规律变化稳定，但各时段数值呈现上升趋势；黄河源区内主要存在三个较为明显的区域，即龙羊峡水库附近区域（高值区）、黄河源区西北部低值区以及东南部高值区，特别是在玛多气象站附近呈现低值区，分析其原因表明气温主要受黄河源区相对地理位置及地形的影响，所以才会表现出区域特征。

（3）演化规律。

1）趋势性。统计 1967—2015 年黄河源区气温，结果见图 2.5。同时，利用 Mann-Kendall 趋势检验法对气温进行趋势检验，计算结果见图 2.6。

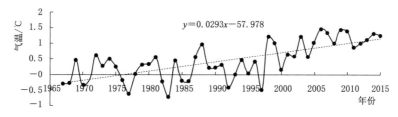

图 2.5　1967—2015 年黄河源区多年平均气温变化曲线

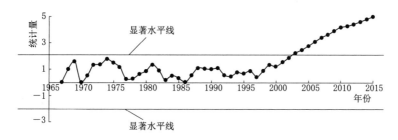

图 2.6　气温 Mann-Kendall 趋势检验

结果表明，黄河源区多年平均气温自 1967 年起呈现增长趋势，平均增幅为 0.29℃/10a，特别是 2000 年以后气温增长速度加快。由 Mann-Kendall 趋势检验可知，2003 年以后，统计量越过显著水平线，表明 2003 年后气温呈现显著增长的趋势。同时，采用 Mann-Kendall 趋势检验法，分析 12 个气象站点长系列气温变化趋势，多数气象站点气温与黄河源区整体气温变化趋势相似，呈现先上升而后显著上升的趋势。仅在黄河源区东部两站，即河南、泽库两气象站处与总体趋势变化不同。

河南气象站和泽库气象站气温 Mann-Kendall 趋势检验结果见图 2.7。

结果表明：河南气象站的气温 C 统计量在 1968—1983 年大于 0，表明在此期间气温具有上升的趋势，在 1983 年以后，气温 C 统计量小于 0，表明在此期间气温具有下降的趋势，当越过显著水平线时，表示上升或下降的趋势显著。泽库气象站的气温 C 统计量在 1957—1972 年和 1997—2005 年小于 0，表明在此期间气温具有下降的趋势，气温 C 统计量在 1973—1997 年及 2006 年以后大于 0，表明在此期间气温具有上升的趋势，特别是在 1987—1992 年具有显著上升的趋势。

2）持续性。利用 Hurst 指数分析黄河源区各气象站点气温趋势的持续性，结果

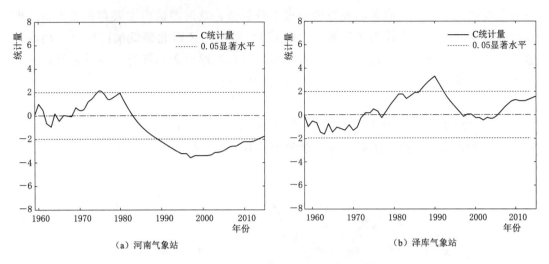

（a）河南气象站　　　　　　　　　　（b）泽库气象站

图 2.7　不同气象站气温 Mann‐Kendall 趋势检验

见表 2.6。各气象站 Hurst 指数均大于 0.5，即具有正持续效应，说明这些站点的气温时间序列存在长期记忆性，气温的未来发展趋势与过去变化趋势保持一致。通过趋势检验可知，黄河源区各气象站除河南站外的气温都呈现上升的趋势。由此可知，黄河源区除河南站外其余各站未来气温变化均呈现上升趋势。而河南站未来气温与统计时段内的气温变化趋势保持一致，呈现下降趋势。结合 Mann‐Kendall 趋势检验可以看出，黄河源区东部气象站气温呈现异常状态，具有下降趋势。但是，并不影响黄河源区气温总体变化趋势。总体而言，黄河源区气温上升趋势明显，其未来将继续保持现有上升趋势，呈现稳步上升的趋势。

表 2.6　　　　　　　　　　　　各站气温对应的趋势的可持续性

站　点	Hurst 指数	趋势预测	站　点	Hurst 指数	趋势预测
班玛	0.589074	上升	玛沁	0.515638	上升
达日	0.545293	上升	玛曲	0.613774	上升
河南	0.702941	下降	若尔盖	0.570697	上升
红原	0.507482	上升	同德	0.657363	上升
久治	0.628286	上升	兴海	0.614310	上升
玛多	0.557283	上升	泽库	0.676855	上升

3）周期性。运用 CEEMDAN 方法对黄河源区 12 个站点的气温序列进行多时间尺度分解，结果见表 2.7。由表 2.7 可知，黄河源区 12 个站点的气温序列均存在着复杂的多周期变化特征和趋势波动特性，即不同气象站点气温序列均包含着多时间尺度特征。整体来看，在同样的收敛准则下，兴海气象站点的降雨量包含 2 个 IMF 分量，若尔盖气象站点的降雨量包含 5 个 IMF 分量，达日、河南、玛沁 3 个站点包含 3 个 IMF 分量，黄河源区其余 7 个站点均被包含 4 个 IMF 分量。每个 IMF 分量蕴含着相

应的准周期，其中 12 个站点的 IMF1 分量均具有 3a 的准周期，IMF2 准周期差别不大，周期在 6～9a 的范围内变化。假定将气温的 IMF1、IMF2、IMF3、IMF4 和 IMF5 分量所有的准周期按照时间的长短设定为短周期、中周期、中长周期、长周期和特长周期，可以看出黄河源区 12 个站点均具有高度一致的短周期、中周期，且在中长周期、长周期和特长周期上各站变化显著。从气温 RES 分量变化，确定各站气温趋势变化，可知仅达日、玛多、泽库三个气象站的 RES 分量呈现出先降后升的趋势，其余各气象站的 RES 分量均呈现出先升后降的趋势。

表 2.7   各站气温 IMF 分量对应的周期

站点	周期/a					RES 分量的趋势
	IMF1	IMF2	IMF3	IMF4	IMF5	
班玛	3	8	19	28	—	先升后降
达日	3	9	20	—	—	先降后升
河南	3	8	29	—	—	先升后降
红原	3	6	14	28	—	先升后降
久治	3	7	29	57	—	先升后降
玛多	3	9	21	63	—	先降后升
玛沁	3	6	25	—	—	先升后降
玛曲	3	8	16	25	—	先升后降
若尔盖	3	7	12	20	29.5	先升后降
同德	3	9	20	31	—	先升后降
兴海	3	8	—	—	—	先升后降
泽库	3	7	19	58	—	先降后升

2.3.3 蒸发

1）趋势性。统计黄河源区玛多气象站和达日气象站的蒸发量，利用 Mann - Kendall 趋势检验法分析玛多及达日气象站点长系列变化趋势，蒸发量趋势检验结果见图 2.8 和图 2.9。由图可知，玛多气象站蒸发量 1955—1964 年的 C 统计量大于 0，表明蒸发量呈现上升的趋势；1964 年以后，C 统计量小于 0，表明蒸发量呈现下降的趋势，当越过显著水平线时，表明蒸发量下降趋势显著。同理，达日气象站蒸发量同样于 1964 年开始呈现下降的趋势，1993—1998 年间蒸发呈现显著下降的趋势。

2）持续性。利用 Hurst 指数分析玛多、达日两站蒸发量的未来持续性，结果见表 2.8。两站的 Hurst 指数都大于 0.5，都具有正持续效应，说明时间序列存在长期记忆性，表示各气象站蒸发量的未来趋势与过去一致。玛多气象站和达日气象站的蒸发量具有下降的趋势，因此，可以预测未来玛多及达日两气象站的年蒸发量依然表现为下降的趋势。

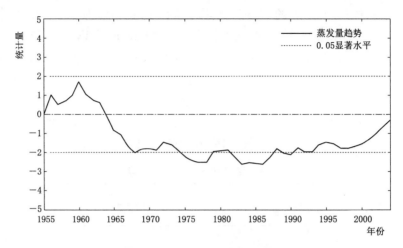

图 2.8　玛多气象站蒸发量趋势

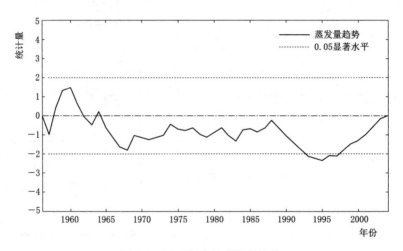

图 2.9　达日气象站蒸发量趋势

表 2.8　各气象站蒸发量对应的趋势的可持续性

站　　点	Hurst 指数	趋势预测
玛多	0.5778	下降
达日	0.6895	下降

3）周期性。运用 CEEMDAN 方法对玛多、达日两气象站点的蒸发量序列进行多时间尺度分解，分别得到 4 个 IMF 和 1 个 RES 分量，结果见表 2.9。结果表明，在同样的收敛准则下，玛多气象站及达日气象站均有相同的 IMF 分量数目及相似的准周期。假定将 IMF1 分量、IMF2 分量、IMF3 分量和 IMF4 分量所有的准周期按照时间的长短设定为短周期、中周期、中长周期、长周期，则可以看出，二者均具有高度一致的短周期和长周期，其值分别为 3a、25a；另外二者的中周期及中长周期基本对应，其值分别为 7～8a、13～16a。由蒸发量 RES 分量趋势变化可以看出，玛多气象站蒸发量呈现出先升后降再升的趋势，达日气象站蒸发量呈现出下降的趋势。

表 2.9 各气象站蒸发量 IMF 分量对应的周期

站点	周期/a				RES 分量的趋势
	IMF1	IMF2	IMF3	IMF4	
玛多	3	8	13	25	先升后降再升
达日	3	7	16	25	下降

2.3.4 参考作物腾发量

（1）年内统计规律。计算黄河源区参考作物腾发量（ET_0）等值线，见图 2.10。由图 2.10 可以看出，黄河源区多年平均 ET_0 的长期变化介于 600～900mm 之间，但是地区间差异较大。与降雨量不同的是，黄河源区 ET_0 的长期变化趋势与地势的高低并不存在明显的相关关系，其空间特性呈现北高南低的状况，且存在一个高值区和一个低值区。其中 ET_0 高值区位于同德站和兴海站的龙羊峡水库附近区域，低值区位于黄河源区中下部区域。

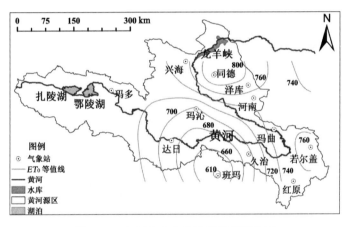

图 2.10 空间参考作物腾发量等值线图

黄河源区各站的参考作物腾发量见表 2.10。由表 2.10 可知，从 1967—2015 年黄河源区年均 ET_0 为 752.57mm，其中黄河源区内的同德站年均 ET_0 最大，为 850.80mm，班玛站年均 ET_0 最小，其值为 612.45mm。兴海站、玛曲站、玛多站、红原站年均 ET_0 值与黄河源区年均 ET_0 值十分接近。从年内分布来看，黄河源区 ET_0 年内分布不均，各个站点的年内 ET_0 呈单峰型变化，5—8 月月 ET_0 值较大，6—7 月产生最大值，1 月或者 12 月产生最小值，夏秋两季 ET_0 平均数值较大，春冬两季 ET_0 平均数值较小。除玛沁站外，在其余各站 1967—2015 年的各月 ET_0 值中，与黄河源区降雨量最大值发生月份一样，7 月的 ET_0 最大，为 102.20mm，占全年 ET_0 的比例为 13.6%。其中，在 7 月，同德站 ET_0 最大，为 110.99mm，占全年 ET_0 的比例为 13.2%；班玛站 ET_0 最小，为 76.73mm，占全年 ET_0 的比例为 12.6%。

表 2.10　　　　　　　　　　　　　各气象站对应的参考作物腾发量

站点	时段	年均 ET_0 /mm	月均 ET_0 及比例	1月	2月	3月	4月	5月	6月	7月	8月	9月	10月	11月	12月
班玛	1960—2015年	612.45	月均 ET_0 /mm	20.13	27.72	47.86	63.39	77.25	76.29	76.73	70.88	57.30	44.45	27.13	19.19
			比例/%	3.3	4.6	7.9	10.4	12.7	12.5	12.6	11.7	9.4	7.3	4.5	3.2
达日	1956—2015年	699.05	月均 ET_0 /mm	22.18	29.07	49.77	66.94	84.40	88.89	93.17	84.89	67.22	49.92	30.30	21.33
			比例/%	3.2	4.2	7.2	9.7	12.3	12.9	13.5	12.3	9.8	7.3	4.4	3.1
河南	1959—2015年	726.81	月均 ET_0 /mm	20.57	29.11	52.41	72.21	91.36	96.33	99.30	91.09	73.09	51.72	29.38	20.29
			比例/%	2.8	4.0	7.2	9.9	12.6	13.3	13.7	12.5	10.1	7.1	4.0	2.8
红原	1960—2015年	763.19	月均 ET_0 /mm	27.64	35.05	57.01	71.64	89.71	93.30	97.19	88.03	73.92	58.25	37.41	28.07
			比例/%	3.7	4.6	7.5	9.5	11.8	12.3	12.8	11.6	9.8	7.7	4.9	3.7
久治	1959—2015年	700.83	月均 ET_0 /mm	26.12	32.19	51.01	65.84	79.83	83.59	88.11	83.18	68.22	53.45	34.68	26.58
			比例/%	3.8	4.6	7.4	9.5	11.5	12.1	12.7	12.0	9.8	7.7	5.0	3.8
玛多	1953—2015年	755.18	月均 ET_0 /mm	20.26	27.34	47.54	67.37	90.06	99.55	108.21	100.44	76.60	54.61	29.83	20.13
			比例/%	2.7	3.7	6.4	9.1	12.1	13.4	14.6	13.5	10.3	7.4	4.0	2.7
玛沁	1991—2015年	673.91	月均 ET_0 /mm	22.25	30.03	49.99	66.79	81.71	85.97	90.10	83.22	65.26	47.77	29.40	21.40
			比例/%	3.3	4.5	7.4	9.9	12.1	12.8	13.4	12.3	9.7	7.1	4.4	3.2
玛曲	1967—2015年	761.26	月均 ET_0 /mm	27.25	34.53	56.55	75.01	92.33	96.30	99.66	89.84	71.74	54.77	35.45	27.84
			比例/%	3.6	4.5	7.4	9.9	12.1	12.7	13.1	11.8	9.4	7.2	4.7	3.7
若尔盖	1957—2015年	778.35	月均 ET_0 /mm	27.52	34.50	56.38	73.35	92.39	97.46	100.63	91.60	78.52	58.85	35.50	26.28
			比例/%	3.6	4.5	7.3	9.5	12.0	12.6	13.0	11.9	10.2	7.6	4.6	3.4
同德	1955—2015年	850.80	月均 ET_0 /mm	26.37	34.03	59.79	82.07	102.61	107.05	110.99	103.87	83.52	61.76	38.28	27.71
			比例/%	3.1	4.1	7.1	9.8	12.2	12.8	13.2	12.4	10.0	7.4	4.6	3.3
兴海	1960—2015年	760.69	月均 ET_0 /mm	23.33	32.56	57.92	79.76	95.23	95.88	95.74	87.55	68.81	53.78	34.46	24.46
			比例/%	3.1	4.3	7.7	10.6	12.7	12.8	12.8	11.7	9.2	7.2	4.6	3.3
泽库	1958—2015年	800.12	月均 ET_0 /mm	24.21	30.37	52.83	73.54	94.74	103.08	109.92	100.55	80.36	58.15	35.03	25.73
			比例/%	3.1	3.9	6.7	9.3	12.0	13.1	13.9	12.8	10.2	7.4	4.4	3.3

续表

站点	时段	年均ET_0/mm	月均ET_0及比例	1月	2月	3月	4月	5月	6月	7月	8月	9月	10月	11月	12月
面参考量	1967—2015年	752.57	月均ET_0/mm	23.58	31.31	53.32	72.27	91.29	97.11	102.20	94.02	74.74	55.66	33.23	23.86
			比例/%	3.1	4.2	7.1	9.6	12.1	12.9	13.6	12.5	9.9	7.4	4.4	3.2

（2）年际统计规律。黄河源区参考作物腾发量年际序列面趋势见图2.11。

对黄河源区1967—2015年参考作物腾发量长时间序列按10a进行划分，分析黄河源区参考作物腾发量的年际变化和时空分布特征，共分为5个时段。5个时段内参考作物腾发量的空间分布均未发生显著变化，与多年平均参考作物腾发量空间分布基本保持一致。从图2.11中可以明显看出，黄河源区内主要存在两个较为明显的区域，即龙羊峡水库附近区域（高值区）及黄河源区中下部低值区。由此可见，龙羊峡水库

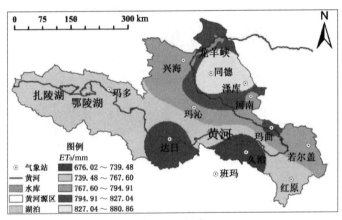

（a）1967—1975年

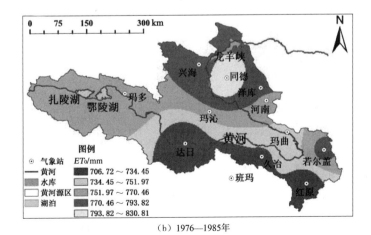

（b）1976—1985年

图2.11（一）　参考作物腾发量年际序列面趋势图

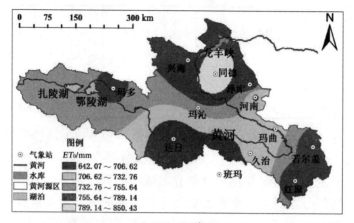

（c）1986—1995年

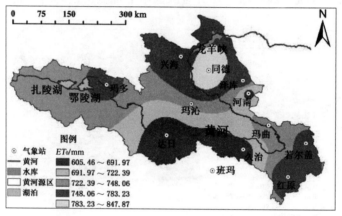

（d）1996—2005年

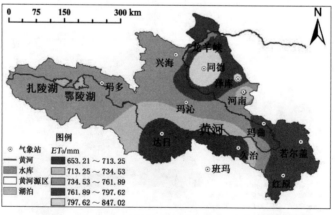

（e）2006—2015年

图 2.11（二）　参考作物腾发量年际序列面趋势图

附近区域多年平均参考作物腾发量不同年际变化，基本趋于稳定，而黄河源区中下部低值区附近多年平均参考作物腾发量呈现减小的趋势，详见表2.11。位于龙羊峡水库附近区域及黄河源区东南部若尔盖站附近的等值线在各个时段内的曲率及数值基本保持稳定，可见龙羊峡水库附近区域及黄河源区东南部若尔盖站附近参考作物腾发量变化幅度不大，较为稳定，而黄河源区中下部低值区附近的参考作物腾发量等值线具有较为明显的年际变化趋势，特别是在1976—1985年和1996—2005年参考作物腾发量前后变化较大，准周期在20a以上。

表 2.11　　　　　　　　　　1967—2015 年参考作物腾发量面趋势分析表

时　　段	参考作物腾发量/mm	
	龙羊峡水库附近区域	黄河源区中下部低值区附近
1967—1975 年	795～881	676～739
1976—1985 年	770～831	706～734
1986—1995 年	756～850	642～707
1996—2005 年	748～848	605～692
2006—2015 年	762～847	653～713

（3）演化规律。

1）趋势性。统计黄河源区参考作物腾发量变化，利用 Mann - Kendall 趋势检验法检验参考作物腾发量长系列变化趋势，参考作物腾发量趋势检验结果见图 2.12 和图 2.13。黄河源区多年平均参考作物腾发量为 746.25mm，从变化来看，参考作物腾发量近年来有减小的趋势；从 Mann - Kendall 趋势检验可以看出，黄河源区参考作物腾发量的 C 统计量在 1967—1976 年大于 0，自 1976 年开始小于 0，表明参考作物腾发量在 1967—1976 年具有上升的趋势，自 1976 年后呈现下降的趋势，而自 1985 年后越过 0.05 显著水平线，进而呈现显著下降的趋势。

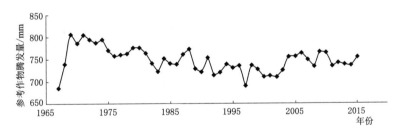

图 2.12　黄河源区参考作物腾发量趋势变化图

2）持续性。利用 Hurst 指数分析黄河源区各参考站参考作物腾发量的可持续性，结果见表 2.12。所有站点的 Hurst 指数都大于 0.5，其中班玛站的 Hurst 指数最大为 0.7887，玛沁气象站的 Hurst 指数最小为 0.5271。表明黄河源区各站点参考作物腾发量都具有正持续效应，其时间序列存在长期记忆性，各站参考作物腾发量的未来趋势与过去一致。因此可以预测未来班玛站、河南站、玛沁站和玛曲站 4 站的年 ET_0 值

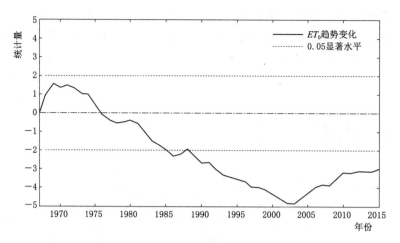

图 2.13　黄河源区参考作物腾发量 Mann - Kendall 趋势检验

依然表现为下降的趋势，其中班玛站和河南站的 ET_0 值呈现显著下降的趋势。若尔盖站的 ET_0 值呈现上下波动的趋势，其余各站的 ET_0 值表现为上升的趋势，其中红原站、久治站、玛多站、同德站的 ET_0 值呈现显著上升的趋势。

表 2.12　　　　　　　　　　　　　　**各站参考作物腾发量趋势性**

站　点	Hurst 指数	趋势预测	站　点	Hurst 指数	趋势预测
班玛	0.7887	显著下降	玛沁	0.5271	下降
达日	0.7297	上升	玛曲	0.7332	下降
河南	0.7335	显著下降	若尔盖	0.6873	上下波动
红原	0.6248	显著上升	同德	0.6971	显著上升
久治	0.7633	显著上升	兴海	0.6511	上升
玛多	0.6874	显著上升	泽库	0.7110	上升

　　3）周期性。运用 CEEMDAN 方法对黄河源区 12 个站点的参考作物腾发量序列进行多时间尺度分解，可得多个 IMF 分量和一个趋势项，结果见表 2.13。黄河源区 12 个站点的 ET_0 时间序列均存在着复杂的多周期变化特征和趋势波动特性。整体看来，在同样的收敛准则下，红原、玛沁和玛曲气象站的降雨量包含 3 个 IMF 分量，达日站点包含 5 个 IMF 分量，黄河源区其余 8 个站点均包含 4 个 IMF 分量。每个 IMF 分量蕴含着相应的准周期，其中 12 个站点的 IMF1 分量均具有 3～4a 的准周期，IMF2 分量和 IMF3 分量准周期有所差别，但差别不大，分别在 5～10a 和 10～21a 范围内变化，IMF4 分量的准周期基本在 25～45a 之间，达日气象站的 IMF5 分量的准周期为 38a。同理假定将 IMF1 分量、IMF2 分量、IMF3 分量、IMF4 分量和 IMF5 分量所有的准周期按照年份的长短设定为短周期、中周期、中长周期、长周期和特长周期，可以看出，黄河源区 12 个气象站均具有高度一致的短周期、中周期、中长周期和长周期，仅达日气象站的特长周期与其余各站长周期基本对应。在

同样的收敛准则下，班玛、河南及泽库各气象站的 RES 分量呈现出下降趋势，红原、玛多、若尔盖及兴海各气象站的 RES 分量呈现出上升趋势，达日、久治及同德各站的 RES 分量呈现出先升后降的趋势，玛沁、玛曲两站的 RES 分量呈现出先降后升的趋势。

表 2.13   各气象站参考作物腾发量 IMF 分量对应的周期

站点	周 期/a					RES 分量的趋势
	IMF1	IMF2	IMF3	IMF4	IMF5	
班玛	3	5	15	35	—	下降
达日	3	8	13	25	38	先升后降
河南	4	8	20	38	—	下降
红原	4	9	20	—	—	上升
久治	4	6	10	35	—	先升后降
玛多	3	9	20	36	—	上升
玛沁	3	6	13	—	—	先降后升
玛曲	3	9	21	—	—	先降后升
若尔盖	3	9	16	38	—	上升
同德	4	8	16	30	—	先升后降
兴海	4	8	20	45	—	上升
泽库	4	10	18	32	—	下降

（4）影响分析。根据 Pearson 指数，对黄河源区年均参考作物腾发量的影响因素进行相关性评价，结果见表 2.14（其中 p 值表示相关系数，sig 值表示显著性指标）。

表 2.14   黄河源区 ET_0 影响因子相关性分析

站点	统计量	平均日照时数/h	平均最低气温/℃	平均最高气温/℃	平均气温/℃	平均风速/(m/s)	平均相对湿度	降雨量/mm
班玛	p 值	0.049	−0.046	−0.198	−0.154	0.993**	−0.237	−0.024
	sig 值	0.722	0.739	0.144	0.256	0	0.079	0.862
达日	p 值	0.171	0.426**	0.261*	0.366**	0.912**	−0.169	−0.105
	sig 值	0.191	0.001	0.044	0.004	0	0.196	0.426
河南	p 值	0.106	0.594**	0.394**	0.525**	0.948**	−1.37	0.24
	sig 值	0.432	0	0.002	0	0	0.309	0.072
红原	p 值	−0.093	0.577**	0.405**	0.669**	0.937**	−0.082	−0.045
	sig 值	0.497	0	0.002	0	0	0.55	0.742
久治	p 值	0.305*	0.441**	−0.058	0.327*	0.872**	−0.121	0.163
	sig 值	0.021	0.001	0.667	0.013	0	0.369	0.225
玛多	p 值	0.224	0.455**	0.342**	0.446**	0.869**	−0.326**	0.047
	sig 值	0.078	0	0.006	0	0	0.009	0.713

续表

站点	统计量	平均日照 时数/h	平均最低 气温/℃	平均最高 气温/℃	平均气温 /℃	平均风速 /(m/s)	平均相对 湿度	降雨量 /mm
玛沁	p 值	−0.051	−0.008	0.035	−0.018	0.922**	0.12	0.093
	sig 值	0.808	0.97	0.868	0.93	0	0.569	0.657
玛曲	p 值	−0.036	−0.01	0.415**	0.236	0.893**	−0.131	−0.176
	sig 值	0.809	0.948	0.003	0.103	0	0.369	0.225
若尔盖	p 值	0.052	0.239	0.232	0.273*	0.905**	−0.229	0.215
	sig 值	0.698	0.068	0.078	0.036	0	0.081	0.229
同德	p 值	0.244	−0.238	0.195	−0.004	0.909**	−0.306*	−0.348**
	sig 值	0.058	0.065	0.131	0.975	0	0.017	0.006
兴海	p 值	0.001	0.178	0.256	0.284*	0.954**	−0.355**	−0.29*
	sig 值	0.997	0.189	0.057	0.034	0	0.007	0.03
泽库	p 值	−0.015	0.138	0.282*	0.259	0.915**	−0.261*	−0.17
	sig 值	0.91	0.3	0.032	0.05	0	0.048	0.201

* 表示在 0.05 水平下差异显著，* * 表示在 0.01 水平下差异显著。

由表 2.14 可知，平均风速是 12 组气象站参考作物腾发量产生差异的主要因素，其 12 组数据的 sig 值均为 0，表示在 0.01 水平下差异极显著。其余各影响因子依据影响程度按由高到低排序分别为平均气温、平均最高气温、平均最低气温、平均相对湿度、降雨量、平均日照时数。

分析黄河源区内各气象站参考作物腾发量存在显著相关关系的各项数据，可以看出，除平均风速外其余各影响因子中虽然与参考作物腾发量存在相关性，但是其相关程度并不高，河南、红原、玛多 3 站是风速与其他气象影响因子共同作用的结果，其余各站几乎仅受平均风速的影响。其中兴海站与同德站位于龙羊峡水库附近，其降雨量与参考作物腾发量的相关关系较为明显，其余各站降雨量与参考作物腾发量不存在明显相关性。

单站来看，久治站平均日照时数与参考作物腾发量呈现正相关；达日、河南、红原、久治、玛多、若尔盖、兴海各站平均气温与参考作物腾发量呈现正相关；达日、河南、红原、玛多、玛曲、泽库各站平均最高气温与参考作物腾发量呈现正相关；达日、河南、红原、久治、玛多各站平均最低气温与参考作物腾发量呈现正相关关系；玛多、同德、兴海、泽库各站平均相对湿度与参考作物腾发量呈现负相关；同德、兴海两站降雨量与参考作物腾发量呈现负相关。

依据 ET_0 实际空间分布可以看出，黄河源区 ET_0 变化与降雨量有所不同，其长期变化趋势与地势海拔的高低并不存在明显的相关关系，其空间特性呈现出北高南低的特征，且存在一个高值区和一个低值区，其中 ET_0 高值区位于龙羊峡水库附近，低值区位于黄河源区中下部。平均风速是黄河源区年均参考作物腾发量的主要影响因素，水面面积的增大进而导致平均风速的增大是造成龙羊峡水库附近年均参考作物腾发量形成高值区的主要原因；黄河源区东南部若尔盖站附近是世界上最大的草原沼泽泥炭地，有黄河"蓄水池"之称，该处独特的地形条件使得风速变化相对较为明显，这也可能是影响附近区域年均参考作物腾发量较大的原因之一；根据以往学者的相关研究发现，龙羊峡水库附近及若尔盖气象站附近区域均存在不同程度的沙漠化现象，土地沙漠化严重影响了该区域内气象因素的变化，进而成为影响该处年均参考作物腾发量较大的另一重要原因。

2.4 水文变量演化特征

2.4.1 入库站唐乃亥水文站演化特征

2.4.1.1 降雨量

（1）趋势性分析。运用加权平均法，对黄河源区的 12 个气象站 1966—2013 年测得的降雨数据进行处理，得到区域面平均降雨量序列。在得到面平均降雨量的基础上用 Mann - Kendall 对天然年降雨量进行趋势检验。黄河源区天然年降雨序列图和 Mann - Kendall 检验的趋势变化分别见图 2.14 和图 2.15。

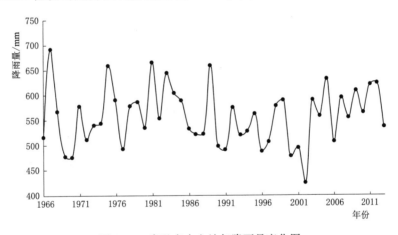

图 2.14　唐乃亥水文站年降雨量变化图

由图 2.15 可知，通过 Mann - Kendall 趋势检验，表明降雨量的突变点较多，1969—1974 年、1991—2010 年 UF_k < 0，说明研究区降雨量在此期间呈现短暂的下降趋势；1966—1968 年、1975—1990 年、2010—2015 年 UF_k > 0，说明降雨量在该区间呈现短暂的上升趋势，但不明显。由 Mann - Kendall 趋势检验可知，在 ±0.196 显著水平临界线之间，曲线 UB 与曲线 UF 的交点为 1968 年、1973 年、1986 年、2008 年，这几年是突变的开始，但曲线 UF_k 未超过置信水平线，说明在 0.05 的显著水平下，年降雨量的突变及变化趋势并不明显。总体而言，黄河源区降雨量存在多个突变点，且近年来表现为升高的趋势。

（2）周期性分析。利用 CEEMDAN 方法，对唐乃亥水文站降雨量序列进行分解，

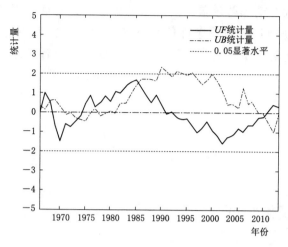

图 2.15　黄河源区年降雨量趋势变化图

降雨原始时间序列被分解成 5 层,包含 4 个 IMF 分量和一个 RES 分量。分解结果见图 2.16。

由图 2.16 可知:

(1) 黄河源区年降雨量时序均可以分解为 4 个具有不同波动周期的 IMF 分量和一个 RES 分量,第一个本征模态函数 IMF1 分量,周期最短,振幅最大、频率最高、波动周期最短,IMF2 分量、IMF3 分量、IMF4 分量的振幅逐渐减小、频率逐渐降低、波长逐渐变大,周期逐渐增大。随着分解尺度的加大,振幅逐渐减小,波动周期逐渐增加,最终导致 RES 分量表现为先减小后增加的趋势。

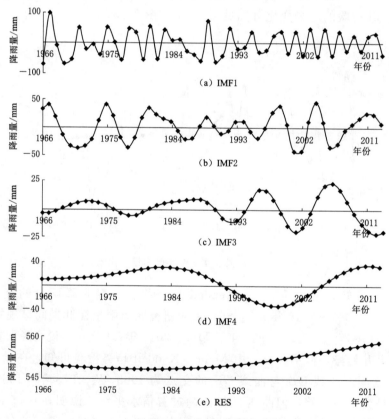

图 2.16　黄河源区降雨量各分量时间序列图

(2) 从各 IMF 分量可知,年降雨量的 IMF1 分量具有 3~5a 准周期,各观测时段的波动幅度较为明显,其中波动幅度较大的发生在 20 世纪 60 年代中期,80 年代末期的波动幅度也比较大。年降雨量的 IMF2 分量具有 6～9a 的准周期,20 世纪 90 年代波动幅度较缓,其他时段波动幅度都比较大。年降雨量的 IMF3 分量具有 9～11a 的准周期,从 20 世纪 60 年代中期至 20 世纪 80 年代末期波动幅度较为平稳,20 世纪 90 年代中期至 2013 年波动幅度都较大。年降雨量的 IMF4 分量具有 27a 的准周期。年降雨量的 RES 分量体现了降雨量的整体变化趋势,可以看出 20 世纪 60 年代中期至 2013 年,黄河源区年降雨量整体上均呈现逐渐衰减的趋势。

(3)持续性分析。利用 R/S 分析方法对 1966—2013 年的降雨量序列数据进行计算,探究唐乃亥水文站降雨量未来趋势变化特征,利用 Hurst 指数分析唐乃亥水文站降雨量的可持续性,降雨量的 Hurst 指数为 0.5102,大于 0.5,表示具有持续效应;同时,说明降雨量时间序列存在长期记忆相关性,降雨量的未来趋势与过去一致。结合 Mann - Kendall 趋势检验法得出其趋势性特征,因此可以预测未来唐乃亥水文站年降雨量依然表现为下降的趋势。

2.4.1.2 径流量

本次采用唐乃亥水文站 1966—2013 年 48a 的年径流数据进行研究,唐乃亥水文站 1966—2013 年的年径流量与变化趋势见图 2.17。

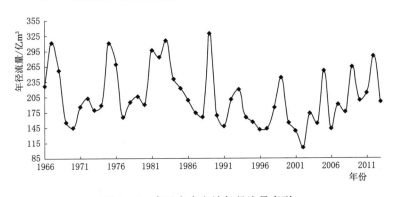

图 2.17 唐乃亥水文站年径流量序列

观察唐乃亥水文站年径流量序列变化可知,年径流量最大的年份为 1989 年,327.74 亿 m^3,径流量最小的年份为 2002 年,105.77 亿 m^3。计算年径流量的均值可知,唐乃亥水文站年径流量均值为 203.89 亿 m^3,变差系数为 0.27,说明年径流量的年际变化小,丰枯变化不明显,但对比研究序列前后近年来径流量具有减少的趋势。

(1)趋势性分析。利用 Mann - Kendall 趋势检验法分析年径流的趋势性和突变年份,见图 2.18。

如图 2.18 所示,其中 UF 和 UB 两条序列曲线分别相交于 1969 年、1971 年、1986 年,初步判断这几年为突变点,均发生在 0.05 显著水平线内,为不显著突变点。其中,在 1966—1968 年、1980—1990 年和 1990—1996 年,UF 值大于 0,径流量呈短期增长趋势,但曲线 UF 在 0.05 显著水平线内,增长趋势不明显;在 1969—1975

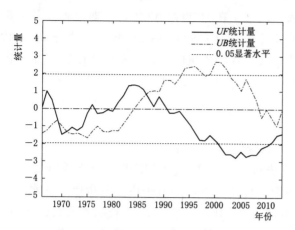

图 2.18　径流量 Mann - Kendall 趋势检验结果

年、1977—1980 年、1991—2000 年，UF 值小于 0，径流量呈下降趋势，但曲线 UF 在 0.05 显著性水平线内，下降趋势不显著；在 2001—2010 年时段 UF 值小于 0 且曲线 UF 在 0.05 显著水平线外，说明径流量有显著的下降趋势。

（2）周期性分析。利用 CEEMDAN 方法对唐乃亥水文站 1966—2013 年年径流量序列进行多时间尺度分解，实现次数取 200，限制标准差取 0.25，分解结果见图 2.19。

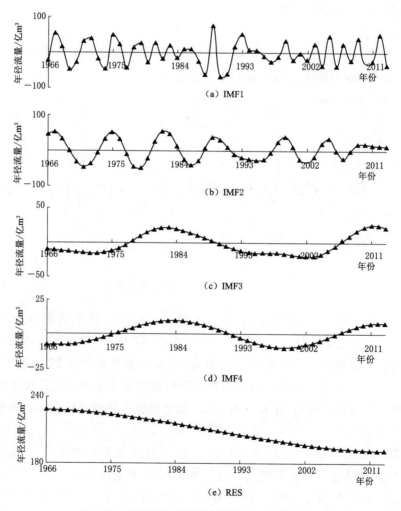

图 2.19　黄河源区年径流量各分量时间序列图

如图 2.19 所示：CEEMDAN 方法将唐乃亥水文站 1966—2013 年的年径流量序列分解为 5 层，包括 4 个 IMF 分量和 1 个 RES 分量，反映了黄河源区年径流量变化的多时间尺度特性。IMF1 分量是振幅最大、周期最短、频率最高的一个波动，具有 2～7a 的准周期，在 48a 的观测时段内最小振幅为 2001 年的 1.24 亿 m^3，最大振幅为 1989 年的 76.06 亿 m^3，平均振幅为 30.84 亿 m^3。IMF2 分量具有 4～10a 的准周期，以准 7a 波动周期为主，最小振幅为 2009 年的 16.42 亿 m^3，最大振幅为 1979 年的 53.45 亿 m^3，平均振幅为 26.25 亿 m^3；其中 1967—1982 年为高幅波动时段，平均振幅为 34.28 亿 m^3，1989—2009 年为低幅波动时段，平均振幅为 22.25 亿 m^3；1989—1999 年具有 10a 的准周期。IMF3 分量具有 29a 的准周期，在 48a 的观测时段内，其振幅呈增加趋势，最小振幅为 1972 年的 20.64 亿 m^3，最大振幅为 2012 年的 30.09 亿 m^3，平均振幅为 16.87 亿 m^3。IMF4 分量具有 31a 的准周期，最小振幅为 1968 年的 4.23 亿 m^3，最大振幅为 1999 年的 5.67 亿 m^3，平均振幅为 3.31 亿 m^3。RES 分量显示的是唐乃亥水文站年径流量的宏观变化趋势，表明唐乃亥水文站年径流量在 48a 的观测期内呈现减少的趋势。

（3）持续性分析。利用 R/S 分析方法对 1966—2013 年的径流量序列数据进行计算，探究唐乃亥水文站径流量未来趋势变化特征，利用 Hurst 指数分析唐乃亥水文站径流量的可持续性，径流量的 Hurst 指数为 0.5379，大于 0.5，表示具有正持续效应；同时，说明径流量时间序列存在长期记忆相关性，径流量的未来趋势与过去一致。结合 Mann-Kendall 趋势检验法得出其趋势性特征，因此可以预测未来唐乃亥水文站年径流量依然表现为下降的趋势。

2.4.1.3　泥沙量

本次采用唐乃亥水文站 1966—2013 年 48a 的年泥沙量进行研究，唐乃亥水文站 1966—2013 年的年泥沙量与变化趋势见图 2.20。

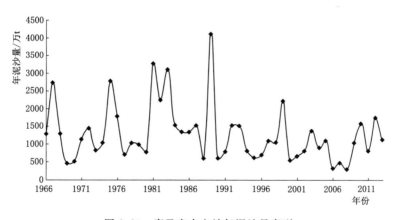

图 2.20　唐乃亥水文站年泥沙量序列

由唐乃亥水文站年泥沙量序列可知，年泥沙量最大的年份为 1989 年，4095.53 万 t，泥沙量最小的年份为 2008 年，275.31 万 t，均值为 1277.25 万 t，变差系数为

0.64，说明年泥沙量的年际变化较大，丰枯变化明显。

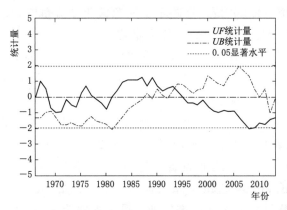

图 2.21　泥沙量 Mann - Kendall 检验结果

（1）趋势性分析。应用 Mann - Kendall 趋势检验法分析泥沙量的趋势性和突变年份，见图 2.21。

如图 2.21 所示，其中 UF 和 UB 两条序列曲线相交于 1993 年，初步判断 1993 年为突变点，并且该点发生在 0.05 显著水平线内，故该点为不显著突变点。观察图 2.21，其中，在 1966—1968 年、1975—1977 年和 1981—1995 年，UF 值大于 0，但曲线 UF 在 0.05 显著性水平线内，说明泥沙量在此期间有增长趋势但不显著；在 1969—1974 年、1978—1981 年和 1995—2013 年，UF 值小于 0，泥沙量呈下降的趋势，但曲线 UF 在 0.05 显著性水平线内，故其下降趋势不显著。

（2）周期性分析。同样运用 CEEMDAN 方法对唐乃亥水文站 1966—2013 年年泥沙量序列进行多时间尺度分解，实现次数取 200，限制标准差取 0.25，分解结果见图 2.22。

由图 2.22 可知：

运用 CEEMDAN 方法将唐乃亥水文站 1966—2013 年的年泥沙量序列分解为 5 层，其中包括 4 个 IMF 分量和 1 个 RES 分量，反映了黄河源区年泥沙量变化的多时间尺度特性。IMF1 分量是振幅最大、周期最短、频率最高的一个波动，具有 2～6a 的准周期，以 2～3a 准周期为主，在 48a 的观测时段内，最小振幅为 1997 年的 25.02

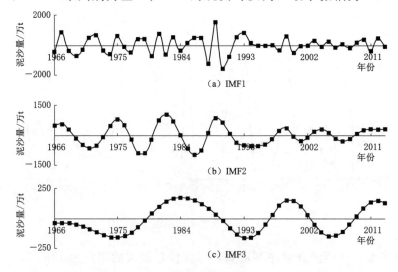

（a）IMF1

（b）IMF2

（c）IMF3

图 2.22（一）　黄河源区泥沙量各分量时间序列图

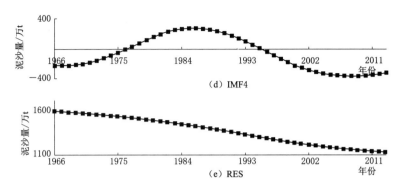

图 2.22（二）　黄河源区泥沙量各分量时间序列图

万 t，最大振幅为 1990 年的 1630.03 万 t，平均振幅为 479.29 万 t。IMF2 分量具有 5～10a 的准周期，以 7a 准周期为主，最小振幅为 2011 年的 286.92 万 t，最大振幅为 1982 年的 1035.67 万 t，平均振幅为 415.96 万 t；其中 1975—1989 年为高幅波动时段，平均振幅为 631.21 万 t；1999—2011 年为低幅波动时段，平均振幅为 210.46 万 t；1989—1999 年具有 10a 的准周期。IMF3 分量具有 12～18a 的准周期，在 48a 的观测时段内，最小振幅为 1975 年的 153.81 万 t，最大振幅为 2012 年的 198.83 万 t，平均振幅为 114.63 万 t。IMF4 分量，其中 1966—1985 年唐乃亥水文站年泥沙量呈增加趋势，1985 年到达峰值；1986—2007 年唐乃亥水文站年泥沙量呈减少趋势，2007 年达到谷值，2007 年之后又有增加的趋势；以峰值年份和谷值年份形成的半波动周期推测，IMF4 分量具有 46a 的准周期。RES 分量显示的是唐乃亥水文站年泥沙量的宏观变化趋势，表明唐乃亥水文站年泥沙量在 48a 的观测期内呈减少的趋势。

（3）持续性分析。利用 R/S 分析方法对 1966—2013 年的泥沙量序列数据进行计算，探究唐乃亥水文站泥沙量未来趋势的变化特征，利用 Hurst 指数分析唐乃亥水文站泥沙量的可持续性，泥沙量的 Hurst 指数为 0.5101，大于 0.5，表示具有正持续效应；同时，说明泥沙量时间序列存在长期记忆相关性，泥沙量的未来趋势与过去一致。结合 Mann - Kendall 趋势检验法得出其趋势性特征，因此可以预测未来唐乃亥水文站年泥沙量依然表现为下降的趋势。

2.4.2　出库站贵德水文站演化特征

2.4.2.1　贵德水文站趋势性分析

收集贵德水文站 1960—2013 年共 54 年的年径流量数据进行研究，利用 Mann - Kendall 趋势检验法对龙羊峡水库出库站贵德水文站 1960—2013 年径流-泥沙序列进行趋势检验，其 Mann - Kendall 检验的趋势变化分别见图 2.23 和图 2.24。

由图 2.23 和图 2.24 可知，径流量 UF 和 UB 两条序列曲线相交于 1987 年，泥沙量 UF 和 UB 两条序列曲线相交于 1989 年，相交点均位于 0.05 显著水平线内，为不

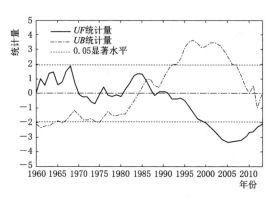 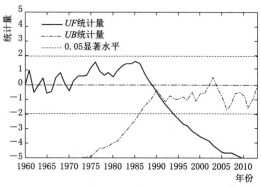

图 2.23　径流序列 Mann - Kendall 趋势检验　　　图 2.24　泥沙序列 Mann - Kendall 趋势检验

显著突变点。径流量和泥沙量的 UF 和 UB 两条序列曲线在研究时段内各自有且仅有一个交点。由于龙羊峡水库在 1987 年投入运行，水库运行必然会对水库下游水沙变化产生影响，且其影响作用甚至是深远的。

其中，径流量在 1989 年以后的 UF 值基本小于 0，径流量呈现下降趋势，到 1998 年以后曲线 UF 在 0.05 显著水平线外，故其下降趋势较显著；泥沙量在 1987 年以后，UF 值小于 0，泥沙量呈下降趋势；到 1993 年以后曲线 UF 在 0.05 显著水平线外，故泥沙量有显著的下降趋势，并且这种下降的趋势越来越显著。由 UF 值可知，龙羊峡水库运行后，水库下游径流量和泥沙量不断减少，表现为逐渐下降的趋势特征，且近年来二者的下降趋势都较显著。

因此，综合考虑 Mann - Kendall 趋势检验法和水利工程建设等人类活动因素，将 1987 年作为龙羊峡水库出库站贵德水文站径流量和泥沙量的显著突变点。

2.4.2.2　贵德水文站周期性分析

根据龙羊峡水库修建时间和 Mann - Kendall 突变点检验，将研究时段划分为两个时间段，1960—1986 年为建库前时段、1987—2013 年为建库后时段。在此基础上利用 CEEMDAN 方法分别对建库前后贵德水文站年径流量、年泥沙量原始序列进行分解，建库前后径流量、泥沙量原始序列及各分解序列数据见图 2.25 和图 2.26。

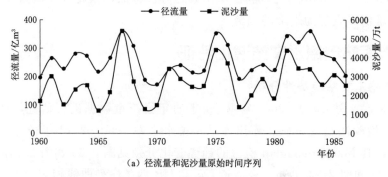

（a）径流量和泥沙量原始时间序列

图 2.25（一）　建库前各时间尺度径流量和泥沙量变化图

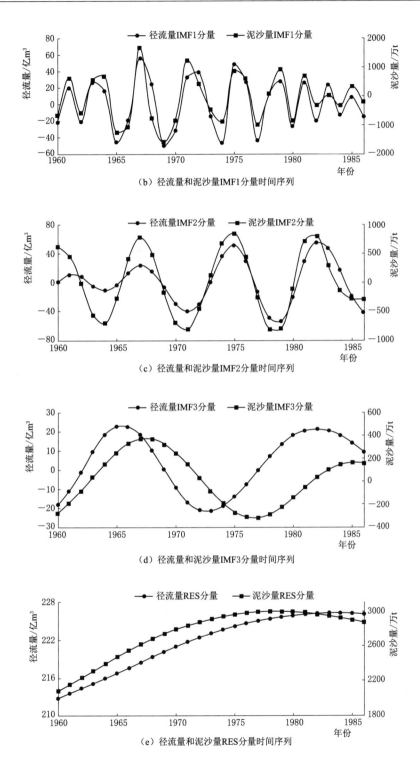

（b）径流量和泥沙量IMF1分量时间序列

（c）径流量和泥沙量IMF2分量时间序列

（d）径流量和泥沙量IMF3分量时间序列

（e）径流量和泥沙量RES分量时间序列

图 2.25（二） 建库前各时间尺度径流量和泥沙量变化图

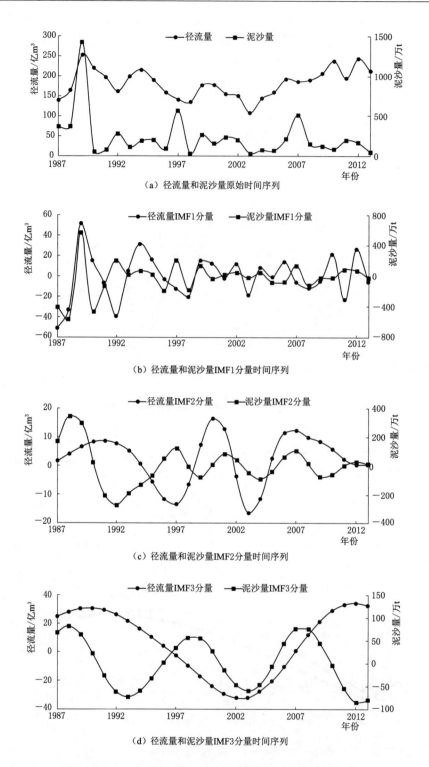

（a）径流量和泥沙量原始时间序列

（b）径流量和泥沙量IMF1分量时间序列

（c）径流量和泥沙量IMF2分量时间序列

（d）径流量和泥沙量IMF3分量时间序列

图 2.26（一）　建库后各时间尺度径流量和泥沙量变化图

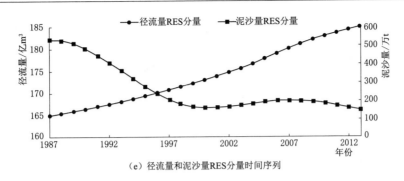

（e）径流量和泥沙量RES分量时间序列

图 2.26（二）　建库后各时间尺度径流量和泥沙量变化图

由图 2.25 和图 2.26 可以看出：

（1）无论是建库前还是建库后，龙羊峡水库下游出库站的径流-泥沙序列均包含着复杂的多时间尺度周期性变化和宏观趋势走向。建库前径流量和泥沙量具有相同的多时间尺度周期，3 个模态分量的准周期均表现为 3a、7a 和 17a，除振幅波动有差异外，二者基本上呈现同频同步波动变化。RES 分量表明二者趋势走向基本一致，呈现逐渐增加的趋势。

（2）建库后径流量的多时间尺度准周期分别为 4a、9a 和 20a，泥沙量的多时间尺度准周期则分别为 4a、8a 和 10a。可以看出，龙羊峡水库运行以后，受水库拦蓄和调度的影响，出库的径流量和泥沙量更趋于平稳，表现为径流量和泥沙量的各时间尺度振幅与建库前相比均呈现减少趋势。高频分量对应的周期与建库前相比增大，而低频分量对应的径流量周期增大，泥沙量周期减小。这表明水库运行对水沙的影响并不一致，导致径流量和泥沙量的多时间尺度变化不仅振幅差异较大，而且波动周期也差异较大，甚至个别时间尺度上波动变化呈现异步状态，最终导致宏观趋势走向呈现完全相反的态势。

（3）RES 分量反映的是径流量、泥沙量整体的变化趋势特征，即低频长周期模态分量控制着序列变化的全局和趋势。建库前径流量、泥沙量趋势项表现为逐渐上升的趋势，建库后径流量趋势项仍逐渐上升，但泥沙量却趋于下降。这表明龙羊峡水库的修建运行，对下游贵德水文站泥沙量的影响作用比径流量大，水库蓄水拦沙，合理调度，径流量虽然减少，但上升趋势仍很明显，而泥沙量不仅在数量上发生了绝对的减少，其趋势性也发生了根本性改变，呈现下降态势。

2.4.2.3　贵德水文站持续性分析

根据贵德水文站 1960—2013 年径流-泥沙序列数据，利用 R/S 分析方法计算其 Hurst 指数，对应 Hurst 指数见表 2.15。

利用 Hurst 指数分析贵德水文站径流量与泥沙量的可持续性，由表 2.15 可知：径流量的 Hurst 指数为 0.5835，泥沙量的 Hurst 指数为 0.5635，均大于

表 2.15　径流量和泥沙量的 Hurst 指数

序　　列	Hurst 指数	状态预测
径流量	0.5835	下降
泥沙量	0.5635	下降

0.5，表示具有持续效应。同时，说明径流量和泥沙量时间序列存在长期记忆相关性，二者的未来趋势与过去保持一致。结合 Mann - Kendall 趋势检验法二者近年来表现为显著下降的趋势，因此，预测未来贵德水文站年径流量和年泥沙量依然表现为下降的趋势，并且这种趋势可能会持续一段时间。

第3章 黄河源区水文变量协整关系分析

3.1 协整理论

3.1.1 协整模型

协整的理论与方法是 Engle 等[143] 于 1987 年提出来的，为非平稳序列建模提供一种途径。如果多个非平稳变量具有协整性，则这些变量可以合成一个平稳序列。这个平稳序列就可以用来描述原变量之间的均衡关系。当且仅当多个非平稳变量之间具有协整性时，由这些变量建立的回归模型才有意义。所以协整性检验也是区别真实回归与伪回归的有效方法。具有协整关系的非平稳变量可以用来建立误差修正模型。由于误差修正模型把长期关系和短期动态特征结合在一个模型中，因此既可以克服传统模型忽视伪回归的问题，又可以克服建立差分模型忽视水平变量信息的弱点。

假定一些经济指标被某些经济系统联系在一起，那么从长远来看这些变量应该具有长期的均衡关系，这是建立和检验模型的基本出发点。在短期内，因为季节影响或随机干扰，这些变量可能偏离均值。如果偏离是暂时的，那么随着时间的推移将会回到均衡状态；如果这种偏移是持久的，就不能说这些变量之间存在均衡关系。协整可被看做这种均衡关系性质的统计表示。

协整是一个强有力的概念。Engle 和 Granger 指出两个或多个非平稳序列的线性组合序列可能是平稳的。假如这样一种平稳的或 $I(0)$ 的线性组合存在，这些非平稳时间序列之间被认为具有协整关系，下面给出协整的定义：K 维向量 $Y=(y_1, y_2, \cdots, y_t)'$ 的分量间被称为 d，b 阶协整，记为 $Y \sim CI(d, b)$，如果满足：

（1）$Y \sim I(d)$ 要求 Y 的每个分量服从 $y_t \sim I(d)$。

（2）存在非零向量 β，使得 $\beta'Y \sim I(d-b)$，$0 < b \leqslant d$。

简称 Y 是协整的，向量 β 又称为协整向量。

需要注意的是：第一，作为对非平稳变量之间关系的描述，协整向量是不唯一的；第二，协整变量必须具有相同的单整阶数；第三，最多可能存在 $K-1$ 个线性无关向量；第四，协整变量之间具有共同的趋势成分，在数量上成比例。

3.1.2 平稳性检验

由协整的概念可知，在检验两个时间序列之间是否存在协整关系之前，需要对时

间序列进行平稳性检验，检验时间序列平稳性的常用方法是 ADF 单位根检验，其检验公式为

$$\Delta y_t = \alpha + \beta_t + \delta y_{t-1} + \sum_{i=1}^{p} \xi_i \Delta y_{t-i} + \varepsilon_t \tag{3.1}$$

其中

$$\Delta y_t = y_t - y_{t-1}$$

式中：Δy_t 为变量 y_t 的一阶差分；α、β、δ、ξ_i 均为参数；t 为时间；p 为滞后阶数；ε_t 为白噪声过程。

3.1.3　协整检验

协整检验从检验的对象上可以分为两种：一种是基于回归系数的协整检验，如 Johansen 协整检验；另一种是基于回归残差的协整检验，如 DF 检验、ADF 检验。这里主要介绍 Engle 和 Granger 提出的检验方法。这种检验方法是对回归方程的残差进行单位根检验。从协整的理论思想来看，自变量和因变量之间存在协整关系。也就是说，因变量能被自变量的线性组合所解释，两者之间存在着稳定的均衡关系，因变量不能被自变量所解释的部分构成一个残差序列，这个残差序列应该是平稳的。因此检验一组变量之间是否存在协整关系等价于检验回归方程的残差是否是一个平稳序列。通常地，可以用 ADF 单位根检验来判断残差序列的平稳性，进而判断因变量和解释变量之间的协整关系是否存在。

检验的主要步骤如下：

（1）若 k 个序列 y_1，y_2，y_3，$\cdots$，y_k 都是 1 阶单整序列，建立回归方程为

$$y_{1k} = \beta_2 y_{2t} + \beta_3 y_{3t} + \cdots + \beta_k y_{kt} + u_t \quad (t=1,2,\cdots,T) \tag{3.2}$$

模型估计的残差为

$$u_t = y_{1t} - \beta_2 y_{2t} - \beta_3 y_{3t} - \cdots - \beta_k y_{kt} \tag{3.3}$$

（2）检验残差序列是否平稳，也就是判断序列是否有单位根。通常用 ADF 检验来判断残差序列是否平稳。

（3）如果残差序列是平稳的，则可以确定回归方程的 k 个变量之间的协整关系，否则变量之间不存在协整关系。

协整检验的目的是决定一组非平稳序列的线性组合是否具有协整关系[144]，也可以通过协整检验来判断线性回归方程设定是否合理。这两者的检验思想和过程是完全相同的。利用 ADF 单位根检验来判断残差序列是否平稳，进而确定回归方程的变量之间是否存在协整关系，同时还可以判断模型的设定是否正确。

3.1.4　误差修正模型

误差修正模型[145] 是由 Davidson、Hendry、Srba 和 Yeo 于 1978 年提出来的，该模型表达的是变量之间的一种长期均衡关系，这种均衡关系可能会在短期内出现波动或者偏离。因此，为了减小模型的误差，提高预测的精度，把回归方程中的残差作为

非均衡误差项加入到模型中，这种反应变量之间的长期均衡和短期波动特征的模型叫作误差修正模型（ECM），表达式为

$$\Delta z_t = \lambda_1 \Delta x_t + \lambda_2 \Delta y_t + \varphi ecm_{t-1} + c + \varepsilon_t \tag{3.4}$$

式中：λ_1、λ_2 为各变量差分项的系数，反映了模型短期动态变化；ecm_{t-1} 为误差修正项，即回归方程的残差序列的滞后一阶，表达了因变量前一项在短期波动中偏离长期均衡的程度；φ 为修正系数，也称调整速度，通常为负值；c 为模型的常数项；ε_t 为白噪声序列。

误差修正模型不再单纯地使用变量的水平值（指变量的原始值）或变量的差分建模，而是把两者有机地结合起来，充分利用这两者所提供的信息。从短期看，被解释变量的变动是由较稳定的长期趋势和短期波动所决定的，短期内系统对于均衡状态的偏离程度的大小直接导致波动振幅的大小。从长期看，协整关系式起到引力线的作用，将非均衡状态拉回到均衡状态。

3.2　水文变量协整分析

3.2.1　数据处理

由于唐乃亥水文站降雨量序列数据为 1966—2013 年，因此，在分析唐乃亥水文站降雨-径流关系和径流-泥沙关系时，利用唐乃亥水文站 1966—2013 年年降雨量、年径流量和年泥沙量序列数据和贵德水文站 1960—2013 年年径流量和年泥沙量序列数据。基于协整理论，对黄河源区典型水文变量的协整关系进行研究，并分别建立唐乃亥水文站降雨-径流误差修正模型、径流-泥沙误差修正模型、降雨-径流-泥沙三变量误差修正模型，以及贵德水文站径流-泥沙误差修正模型，揭示黄河源区降雨-径流、径流-泥沙以及降雨-径流-泥沙两者之间及三者之间的长期均衡和短期波动关系。在此基础上，对黄河源区唐乃亥水文站和贵德水文站年径流量进行模拟和预测，以便确定其具体关系性和径流模拟与预测精度。选取黄河源区唐乃亥水文站 1966—2005 年降雨、径流、泥沙时间序列和贵德水文站 1960—2005 年径流、泥沙时间序列进行建模分析及进行样本内模拟。基于构建的模型，对 2006—2013 年样本外数据进行预测与检验。

3.2.2　变量平稳性检验

在进行协整分析之前，需要对黄河源区唐乃亥水文站降雨、径流、泥沙时间序列和贵德水文站径流、泥沙时间序列进行 ADF 单位根检验，检测时间序列的平稳性，为方便计算和分析，降雨用 P 表示、径流量用 W 表示、泥沙量用 S 表示。首先检验唐乃亥水文站降雨、径流和泥沙的平稳性，结果见表 3.1。

表 3.1　　　　　　唐乃亥水文站降雨、径流、泥沙时间序列的单位根检验

变量	ADF 检验值	t 检 验			Prob 值	平稳性
		1%	5%	10%		
W	−0.8712	−2.62561	−1.94961	−1.61159	0.332	否
ΔW	−5.0079	−2.63473	−1.95100	−1.61091	0.000	是
P	−0.3769	−2.62724	−1.94986	−1.61147	0.542	否
ΔP	−4.3357	−2.63473	−1.95100	−1.61091	0.000	是
S	−1.7628	−2.62724	−1.94986	−1.61147	0.074	否
ΔS	−10.4741	−2.62724	−1.94986	−1.61147	0.000	是

注　Δ 为变量的一阶差分；t 检验为变量的显著性检验；Prob 值为拒绝原假设所需要的最低置信水平。

由表 3.1 可知，唐乃亥水文站降雨、径流、泥沙原始序列的 ADF 检验值均大于 1% 和 5% 显著水平的临界值，接受存在单位根的原假设，即降雨、径流、泥沙原始时间序列是不平稳的。三者的一阶差分序列的 ADF 检验值均小于在 1% 显著水平下的临界值，拒绝单位根的原假设，即降雨、径流、泥沙时间序列的一阶差分项是平稳的，均为一阶单整序列，符合协整要求，可以对降雨、径流、泥沙进行协整分析。

对贵德水文站 1960—2013 年年径流量和年泥沙量进行单位根检验，年径流量用 W 表示，年泥沙量用 S 表示。径流量和泥沙量的单位根检验结果见表 3.2。

表 3.2　　　　　　贵德水文站径流量和泥沙量的单位根检验

变量	ADF 检验值	临 界 值			平稳性
		1%	5%	10%	
W	−0.681762	−2.609324	−1.947119	−1.612867	否
S	−1.124472	−2.611094	−1.947381	−1.612725	否
ΔW	−7.926456	−2.610192	−1.947248	−1.612797	是
ΔS	−9.419415	−2.611094	−1.947381	−1.612725	是

从表 3.2 可以看出，在显著性水平 1%、5% 和 10% 下，径流量和泥沙量原始时间序列的 ADF 检验值大于不同显著性水平对应的临界值，均不拒绝有单位根的假设，即径流量和泥沙量原始时间序列为非平稳序列。经过差分处理，一阶差分序列的 ADF 值均小于显著性水平值，拒绝原假设，一阶差分序列均为平稳序列，故径流量和泥沙量均为一阶单整序列。

采用 E.G 两步法检验唐乃亥水文站降雨、径流、泥沙之间的协整关系和贵德站径流、泥沙之间的协整关系。首先，计算唐乃亥水文站降雨、径流、泥沙之间的协整关系，具体步骤如下：

（1）分别对降雨-径流、径流-泥沙、降雨-径流-泥沙进行最小二乘回归，得到如下的协整方程：

$$\begin{cases} W = 0.7936P - 235.3519 + u_{t1} \\ R^2 = 0.7161 \\ D.W. = 1.5054 \end{cases} \tag{3.5}$$

$$\begin{cases} W = 0.0599S + 122.3997 + u_{t2} \\ R^2 = 0.7797 \\ D.W. = 1.3080 \end{cases} \tag{3.6}$$

$$\begin{cases} W = 0.3834P + 0.0386S - 60.6816 + u_{t3} \\ R^2 = 0.8479 \\ D.W. = 1.5589 \end{cases} \tag{3.7}$$

式中：u_t 为方程的残差序列；R^2 为方程的决定系数，越接近 1 说明方程的拟合度越好；$D.W.$ 为 Durbin-Waston Statistics，表示方程残差序列是否存在自相关关系，当模型存在自相关性时模型的预测功能会失效，若 $D.W.$ 值接近 2 则基本没有自相关关系（即越接近 2 模型预测效果越好）。

由式（3.5）～式（3.7）可知，唐乃亥水文站降雨-径流、径流-泥沙、降雨-径流-泥沙之间均具有协整关系。其中，各模型的 $D.W.$ 值接近 2，模型结果较可靠，预测效果越好。方程的拟合优度 R^2 均较大，表明模型中降雨、径流、泥沙之间的相关关系较好。特别是，建立的降雨-径流-泥沙三个变量中协整方程的 R^2 最大，为 0.8479。这表明三个变量中降雨-径流-泥沙之间的关系性更强，模型精度更高，更能代表三者之间的协整关系特征。

（2）对上述方程的残差序列进行单位根检验，检验结果见表 3.3。

表 3.3　　　　　　　　唐乃亥水文站协整方程残差单位根检验

残差序列	ADF 检验值	t 检验			Prob 值	平稳性
		1%	5%	10%		
u_{t1}	−5.1948	−2.62561	−1.94961	−1.61159	0.000	是
u_{t2}	−4.1672	−2.62561	−1.94961	−1.61159	0.000	是
u_{t3}	−5.3172	−2.62561	−1.94961	−1.61159	0.000	是

由表 3.3 可知，三个协整方程的残差序列在 1% 显著水平下拒绝有单位根的原假设，即降雨、径流之间存在协整关系，径流、泥沙之间存在协整关系，降雨、径流、泥沙三者之间存在协整关系。

同理，建立贵德水文站径流-泥沙之间的协整关系方程，OLS（Ordinary Least Squares）法计算的协整关系方程为

$$W = 0.02368S + 169.6964 + \varepsilon_t$$

$$(0.00325) \quad (6.632517) \tag{3.8}$$

$$R^2 = 0.505159 \quad D.W. = 0.816176$$

建立回归方程后，对此方程的残差进行单位根检验，检验结果见表 3.4。

表 3.4   协整方程残差单位根检验结果

残差	ADF 检验值	临　界　值			平稳性
		1%	5%	10%	
ε_t	−7.485663	−2.610192	−1.947248	−1.612797	是

由表 3.4 可知，在各显著性水平下，残差序列的单位根检验均不存在，表明残差序列是平稳序列，协整向量为（1，0.00325），说明黄河源区龙羊峡出库站贵德水文站径流量与泥沙量之间存在长期的协整关系。其 R^2 为 0.505159，比黄河源区龙羊峡入库站唐乃亥水文站径流-泥沙之间的协整方程的决定系数 0.7797 小一些，表明龙羊峡水库运行对径流-泥沙关系有显著影响。

3.2.3　误差修正模型

误差修正模型的建立是为了减小模型误差，提高预测精度，因此需要把回归方程中的残差作为非均衡误差项加入到模型中，反映了变量之间的长期均衡和短期波动关系。建立唐乃亥水文站降雨-径流、径流-泥沙、降雨-径流-泥沙之间的误差修正模型和贵德水文站径流-泥沙之间的误差修正模型，模型如下：

$$\begin{cases} \Delta W = 0.6533\Delta P - 0.7764ecm_{t-1} - 0.9916 + \varepsilon_t \\ R^2 = 0.8365 \\ D.W. = 1.7840 \end{cases} \tag{3.9}$$

$$\begin{cases} \Delta W = 0.0511\Delta S - 0.6473ecm_{t-1} - 0.1205 + \varepsilon_t \\ R^2 = 0.8691 \\ D.W. = 1.5298 \end{cases} \tag{3.10}$$

$$\begin{cases} \Delta W = 0.2783\Delta P + 0.0357\Delta S - 0.7727ecm_{t-1} - 0.5332 + \varepsilon_t \\ R^2 = 0.9247 \\ D.W. = 1.4955 \end{cases} \tag{3.11}$$

式（3.9）表明，径流量不仅受降雨量的影响，还受到上一年径流量偏离均衡水平的影响；ΔP 的系数为 0.6533，说明降雨量对径流量的影响显著；误差修正项系数为−0.7764，符合反向修正机制，说明本年径流量偏离均衡水平的差值在下一年将有 77.6% 得到调整。

式（3.10）表明，径流量不仅受泥沙量的影响，还受到上一年径流量偏离均衡水平的影响，ΔS 的系数为 0.0511，说明泥沙量对径流量的影响不显著；误差修正项系数为−0.6473，符合反向修正机制，说明本年径流量偏离均衡水平的差值在下一年将有 64.7% 得到调整。

式（3.11）表明，径流量不仅受降雨量和泥沙量的影响，还受到上一年径流量偏离均衡水平的影响，ΔP 和 ΔS 的系数分别为 0.2783、0.0357，说明黄河源区降雨量与泥沙量对径流量的短期影响程度不同，降雨量要比泥沙量的影响程度强；误差修正

项系数为 -0.7727，符合反向修正机制，说明本年径流量偏离均衡水平的差值在下一年将有 77.3% 得到调整。

对比三个模型，误差修正项系数均小于零，表明误差修正项对径流的变动具有反方向调节作用；加入误差修正项后的 R^2 值比协整方程均有所提升，三个模型的 R^2 值均大于 0.8，拟合度都很好，降雨-径流-泥沙三个变量 ECM 的 R^2 最大为 0.9247，模型解释性更强。并且，误差修正模型与协整模型对比，误差修正模型对应的决定系数 R^2 显著提高，表明误差修正模型对应的模型精度更高，更能代表唐乃亥水文站各变量之间的长期均衡和短期波动关系。

同理，建立贵德水文站径流-泥沙之间的误差修正模型，建立 W 和 S 之间的 ECM 模型如下

$$\Delta W = -0.363887ecm(-1) + 0.03147\Delta S + 1.463713$$
$$(0.112743) \qquad (0.003542) \quad (3.669399) \qquad (3.12)$$
$$R^2 = 0.610329 \quad D.W. = 1.845703$$

误差修正模型中，$ecm(-1)$ 的系数为 -0.363887，反映了调整力度，将有 36.3% 在下一期得到调整；ΔS 的短期弹性系数为 0.03147，说明龙羊峡水库下游出库站径流量与泥沙量之间具有短期的影响效应，并且影响作用是正方向变化的。误差修正模型的决定系数为 0.610329，表明模型比未进行修正的原模型解释性更强；$D.W.$ 值为 1.845703，接近数值 2，说明残差序列没有自相关性。

3.3 模型模拟与预测

由于龙羊峡水库构建的影响，贵德水文站径流-泥沙相关系数相对偏小，而唐乃亥水文站相关系数较大，所以在此节中仅对唐乃亥水文站的径流量进行模拟与预测。采用上述唐乃亥水文站降雨-径流、径流-泥沙、降雨-径流-泥沙三个误差修正模型对黄河源区唐乃亥水文站年径流量 1966—2005 年 40a 数据进行模拟分析。同时，利用模型对唐乃亥水文站 2006—2013 年 8a 数据进行预测分析，对比模型的模拟及预测精度。

首先对唐乃亥水文站径流量进行模拟与预测，根据《水文情报预报规范》（GB/T 22482—2008），径流预报以实测值的 20% 作为允许误差，当一次预报的误差小于允许误差时，为合格误差。合格预报次数与预报总次数的百分比即为合格率。径流预报的精度按合格率大小分为三个等级，见表 3.5。

表 3.5   径流预报精度等级表

精度等级	甲	乙	丙
合格率/%	$QR \geqslant 85$	$70 \leqslant QR < 85$	$60 \leqslant QR < 70$

三种误差修正模型的径流模拟结果见图 3.1。

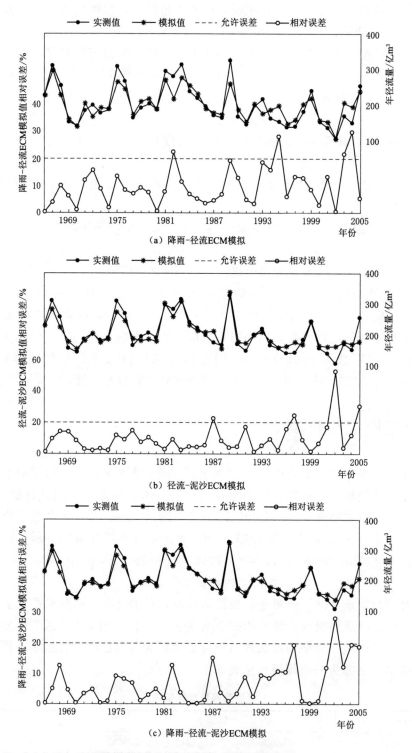

（a）降雨-径流ECM模拟

（b）径流-泥沙ECM模拟

（c）降雨-径流-泥沙ECM模拟

图 3.1　不同误差修正模型模拟结果

由图 3.1 可知，三种误差修正模型的径流模拟效果都较好，其中降雨-径流 ECM 的模拟值相对误差大于 20% 的年份有 4 个，分别为 1982 年（22.40%）、1995 年（28.33%）、2003 年（21.93%）和 2004 年（29.87%），模拟期平均绝对百分误差（Mean Absolute Percentage Error，MAPE）为 9.96%；径流-泥沙 ECM 的模拟值相对误差大于 20% 的年份也有 4 个，分别为 1987 年（22.24%）、1998 年（24.22%）、2002 年（50.14%）和 2005 年（30.14%），模拟期 MAPE 为 9.49%；降雨-径流-泥沙 ECM 的模拟值相对误差大于 20% 的年份只有 1 个，为 2002 年（28.26%），模拟期 MAPE 为 6.93%。可以看出，降雨-径流-泥沙三个变量 ECM 具有更好的模拟精度。

三种误差修正模型的年径流量预测结果见表 3.6。

表 3.6　　　　　　　　　　三种误差修正模型的年径流量预测结果

年份	实测值 /亿 m³	降雨-径流		径流-泥沙		降雨-径流-泥沙	
		ECM 预测值 /亿 m³	相对误差 /%	ECM 预测值 /亿 m³	相对误差 /%	ECM 预测值 /亿 m³	相对误差 /%
2006	141.26	180.93	28.08	170.34	20.59	166.79	18.07
2007	189.04	226.32	19.72	159.55	15.60	180.06	4.75
2008	174.60	206.54	18.29	143.67	17.71	165.32	5.31
2009	263.48	238.59	9.45	179.44	31.90	204.54	22.37
2010	197.08	215.63	9.41	209.67	6.39	216.79	10.00
2011	211.21	248.71	17.75	174.50	17.38	203.77	3.52
2012	284.04	256.57	9.67	219.82	22.61	241.20	15.08
2013	194.64	199.89	2.70	192.02	1.35	196.86	1.14
平均	206.92	221.65	14.38	181.13	16.69	196.92	10.03

由表 3.6 可知，运用三种误差修正模型预测黄河源区年径流量的效果整体良好，除个别年份外，预测相对误差基本均能控制在 20% 以内。具体来看，降雨-径流 ECM 预测期内只有 2006 年的相对误差较大（28.08%），其余年份相对误差均小于 20%，平均相对误差为 14.38%，预测合格率为 87.5%，精度等级为甲级；径流-泥沙 ECM 预测期内 2006 年、2009 年、2012 年的相对误差较大（分别为 20.59%、31.90%、22.61%），其余年份相对误差均小于 20%，平均相对误差为 16.69%，预测合格率为 62.5%，精度等级为丙级；降雨-径流-泥沙 ECM 预测期内只有 2009 年的相对误差较大（22.37%），其余年份相对误差均小于 20%，平均相对误差为 10.03%，预测合格率为 87.5%，精度等级为甲级。由此可知，降雨-径流-泥沙三个变量 ECM 的预测精度最高，预测效果最好。

3.4　水文变量分位数协整关系分析

在对黄河源区典型水文变量的回归分析中，往往会受到变量时间序列中的异常值的干扰，而且存在水文时间序列非平稳所造成的伪回归问题。为此采用分位数回归方法和协整理论，对黄河源区典型水文变量降雨、径流、泥沙时间序列进行分位数回归和协整分析，建立分位数误差修正模型，揭示黄河源区降雨、径流、泥沙在不同分位水平下的长期均衡和短期波动关系。同样采用黄河源区 1966—2005 年降雨、径流、泥沙时间序列进行分位数回归分析与建模，并对 2006—2013 年样本外数据进行预测检验。

3.4.1　分位数回归方法

分位数回归是根据因变量的条件分位数对自变量进行的回归，可以得到不同分位水平的回归模型。

设 Y 为随机变量，分布函数为 $F(y)=P(Y\leqslant y)$，Y 的 τ 分位数为满足 $F(y)\geqslant\tau$ 的最小 y 值，存在下式：

$$F^{-1}(\tau)=Q(\tau)=\inf\{y:F(y)\geqslant\tau,\tau\in(0,1)\} \tag{3.13}$$

式中：$Q(\tau)$ 为 y 的 τ 分位数；τ 为 0.5 时为中位数。

$F(y)$ 的 τ 分位点 $Q(\tau)$ 由最小化关于 ξ 的目标函数得到

$$Q(\tau)=\mathrm{argmin}_{\xi}\left\{\int\rho_{\tau}(y-\xi)\mathrm{d}F(y)\right\} \tag{3.14}$$

其中 $\rho_{\tau}(\mu)$ 为检验函数：

$$\rho_{\tau}(\mu)=[\tau-I(\mu<0)]\mu=\begin{cases}\mu\tau & (\mu\geqslant0)\\ (\tau-1)\mu & (\mu<0)\end{cases} \tag{3.15}$$

假设因变量 Y 和自变量 X 在 τ 分位的线性函数关系为

$$Y=\alpha X'+\varepsilon \tag{3.16}$$

给定 $X=x$ 时 Y 的条件分布函数为 $F_{Y}(y|x)$，则 τ 分位数为

$$Q(\tau|x)=\inf\{y:F_{Y}(y|x)\geqslant\tau\}\quad[\tau\in(0,1)] \tag{3.17}$$

线性条件分位数通常表示为

$$Q(\tau|x)=x'\alpha(\tau) \tag{3.18}$$

分位数回归能在所有的分位数 $\tau(0<\tau<1)$ 内得到不同的分值函数，$\alpha(\tau)$ 为参数值，通过求解如下最优化问题对分位数回归模型进行参数估计：

$$\hat{\alpha}(\tau)=\mathrm{argmin}_{\beta\in R}\sum_{i=1}^{n}\rho_{\tau}[y_{i}-x'_{i}\alpha(\tau)] \tag{3.19}$$

通过式（3.19）可以得到分位回归系数向量 $\alpha(\tau)$ 的估计量 $\hat{\alpha}(\tau)$，其中：

$$\rho_{\tau}(\mu)=[\tau I_{(0,\infty)}(\mu)-(1-\tau)\cdot I_{(-\infty,0)}(\mu)]\mu \tag{3.20}$$

式中：$I(\cdot)$ 为示性函数，随着分位数 τ 在（0，1）区间内的变化得到不同分位水平下因变量与自变量的回归方程。

3.4.2 分位数回归分析

在进行水文变量分位数回归分析之前，需要计算降雨、径流和泥沙时间序列的分位数，对变量分位数的显著性进行检验，见图 3.2。

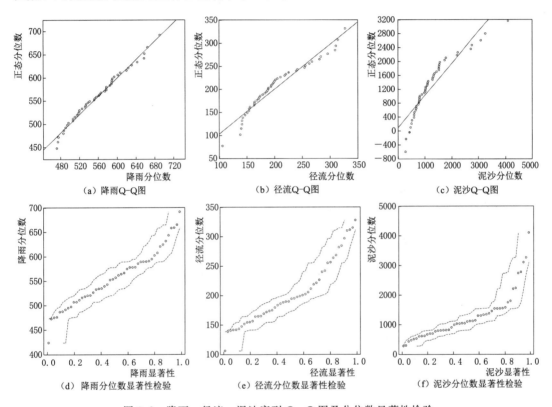

（a）降雨Q-Q图　（b）径流Q-Q图　（c）泥沙Q-Q图

（d）降雨分位数显著性检验　（e）径流分位数显著性检验　（f）泥沙分位数显著性检验

图 3.2　降雨、径流、泥沙序列 Q-Q 图及分位数显著性检验

由图 3.2 可以看出，降雨、径流、泥沙时间序列的散点图近似一条直线，说明数据具有正态性，降雨、径流和泥沙时间序列的分位数在 95% 显著水平下是显著的，可以进行分位数回归分析。

由于分位数回归的分位点是因变量的分位点，本文将径流作为因变量，计算径流时间序列的 0.1、0.2、…、0.9 分位数，并根据径流 0.1、0.2、…、0.9 分位数划分径流，见图 3.3。

由图 3.3 可知，0.1～0.9 的径流分位数线划分了整个研究期间的径流量值对应的年份，把分位数划分为三等，其中 0.1、0.2、0.3 分位数为低分位数水平，反映枯水年份的水文变量关系，0.4、0.5、0.6 分位数为中分位数水平，反映平水年份的水文变量关系，0.7、0.8、0.9 分位数为高分位数水平，反映丰水年份的水文变量关系，也为之后的分位数协整模型的模拟及预测提供依据。

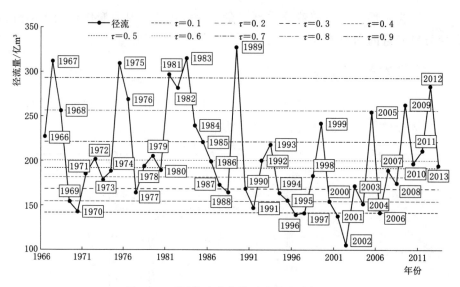

图 3.3　不同径流分位数对应的径流划分

3.4.2.1　降雨-径流分位数回归分析

对黄河源区 1966—2005 年的降雨、径流时间序列进行分位数回归分析，建立不同分位数水平下的分位数回归方程，见表 3.7 和图 3.4。

表 3.7　降雨-径流分位数回归方程

τ 值	分位数回归方程	R^2
0.1	$W = -76.7096 + 0.4308P + u_{0.1}$	0.3252
0.2	$W = -147.9871 + 0.5920P + u_{0.2}$	0.3724
0.3	$W = -216.6133 + 0.7330P + u_{0.3}$	0.4184
0.4	$W = -224.1947 + 0.7590P + u_{0.4}$	0.4596
0.5	$W = -240.7389 + 0.7982P + u_{0.5}$	0.4832
0.6	$W = -229.0102 + 0.7903P + u_{0.6}$	0.5076
0.7	$W = -258.5542 + 0.8601P + u_{0.7}$	0.5280
0.8	$W = -295.1331 + 0.9467P + u_{0.8}$	0.5341

由表 3.7 和图 3.4 可知，分位数回归方程表明了降雨和径流在不同分位数水平下的长期均衡关系，揭示了不同丰、平、枯年份的降雨和径流之间的均衡关系。无论是高分位还是低分位，基于分位数的传统回归方程中，R^2 值均小于 0.6，降雨和径流之间的相关性并不明显。但是，这种基于分位数的传统回归方程也在一定程度上能够反映唐乃亥水文站降雨和径流的关系变化。如表 3.7 和图 3.4 所示，随着分位数的增大，方程斜率也随着增大，R^2 值也随着增大，降雨和径流的相关性逐渐好转。低分位数下，降雨量较小，表明枯水年径流的主要补给方式为冰川积雪融水和地下水补给，降雨不再是径流的主要补给源，因此降雨和径流关系不明显；高分位数水平下，丰水年降雨量增加，成为径流的主要补给方式，因而降雨对径流的影响越发明显，分

位线回归方程拟合效果好转，降雨径流关系相关性变得密切。

3.4.2.2　径流–泥沙分位数回归分析

对黄河源区 1966—2005 年的径流（W）、泥沙（S）时间序列进行分位数回归分析，建立不同分位数水平下的分位数回归方程，表 3.8 为径流–泥沙分位数回归方程，图 3.5 为径流–泥沙分位数回归方程拟合线图。

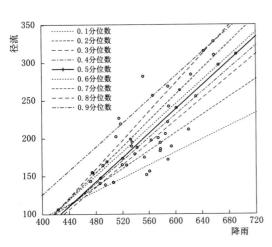

图 3.4　降雨–径流分位数回归方程拟合图　　　　图 3.5　径流–泥沙分位数回归方程拟合线图

表 3.8　　　　　　　　　　　　**径流–泥沙分位数回归方程**

τ 值	分位数回归方程	R^2
0.1	$W = 93.1170 + 0.0573S + u_{0.1}$	0.3485
0.2	$W = 103.9757 + 0.0546S + u_{0.2}$	0.4128
0.3	$W = 120.4225 + 0.0541P + u_{0.3}$	0.4701
0.4	$W = 125.9121 + 0.0527P + u_{0.4}$	0.5213
0.5	$W = 120.3482 + 0.0628P + u_{0.5}$	0.5494
0.6	$W = 127.9552 + 0.0603P + u_{0.6}$	0.5793
0.7	$W = 125.6377 + 0.0668P + u_{0.7}$	0.6129
0.8	$W = 129.9933 + 0.0680P + u_{0.8}$	0.6187
0.9	$W = 138.4183 + 0.0679P + u_{0.9}$	0.5857

由表 3.8 和图 3.5 可知，径流–泥沙分位数回归方程表明了径流和泥沙在不同分位数水平下的长期均衡关系，揭示了不同丰、平、枯水年份的径流和泥沙之间的均衡关系。其中决定系数 R^2 值的变化整体上随分位数的增大而增大，0.8 分位数的回归方程 R^2 值达到最大，为 0.6187。分位数回归方程的斜率变化整体上呈现波动性变化，在低分位数水平下，斜率是递减的，从 0.1 分位数回归方程的 0.0573 减至 0.3 分位数回归方程的 0.0541，斜率变化不大。在中分位数水平下，斜率先减后增，变化不大，最大斜率为 0.5 分位数回归方程的 0.0628。在高分位数水平下，斜率先增后减，

最大斜率为 0.8 分位数回归方程的 0.0680。径流-泥沙分位数回归方程在一定程度上能够反映黄河源区径流和泥沙的关系变化。可以看出，黄河源区泥沙对径流的影响关系不太明显，整体上枯水年二者关系较差，丰水年二者关系较好，这也说明了枯水年产沙少，径流也减少；丰水年产沙多，径流也增多，同时也说明了黄河源区的径流和泥沙关系的丰枯变化不明显。

3.4.2.3　降雨-径流-泥沙分位数回归分析

对黄河源区 1966—2005 年的降雨、径流、泥沙时间序列进行分位数回归分析，建立不同分位数水平下的分位数回归方程，见表 3.9 和图 3.6。

表 3.9　　　　　　　　　　　　降雨-径流-泥沙分位数回归方程

τ 值	分位数回归方程	R^2
0.1	$W = -100.1314 + 0.4157P + 0.0369S + u_{0.1}$	0.5081
0.2	$W = -114.4959 + 0.4527P + 0.0352S + u_{0.2}$	0.5398
0.3	$W = -114.1722 + 0.4784P + 0.0310S + u_{0.3}$	0.5577
0.4	$W = -137.6542 + 0.5395P + 0.0277S + u_{0.4}$	0.5860
0.5	$W = -53.0396 + 0.3731P + 0.0389S + u_{0.5}$	0.6091
0.6	$W = -16.4788 + 0.3034P + 0.0440S + u_{0.6}$	0.6391
0.7	$W = -40.8437 + 0.3690P + 0.0382S + u_{0.7}$	0.6609
0.8	$W = -6.9558 + 0.3017P + 0.0425S + u_{0.8}$	0.6607
0.9	$W = -66.2129 + 0.4152P + 0.0532S + u_{0.9}$	0.6554

由表 3.9 和图 3.6 可知，降雨-径流-泥沙分位数回归方程表明了降雨、径流和泥沙在不同分位数水平下的长期均衡关系，揭示了不同丰、平、枯水年份的降雨、径流和泥沙之间的均衡关系。其中决定系数 R^2 值的变化整体上随分位数增大而增大，0.7 分位数的回归方程 R^2 值达到最大，为 0.6609。其中，方程中 P 和 S 的系数随着分位数的增大整体上呈现波动性变化，在 0.1～0.3 低分位数水平下，P 的系数是递增的，S 的系数是递减的，说明在枯水年径流和降雨呈正相关关系，径流和泥沙呈负相关关系；在 0.4～0.6 中分位数水平下，P 的系数是递减的，S 的系数为递增的，说明在平水年径流和降雨呈负相关关系，径流和泥沙呈正相关关系；在 0.7～0.9 高分位数水平下，P 的系数是先减后增的，S 的系数为递增的，说明在丰水年径流和降雨整体上呈正相关关系，径流和泥沙呈正相关关系。整体上降雨-径流-泥沙分位数回归方程在一定程度上反映了黄河源区降雨、径流、泥沙在枯、平、丰水年份的关系变化，总的来说，在枯水年降雨量对径流的影响小，在丰水年降雨量对径流量的影响大，泥沙量对径流的丰枯变化影响不明显。

图 3.6 为降雨-径流-泥沙 0.1～0.9 分位数回归方程拟合平面图，结合表 3.10 的分位数回归方程可以直观地看出三种水文变量的关系和平面拟合效果：各个分位数方程中的降雨和径流呈正相关关系，泥沙和径流呈正相关关系。散点大小代表散点距离平面的距离，较大的散点表明散点位于平面上部。其中 0.1～0.4 分位数图像中绝大

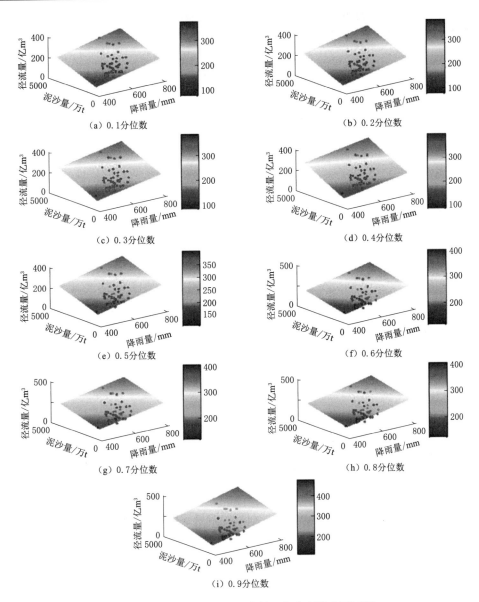

图 3.6 降雨-径流-泥沙分位数回归方程拟合平面图

部分散点位于平面之上，0.7～0.9 分位数图像中散点位于平面上下，分布较均匀，说明高分位数回归方程平面图与散点拟合较均匀。

3.4.3 分位数协整关系分析

3.4.3.1 降雨-径流分位数协整分析

1. 协整检验

采用 EG 两步法对表 3.7 中降雨-径流分位数回归方程的残差序列 u_τ（$\tau = 0.1$，0.2，…，0.9）进行协整检验，检验结果见表 3.10。

表 3.10　　　　　　　　降雨-径流分位数回归方程残差序列的单位根检验

u_τ	ADF 检验值	检验类型 (c, t, k)	临界值			Prob 值	平稳性
			1%	5%	10%		
$u_{0.1}$	-3.850791	$(c, 0, 1)$	-3.610453	-2.938987	-2.607932	0.0053	平稳
$u_{0.2}$	-4.124868	$(c, 0, 1)$	-3.610453	-2.938987	-2.607932	0.0025	平稳
$u_{0.3}$	-4.751832	$(c, 0, 1)$	-3.610453	-2.938987	-2.607932	0.0004	平稳
$u_{0.4}$	-4.906774	$(c, 0, 1)$	-3.610453	-2.938987	-2.607932	0.0003	平稳
$u_{0.5}$	-5.159664	$(c, 0, 1)$	-3.610453	-2.938987	-2.607932	0.0001	平稳
$u_{0.6}$	-5.107551	$(c, 0, 1)$	-3.610453	-2.938987	-2.607932	0.0001	平稳
$u_{0.7}$	-5.588717	$(c, 0, 1)$	-3.610453	-2.938987	-2.607932	0.0000	平稳
$u_{0.8}$	-6.197982	$(c, 0, 1)$	-3.610453	-2.938987	-2.607932	0.0000	平稳
$u_{0.9}$	-5.061876	$(c, 0, 1)$	-3.610453	-2.938987	-2.607932	0.0002	平稳

由表 3.10 可知，不同分位数水平下的回归方程的残差序列的 ADF 检验值均小于 1%、5% 和 10% 显著水平的临界值，即残差时间序列均是一阶平稳，说明降雨、径流在不同分位数水平下均具有协整关系。

2. 建立 ECM

根据 ECM 方法建立降雨-径流分位数回归误差修正模型（以下简称"分位数 ECM"），见表 3.11。

表 3.11　　　　　　　　　降雨-径流分位数 ECM 模型

τ 值	分位数 ECM 模型	R^2
0.1	$\Delta W = 17.5880 + 0.5689\Delta P - 0.4475 ecm_{t-1} + \varepsilon_{0.1}$	0.761014
0.2	$\Delta W = 13.4755 + 0.5909\Delta P - 0.6050 ecm_{t-1} + \varepsilon_{0.2}$	0.792912
0.3	$\Delta W = 9.7893 + 0.6308\Delta P - 0.7331 ecm_{t-1} + \varepsilon_{0.3}$	0.823956
0.4	$\Delta W = 5.0199 + 0.6401\Delta P - 0.7527 ecm_{t-1} + \varepsilon_{0.4}$	0.829452
0.5	$\Delta W = 1.2439 + 0.6551\Delta P - 0.7792 ecm_{t-1} + \varepsilon_{0.5}$	0.837414
0.6	$\Delta W = -4.4963 + 0.6520\Delta P - 0.7742 ecm_{t-1} + \varepsilon_{0.6}$	0.835862
0.7	$\Delta W = -11.9306 + 0.6802\Delta P - 0.8114 ecm_{t-1} + \varepsilon_{0.7}$	0.848745
0.8	$\Delta W = -21.6263 + 0.7169\Delta P - 0.8350 ecm_{t-1} + \varepsilon_{0.8}$	0.861255
0.9	$\Delta W = -33.3300 + 0.6493\Delta P - 0.7697 ecm_{t-1} + \varepsilon_{0.9}$	0.834466

由表 3.11 可知，降雨-径流分位数 ECM 揭示了降雨和径流在不同分位数水平下的长期均衡和短期波动关系，同时反映了不同分位数水平下径流量受降雨量和上一年径流量偏离均衡水平的影响。

可以看出，不同分位数水平下的分位数 ECM 的 R^2 值较分位数回归方程均有了显著的提升，由表 3.7 可知，降雨-径流分位数回归方程最小 R^2 值为 0.3252，而降雨-径流分位数 ECM 最小 R^2 值为 0.761014，最大增幅为 0.4359，说明降雨-径流分位数回归方程在与协整理论相结合加入误差修正项后,模型解释性更强,更能反映出丰、平、枯水年份的降雨和径流之间的长期均衡和短期波动关系。

在 0.1~0.8 分位数 ECM 中,ΔP 的系数从 0.5689 上升至 0.7169,说明从枯水年份到丰水年份,降雨变化对径流变化的影响逐渐增强,二者的相关性也增强。

在低分位数 ECM 中,0.1~0.3 分位数 ECM 的平均误差修正项系数为 -0.5952,说明在枯水年份中径流量偏离均衡水平的差值在下一年约将有 59.52% 得到调整,调整能力适中;在中分位数 ECM 中,0.4~0.6 分位数 ECM 的平均误差修正项系数为 -0.7687,说明在平水年份中径流量偏离均衡水平的差值在下一年约将有 76.87% 得到调整,调整能力较强;在高分位数 ECM 中,0.7~0.9 分位数 ECM 的平均误差修正项系数为 -0.8054,说明在丰水年份中径流量偏离均衡水平的差值在下一年约将有 80.54% 得到调整,调整能力较强。因此分位数 ECM 能很好地反映不同分位数水平下降雨和径流的短期动态变化关系。

3. 年径流模拟及预测

根据图 3.3 和表 3.7 分位数划分的径流年份,选取对应的降雨-径流分位数 ECM 对黄河源区年径流量 1966—2005 年 40a 数据进行模拟分析,对 2006—2013 年 8a 数据进行预测分析。

降雨-径流分位数 ECM 模拟值见图 3.7。

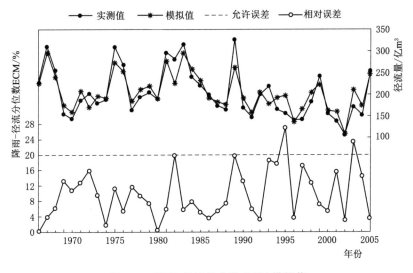

图 3.7 降雨-径流分位数 ECM 模拟值

由图 3.7 可知,降雨-径流分位数 ECM 模型的模拟效果较好,其中模拟期内仅有两个年份的拟合值相对误差大于允许误差(20%),分别为 1995 年的 26.9%,2003 年的 23.2%,其中 1995 年和 2003 年分别位于 0.2 和 0.3 低分位数水平下,说明了枯水年降雨对径流的影响不明显,模拟期 MAPE 为 9.72%,整体模拟精度较高。

降雨-径流分位数 ECM 模型径流预测值见表 3.12。

表 3.12　　　　　　　　　降雨-径流分位数 ECM 模型径流预测值

年份	实测值/亿 m³	预测值/亿 m³	相对误差/%
2006	141.262	174.970	23.86
2007	189.041	209.847	11.01
2008	174.602	200.360	14.75
2009	263.479	242.611	7.92
2010	197.082	214.343	8.76
2011	211.212	248.596	17.70
2012	284.038	266.964	6.01
2013	194.640	200.061	2.79
平均	206.920	219.719	11.60

由表 3.12 可知，降雨-径流分位数 ECM 模型在预测期内相对误差大于 20% 的年份仅有 2006 年，相对误差为 23.86%，预测期平均相对误差为 11.60%，预测合格率为 87.5%，精度等级为甲级，预测效果很好。

3.4.3.2　径流-泥沙分位数协整分析

1. 协整检验

采用 EG 两步法对表 3.8 中径流-泥沙分位数回归方程的残差序列 $u_\tau (\tau = 0.1,$ $0.2, \cdots, 0.9)$ 进行协整检验，检验结果见表 3.13。

表 3.13　　　　　　径流-泥沙分位数回归方程残差序列单位根检验结果

u_τ	ADF 检验值	检验类型 (c, t, k)	临界值			Prob 值	平稳性
			1%	5%	10%		
$u_{0.1}$	−3.834891	$(c, 0, 1)$	−3.610453	−2.938987	−2.607932	0.0056	平稳
$u_{0.2}$	−4.244358	$(0, 0, 1)$	−2.625606	−1.949609	−1.611593	0.0096	平稳
$u_{0.3}$	−3.271777	$(0, 0, 1)$	−2.625606	−1.949609	−1.611593	0.0017	平稳
$u_{0.4}$	−3.370715	$(0, 0, 1)$	−2.625606	−1.949609	−1.611593	0.0013	平稳
$u_{0.5}$	−4.477593	$(0, 0, 1)$	−2.625606	−1.949609	−1.611593	0.0000	平稳
$u_{0.6}$	−4.026363	$(0, 0, 1)$	−2.625606	−1.949609	−1.611593	0.0002	平稳
$u_{0.7}$	−4.941885	$(c, 0, 1)$	−3.610453	−2.938987	−2.607932	0.0002	平稳
$u_{0.8}$	−5.100222	$(c, 0, 1)$	−3.610453	−2.938987	−2.607932	0.0002	平稳
$u_{0.9}$	−5.093166	$(c, 0, 1)$	−3.610453	−2.938987	−2.607932	0.0002	平稳

由表 3.13 可知，不同分位数水平下的回归方程的残差序列的 ADF 检验值均小于 1%、5% 和 10% 显著水平的临界值，即残差时间序列均是一阶平稳，说明径流和泥沙在不同分位数水平下均具有协整关系。

2. 建立 ECM 模型

根据 ECM 方法，建立径流-泥沙分位数 ECM 模型，见表 3.14。

表 3.14　　　　　　　　　　　　径流-泥沙分位数 ECM 模型

τ 值	分位数 ECM 模型	R^2
0.1	$\Delta W = 20.2266 + 0.0502 \Delta S - 0.6186 ecm_{t-1} + \varepsilon_{0.1}$	0.8651
0.2	$\Delta W = 14.9497 + 0.0494 \Delta S - 0.5859 ecm_{t-1} + \varepsilon_{0.2}$	0.8609
0.3	$\Delta W = 5.7123 + 0.0492 \Delta S - 0.5784 ecm_{t-1} + \varepsilon_{0.3}$	0.8600
0.4	$\Delta W = 3.5479 + 0.0488 \Delta S - 0.5598 ecm_{t-1} + \varepsilon_{0.4}$	0.8577
0.5	$\Delta W = -1.3909 + 0.0521 \Delta S - 0.6737 ecm_{t-1} + \varepsilon_{0.5}$	0.8731
0.6	$\Delta W = -4.1039 + 0.0512 \Delta S - 0.6514 ecm_{t-1} + \varepsilon_{0.6}$	0.8697
0.7	$\Delta W = -8.9792 + 0.0536 \Delta S - 0.6997 ecm_{t-1} + \varepsilon_{0.7}$	0.8778
0.8	$\Delta W = -13.3019 + 0.0541 \Delta S - 0.7049 ecm_{t-1} + \varepsilon_{0.1}$	0.8790
0.9	$\Delta W = -19.1827 + 0.0541 \Delta S - 0.7047 ecm_{t-1} + \varepsilon_{0.9}$	0.8791

由表 3.14 可知，径流-泥沙分位数 ECM 模型揭示了径流和泥沙在不同分位数水平下的长期均衡和短期波动关系，同时反映了不同分位数水平下径流量受泥沙量和上一年径流量偏离均衡水平的影响。

可以看出，不同分位数水平下的分位数 ECM 模型的 R^2 值较分位数回归方程均有了显著的提升，由表 3.8 可知，径流-泥沙分位数回归方程最小 R^2 值为 0.3485，而降雨-径流分位数 ECM 模型最小 R^2 值为 0.8577，最大增幅为 0.5306，说明径流-泥沙分位数回归方程在与协整理论相结合加入误差修正项后，模型的拟合效果得到提升，模型解释性更强，更能反映出丰、平、枯水年份的径流和泥沙之间的长期均衡和短期波动关系。

在 0.1～0.9 分位数 ECM 模型中，ΔS 的系数呈波动性变化，其中低分位数水平下呈递减趋势，中分位数水平下呈先减后增趋势，高分位数水平下呈递增趋势，说明在枯水年份泥沙量的变化对径流量的变化影响小，在丰水年份泥沙量的变化对径流量的变化影响大，平水年二者关系不明显且具有随机性。

在低分位数 ECM 模型中，0.1～0.3 分位数 ECM 模型的平均误差修正项系数为 -0.5943，说明在枯水年份中径流量偏离均衡水平的差值在下一年约将有 59.43% 得到调整，调整能力适中；在中分位数 ECM 模型中，0.4～0.6 分位数 ECM 模型的平均误差修正项系数为 -0.6283，说明在平水年份中径流量偏离均衡水平的差值在下一年约将有 62.83% 得到调整，调整能力适中；在高分位数 ECM 模型中，0.7～0.9 分位数 ECM 模型的平均误差修正项系数为 -0.7031，说明在丰水年份中径流量偏离均衡水平的差值在下一年约将有 70.31% 得到调整，调整能力较强。因此分位数 ECM 模型能很好地反映不同分位数水平下径流和泥沙的短期动态变化关系。

3. 年径流模拟及预测

根据图 3.3 和表 3.7 分位数划分的径流年份，选取对应的径流-泥沙分位数 ECM 模型对黄河源区年径流量 1966—2005 年 40a 数据进行模拟分析，对 2006—2013 年 8a 数据进行预测分析。

径流-泥沙分位数 ECM 模型模拟值见图 3.8。

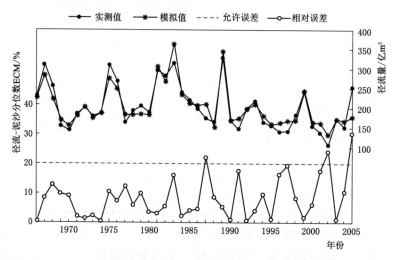

图 3.8　径流-泥沙分位数 ECM 模型模拟值

由图 3.8 可知，径流-泥沙分位数 ECM 模型的模拟效果较好，其中模拟期内有三个年份的拟合值相对误差大于允许误差（20％），分别为 1987 年的 22.01％、2002 年的 24.10％、2005 年的 30.13％，其中 2002 年和 2005 年分别位于 0.1 和 0.3 低分位数水平下，2005 年位于 0.8 高分位数水平下，说明径流-泥沙关系的年际变化较大，模拟期 MAPE 为 8.27％，整体模拟精度较高。

径流-泥沙分位数 ECM 径流预测值见表 3.15。

表 3.15　　　　　　　　　　径流-泥沙分位数 ECM 模型径流预测值

年　份	径　流/亿 m³		相对误差/％
	实测值	预测值	
2006	141.262	173.396	22.75
2007	189.041	170.111	10.01
2008	174.602	151.308	13.34
2009	263.479	220.509	16.31
2010	197.082	208.855	5.97
2011	211.212	174.427	17.42
2012	284.038	218.719	23.00
2013	194.640	192.120	1.29
平均	206.920	188.681	13.76

由表 3.15 可知，径流-泥沙分位数 ECM 模型在预测期内相对误差大于 20％的年份有两个，分别为 2006 年的 22.75％和 2012 年的 23.00％，预测期平均相对误差为 13.76％，预测合格率为 75％，精度等级为乙级，预测效果较好。

3.4.3.3　降雨-径流-泥沙分位数协整分析

1. 协整检验

采用 EG 两步法对表 3.9 中降雨-径流-泥沙分位数回归方程的残差序列 u_τ($\tau=$ 0.1，0.2，…，0.9）进行协整检验，检验结果见表 3.16。

表 3.16　　　　　　　降雨-径流-泥沙分位数回归方程残差序列单位根检验结果

u_τ	ADF 检验值	检验类型 (c, t, k)	临界值			Prob 值	平稳性
			1%	5%	10%		
$u_{0.1}$	−5.435315	(c, 0, 1)	−3.610453	−2.938987	−2.607932	0.0001	平稳
$u_{0.2}$	−5.680168	(c, 0, 1)	−3.610453	−2.938987	−2.607932	0.0000	平稳
$u_{0.3}$	−5.353825	(c, 0, 1)	−3.610453	−2.938987	−2.607932	0.0001	平稳
$u_{0.4}$	−5.632727	(c, 0, 1)	−3.610453	−2.938987	−2.607932	0.0000	平稳
$u_{0.5}$	−5.167106	(c, 0, 1)	−3.610453	−2.938987	−2.607932	0.0001	平稳
$u_{0.6}$	−5.043977	(c, 0, 1)	−3.610453	−2.938987	−2.607932	0.0002	平稳
$u_{0.7}$	−5.004801	(c, 0, 1)	−3.610453	−2.938987	−2.607932	0.0002	平稳
$u_{0.8}$	−4.798263	(c, 0, 1)	−3.610453	−2.938987	−2.607932	0.0004	平稳
$u_{0.9}$	−7.955964	(c, 0, 1)	−3.610453	−2.938987	−2.607932	0.0000	平稳

由表 3.16 可知，不同分位数水平下的回归方程的残差序列的 ADF 检验值均小于 1%、5% 和 10% 显著水平的临界值，即残差时间序列均是一阶平稳，说明降雨、径流和泥沙在不同分位数水平下均具有协整关系。

2. 建立 ECM

根据 ECM 方法，建立降雨-径流-泥沙分位数 ECM 模型，见表 3.17。

表 3.17　　　　　　　　降雨-径流-泥沙分位数 ECM 模型

τ 值	分位数 ECM 模型	R^2
0.1	$\Delta W=18.1863+0.2902\Delta P+0.0351\Delta S-0.7847ecm_{t-1}+\varepsilon_{0.1}$	0.9274
0.2	$\Delta W=15.4208+0.3046\Delta P+0.0345\Delta S-0.7983ecm_{t-1}+\varepsilon_{0.2}$	0.9308
0.3	$\Delta W=8.0210+0.3109\Delta P+0.0330\Delta S-0.7624ecm_{t-1}+\varepsilon_{0.3}$	0.9268
0.4	$\Delta W=3.7415+0.3330\Delta P+0.0317\Delta S-0.7665ecm_{t-1}+\varepsilon_{0.4}$	0.9301
0.5	$\Delta W=-2.3531+0.2744\Delta P+0.0358\Delta S-0.7654ecm_{t-1}+\varepsilon_{0.5}$	0.9234
0.6	$\Delta W=-6.0189+0.2504\Delta P+0.0376\Delta S-0.7497ecm_{t-1}+\varepsilon_{0.6}$	0.9196
0.7	$\Delta W=-9.0856+0.2725\Delta P+0.0356\Delta S-0.7505ecm_{t-1}+\varepsilon_{0.7}$	0.9214
0.8	$\Delta W=-10.7028+0.2498\Delta P+0.0370\Delta S-0.7281ecm_{t-1}+\varepsilon_{0.8}$	0.9168
0.9	$\Delta W=-27.3697+0.2989\Delta P+0.0416\Delta S-0.8399ecm_{t-1}+\varepsilon_{0.9}$	0.9446

由表 3.17 可知，降雨-径流-泥沙分位数 ECM 揭示了降雨、径流、泥沙在不同分位数水平下的长期均衡和短期波动关系，同时反映了不同分位数水平下径流量受降雨量、泥沙量和上一年径流量偏离均衡水平的影响。

可以看出，不同分位数水平下的分位数 ECM 的 R^2 值较分位数回归方程均有了显著的提升，且降雨-径流-泥沙分位数回归方程的 R^2 值均在 0.9 以上，说明三个变量的分位数回归方程的模型拟合效果很好，模型解释性更强，更能反映出丰、平、枯水年份的降雨、径流和泥沙之间的长期均衡和短期波动关系。

在 0.1~0.3 低分位数 ECM 中，ΔP 的系数从 0.2902 递增至 0.3109，ΔS 的系数从 0.0351 递减至 0.0330，说明在枯水年份径流量变化主要受降雨量变化的影响，而泥沙量变化对径流量变化影响不显著。

在 0.4~0.6 中分位数 ECM 中，ΔP 的系数从 0.3330 递减至 0.2504，ΔS 的系数从 0.0317 递增至 0.0376，说明平水年份降雨量变化对径流量变化影响有减小的趋势，而泥沙量变化对径流量变化的影响有增大的趋势。

在 0.7~0.9 高分位数 ECM 中，ΔP 的系数呈先减后增的趋势，而 ΔS 的系数从 0.0356 递增至 0.0416，总体上来说，丰水年份降雨量变化对径流量变化的影响增大，泥沙量变化对径流量变化的影响增大，说明丰水年降雨、径流和泥沙的关系较为显著。

在低分位数 ECM 中，0.1~0.3 分位数 ECM 的平均误差修正项系数为 −0.7818，说明在枯水年份中径流量偏离均衡水平的差值在下一年大约将有 78.18% 得到调整，调整能力较强；在中分位数 ECM 中，0.4~0.6 分位数 ECM 的平均误差修正项系数为 −0.7605，说明在平水年份中径流量偏离均衡水平的差值在下一年大约将有 76.05% 得到调整，调整能力较强；在高分位数 ECM 中，0.7~0.9 分位数 ECM 的平均误差修正项系数为 −0.7728，说明在丰水年份中径流量偏离均衡水平的差值在下一年大约将有 77.28% 得到调整，调整能力较强。因此分位数 ECM 能很好地反映不同分位数水平下降雨、径流和泥沙的短期动态变化关系。

3. 年径流模拟及预测

根据图 3.3 和表 3.7 分位数划分的径流年份，选取对应的降雨-径流-泥沙分位数 ECM 对黄河源区年径流量 1966—2005 年 40a 数据进行模拟分析，对 2006—2013 年 8a 数据进行预测分析。

降雨-径流-泥沙分位数 ECM 模拟值见图 3.9。

由图 3.9 可知，降雨-径流-泥沙分位数 ECM 模型的模拟效果较好，其中模拟期内仅有一个年份的拟合值相对误差大于允许误差（20%），为 2002 年的 25.34%，其中 2002 年位于 0.1 低分位数水平下，说明枯水年降雨、径流和泥沙之间的关系不显著，模拟期 MAPE 为 5.85%，整体模拟精度较高。

降雨-径流-泥沙分位数 ECM 模型径流预测值见表 3.18。

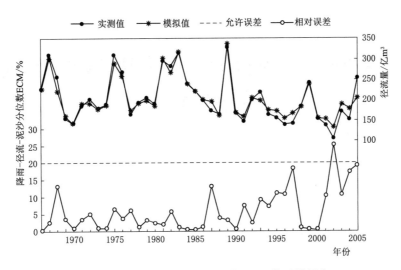

图 3.9　降雨-径流-泥沙分位数 ECM 模型模拟值

表 3.18　　　　　　　　　　　降雨-径流-泥沙分位数径流预测值

年　份	径　流/亿 m³		相对误差/%
	实测值	预测值	
2006	141.262	156.389	10.71
2007	189.041	189.655	0.32
2008	174.602	174.224	0.22
2009	263.479	216.753	17.73
2010	197.082	212.728	7.94
2011	211.212	203.295	3.75
2012	284.038	241.875	14.84
2013	194.640	196.473	0.94
平均	206.920	198.924	7.06

　　由表 3.18 可知，降雨-径流-泥沙分位数 ECM 模型在预测期内相对误差均小于 20%，预测期平均相对误差为 7.06%，预测合格率为 100%，精度等级为甲级，预测效果很好。

第4章 黄河源区水文变量变结构协整关系分析

4.1 变结构协整理论

4.1.1 变结构协整模型

在时间序列协整关系的研究应用中，存在着模型结构发生突变的问题，按照其结构突变性，协整模型可分为 3 种变结构协整类型：变参数协整、部分协整、机理变化型协整[146-148]。

定义：设 n 维时间序列 $X_t=(x_{1t},x_{2t},\cdots,x_{nt})$，$t\in\xi$，$\xi$ 为时序集合，若存在子集 $T_1\in\xi$，$T_2\in\xi$，$T_1\bigcap T_2=\varnothing$，$T_1\bigcup T_2=\xi$，$\alpha_1\in R^n$，$\alpha_2\in R^n$，$\alpha_1\neq\alpha_2$，$\varnothing$ 为空集。

当 $Z_t=\alpha_1'X_{t1}:I(0)$，$t_1\in T_1$；$Z_t=\alpha_2'X_{t2}:I(0)$，$t_2\in T_2$，则称时间序列 X_t 是变参数协整，即协整参数在某些点上发生了变化，但协整关系依然存在，均衡参数发生了变化，是一种突变型的结构变化。

当 $Z_t=\alpha_1'X_{t1}:I(0)$，$t_1\in T_1$；$Z_t=\alpha_2'X_{t2}:I(1)$，$t_2\in T_2$，则称时间序列 X_t 是部分协整，即时间序列中某些点之前或之后存在协整关系，而另外的时间序列集合里协整关系不存在。

当 $Z_t=\alpha_1'X_{t1}:I(0)$，$t_1\in T_1$；$Z_t=\alpha_2'X_{t2}+\beta'Y_t:I(0)$，$s$ 维时间序列 $Y_t=(y_{1t},y_{2t},\cdots,y_{st})'$，$\beta\in R^s$，$t_2\in T_2$，则称时间序列 X_t 是机理变化型协整，即由于新变量的加入而使得原来系统的均衡状态遭到破坏，形成新的均衡状态。

标准协整回归的静态模型为：$z_t=\alpha x_t+by_t+c+\varepsilon_t$，$t=1,2,\cdots,T$，当 ε_t 为 $I(0)$ 时，称 y_t、x_t 间存在协整关系。为了建立变结构模型，引入虚拟变量：

$$D_t=\begin{cases}0(t\leqslant[\Gamma])\\1(t>[\Gamma])\end{cases},$$

其中 Γ 为突变时间点。

参数变结构模型的结构变化形式有如下几种。

（1）水平漂移型：

$$z_t=ax_t+by_t+c_1D_t+c_2+\varepsilon_t \quad (t=1,2,\cdots,T) \tag{4.1}$$

式中：c_1 为发生漂移前的常数项；c_2 为漂移量。

（2）水平趋势项漂移型：

$$z_t = ax_t + by_t + \beta t + c_1 D_t + c_2 + \varepsilon_t \quad (t=1,2,\cdots,T) \tag{4.2}$$

式中：β 为时间趋势项前的系数。

（3）状态开关型：

$$z_t = a_1 x_t + b_1 y_t + \beta t + a_2 x_t D_t + b_2 y_t D_t + c_1 D_t + c_2 + \varepsilon_t \quad (t=1,2,\cdots,T) \tag{4.3}$$

此形式既有常数项漂移，又有趋势项漂移和斜率的变化。

4.1.2 突变点检验方法

变结构突变点检验分为外生性结构突变点估计和内生性结构突变点检验，前者根据经验和历史事件人为设定突变点，主观性较强且对滞后性考虑不足，后者通过数据挖掘技术估计突变点，客观性较好。因此本文运用张晓峒[149] 所采用的递归检验、滚动检验和循环检验等单位根检验方法，以零假设的单位根统计量最小负值作为选择结构突变点的标准，考察序列中是否存在结构突变点。

（1）递归检验：选取第一个子样本（通常取原样本容量的 1/4），然后逐年扩大子样本范围，对每一子样本进行含有截距项和趋势项的 ADF 检验，再根据 ADF 值的时间序列图判别是否小于临界值，若有某个 ADF 值小于临界值，说明原序列为带结构突变的趋势平稳过程，表明原序列在此处发生了结构突变。检验公式为

$$\Delta y_t = \rho y_{t-1} + \mu + \alpha t + \sum_{i=1}^{k} \beta_i \Delta y_{t-i} + u_t \tag{4.4}$$

式中：$u_t \sim IID(0,\sigma^2)$。

（2）滚动检验：选取子样本（通常为原样本大小的 1/3），保持子样本不变，然后对每一子样本进行含有截距项和趋势项的 ADF 检验，再将 ADF 值与临界值相比较，从而确定结构突变点。

（3）循环检验：选取结构突变的检验范围为 $k=[0.15T,0.85T]$，其中 T 为样本容量，在这一范围内用虚拟变量改变假想结构突变发生的年份，检验期间发生突变的可能性，再从检验得到的 ADF 值序列中选择最小值，同相应的临界值作比较，检验单位根假设，确定结构突变点。检验公式为

$$\Delta y_t = \rho y_{t-1} + \mu + \alpha t + \sum_{i=1}^{k} \beta_i \Delta y_{t-i} + \gamma D_t + u_t \tag{4.5}$$

式中：$u_t \sim IID(0,\sigma^2)$。

其中 D_t 分两种情况定义：

1）情况 1：均值突变模型。

$$D_t = \begin{cases} 0 & (t \leqslant k) \\ 1 & (t > k) \end{cases}$$

式中：k 为突变发生年份。

2）情况 2：趋势突变模型。

$$D_t = \begin{cases} 0 & (t \leqslant k) \\ t-k & (t > k) \end{cases}$$

4.2　入库站变结构协整关系分析

由于水文变量受气候变化、下垫面、人类活动等多种因素影响，大多数水文数据存在着结构突变，水文数据在实际应用中就存在着变参数协整变化的特性，因此需要采用变结构协整来分析黄河源区水文变量在突变点前后的协整关系变化，对黄河源区降雨、径流、泥沙时间序列建立变结构协整误差修正模型，并对径流量进行模拟和预测分析。

4.2.1　突变点检验

由于径流是黄河源区受气候和下垫面影响最多的水文变量，也是源区最重要的水文变量，因此本书对黄河源区年径流时间序列进行递归检验、滚动检验、循环检验（均值变动循环、趋势变动循环）来确定突变点，检验结果见图 4.1～图 4.4 和表 4.1。

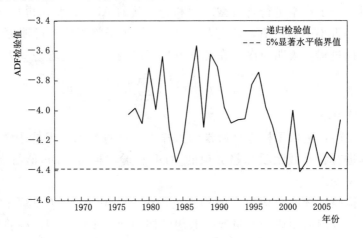

图 4.1　递归检验值序列

（注　曲线为 ADF 检验值，水平曲线为显著水平 5% 的临界值）

表 4.1　　　　　　　　　　　　　　突 变 点 检 验 结 果

变量	递归检验年份	滚动检验年份	均值变动 循环检验年份	趋势变动 循环检验年份	突变年份	
径流	2002 年	无	1989 年	无	1989 年	2002 年

从检验结果看，只有递归检验和均值变动循环检验显示有突变点，分别为 2002 年和 1989 年。结合实际，观察黄河源区唐乃亥水文站径流序列发现，1989 年为序列中径流量最大的年份，同年的降雨量也是最大，为丰水年；2002 年为序列中径流量最小的年份，同年的降雨量也是最小，为枯水年。

结合实际调查可知，1987 年黄河源区龙羊峡水库投入使用，水库的建设和运行会对河川径流产生影响，这种影响相对于水利工程建设运行来说具有滞后性，因此 1989

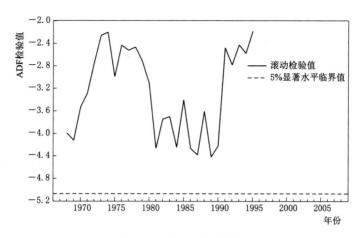

图 4.2 滚动检验值序列

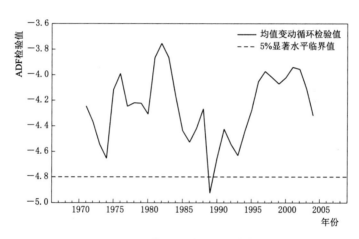

图 4.3 均值变动循环检验值序列

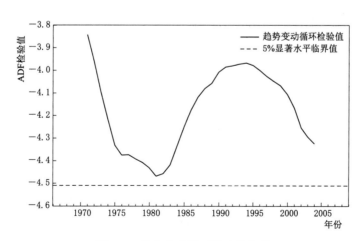

图 4.4 趋势变动循环检验值序列

年为突变点的检验结果具有一定的合理性。

2002 年为黄河源区的枯水年，而黄河源区降雨量的变化是影响径流变化的主要原因，降雨量为黄河源区径流量的主要来源，因此枯水年导致径流量急剧减少，从而发生结构突变，2002 年为突变点的检验结果具有一定的合理性。

结合以上实地调查与检验结果，均能确定年径流量时间序列的结构突变点为 1989 年和 2002 年，因此可建立变结构协整模型。

4.2.2　变结构协整方程

由于水文变量中变化因素较多，为了更全面地考虑协整关系参数变化情况，选取变参数协整并建立状态开关型模型来对黄河源区水文变量进行分析研究，分别建立降雨-径流、径流-泥沙、降雨-径流-泥沙变结构协整模型，由上述结构突变点引入虚拟变量：

$$D_{t1} = \begin{cases} 0 & (t_1 \leqslant 1989) \\ 1 & (t_1 > 1989) \end{cases}$$

$$D_{t2} = \begin{cases} 0 & (t_2 \leqslant 2002) \\ 1 & (t_2 > 2002) \end{cases}$$

建立变结构协整模型如下。

方程 1：

$$\begin{cases} W = 0.8126P + 100.5373D_{t1} - 237.0247D_{t2} - 0.1577t - 0.2233D_{t1}P \\ \quad + 0.3973D_{t2}P - 234.1220 + u_{t1} \\ R^2 = 0.7879 \\ D.W. = 1.7406 \end{cases} \tag{4.6}$$

方程 2：

$$\begin{cases} W = 0.0568S - 10.2381D_{t1} + 60.4487D_{t2} - 1.0695t + 0.0045D_{t1}S \\ \quad - 0.0135D_{t2}S + 148.7429 + u_{t2} \\ R^2 = 0.8062 \\ D.W. = 1.6760 \end{cases} \tag{4.7}$$

方程 3：

$$\begin{cases} W = 0.2915P + 0.0412S - 12.9438D_{t1} - 414.6314D_{t2} - 0.9897t + 0.0184D_{t1}P \\ \quad + 0.8573D_{t2}P + 0.0018D_{t1}S - 0.0688D_{t2}S + 6.9388 + u_{t3} \\ R^2 = 0.8931 \\ D.W. = 1.8922 \end{cases} \tag{4.8}$$

方程 1 表明：1966—1989 年黄河源区 W 和 P 之间的弹性系数为 0.8126，P 对 W 的影响较大，即 P 每增加 1%，W 同步增长 81.26%；1989—2002 年 W 和 P 之间的弹性系数较之前的系数减少了 0.2233，为 0.5893，P 对 W 的影响减小，即 P 每增加 1%，W 同步增长 58.93%；2002 年之后 W 和 P 之间的弹性系数较之前的系数增长了

0.3973，为 0.9866，P 对 W 的影响增大，即 P 每增加 1%，W 同步增长 98.66%。表明黄河源区径流量和降雨量呈正相关关系，在 1989 年发生第一次突变后，降雨量对径流量的影响减小，而在 2002 年发生第二次突变后，降雨量对径流量的影响又增大。

方程 2 表明：1966—1989 年黄河源区 W 和 S 之间的弹性系数为 0.0568，S 对 W 的影响不大，即 S 每增加 1%，W 同步增长 5.68%；1989—2002 年 W 和 S 之间的弹性系数较之前的系数增加了 0.0045，为 0.0613，S 对 W 的影响增大，S 每增加 1%，W 同步增长 6.13%；2002 年之后 W 和 S 之间的弹性系数较之前的系数减少了 0.0135，为 0.0478，S 对 W 的影响减小，即 S 每增加 1%，W 同步增长 4.78%。方程 2 表明黄河源区径流量和泥沙量呈正相关关系，在 1989 年发生第一次突变后，泥沙量对径流量的影响增大，而在 2002 年发生第二次突变后，泥沙量对径流量的影响又减小。

方程 3 表明：1966—1989 年黄河源区 W 和 P、S 之间的弹性系数分别为 0.2915、0.0412，说明 P 对 W 的影响较大，S 对 W 的影响较小，即 P 每增加 1%，W 同步增长 29.15%，S 每增加 1%，W 同步增长 4.12%；1966—1989 年 W 和 P、S 之间的弹性系数中，P 较之前增加了 0.0184，S 较之前增加了 0.0018，分别为 0.3098、0.043。此时 P 每增加 1%，W 同步增长 30.98%，S 每增加 1%，W 同步增长 4.3%；2002 年之后，W 和 P、S 之间的弹性系数中，P 较之前增加了 0.8573，S 较之前增加了 0.0688，分别为 1.1671、0.1118。此时 P 对 W 的影响更加显著，P 每增加 1%，W 同步增长 116.71%，S 对 W 的影响也显著提升，S 每增加 1%，W 同步增长 11.18%。方程 3 表明黄河源区径流量和降雨量、泥沙量均呈现正相关关系，且降雨量对径流量的影响显著，泥沙量对径流量影响不明显。在 1989 年发生第一次突变后，降雨量和泥沙量对径流的影响变化不大，而在 2002 年发生第二次突变后，降雨量与泥沙量对径流量的影响增大。其中 1989 年为丰水年，2002 年为枯水年，也说明了丰水年降雨量和泥沙量对径流量的影响小，枯水年突变会导致降雨量和泥沙量对径流量的影响增大。

4.2.3　变结构协整检验

对上述变结构协整方程的残差序列分别进行 ADF 单位根检验，检验结果见表 4.2。

表 4.2　　　　　　　　　　变结构协整方程残差单位根检验结果

变量	ADF 检验值	t 检 验			Prob 值	平稳性
		1%	5%	10%		
u_{t1}	−5.2114	−2.62119	−1.94889	−1.61193	0.000	是
u_{t2}	−5.3956	−2.61985	−1.94869	−1.61204	0.000	是
u_{t3}	−6.2545	−2.61985	−1.94869	−1.61204	0.000	是

由表 4.2 可知，三种变结构协整方程的残差序列在 1‰ 显著水平下拒绝有单位根的原假设，即协整关系存在。

4.2.4　变结构误差修正模型

分别建立降雨-径流、径流-泥沙、降雨-径流-泥沙变结构误差修正模型，模型如下：

模型 1（降雨-径流变结构 ECM）：

$$\begin{cases} \Delta W = 0.6713\Delta P - 0.8965 ecm_{t-1} - 1.4409 + \varepsilon_t \\ R^2 = 0.8341 \\ D.W. = 1.9289 \end{cases} \tag{4.9}$$

模型 2（径流-泥沙变结构 ECM）：

$$\begin{cases} \Delta W = 0.0520\Delta S - 0.9529 ecm_{t-1} - 0.1994 + \varepsilon_t \\ R^2 = 0.8924 \\ D.W. = 1.8905 \end{cases} \tag{4.10}$$

模型 3（降雨-径流-泥沙变结构 ECM）：

$$\begin{cases} \Delta W = 0.3147\Delta P + 0.0345\Delta S - 0.9532 ecm_{t-1} - 0.6142 + \varepsilon_t \\ R^2 = 0.9293 \\ D.W. = 1.7521 \end{cases} \tag{4.11}$$

模型 1～模型 3 中误差修正项 ecm_{t-1} 的系数均为负数，符合反向修正机制，且决定系数 R^2 均大于 0.8，模型解释性较强；$D.W.$ 值均接近 2，残差序列不存在自相关，从而能够准确地反映突变点前后黄河源区降雨量与径流量之间的长期均衡和短期波动关系。其中模型 3 的误差修正项系数最小，为 -0.9532，表明本年的径流量偏离均衡水平的差值在下一年将有 95.32‰ 得到调整，相比模型 1 和模型 2 的短期调整能力更强。

由式（4.9）～式（4.11）可知，引入突变点的三种变结构 ECM 说明黄河源区降雨量与泥沙量对径流量的短期影响程度不同，降雨量要比泥沙量的影响程度强。引入突变点的三种变结构 ECM 的 R^2 值相差不大，分别为 0.8341、0.8924、0.9293。R^2 值均较大，说明加入突变点的变结构 ECM 拟合度更好，模型解释性更强。三种模型的 $D.W.$ 值也相差不大，分别为 1.9289、1.8905、1.7521，均大于常规 ECM 的 $D.W.$ 值 1.6923，更接近于 2，说明残差序列不存在自相关性的可能性更大，模型预测效果更好。三种模型的误差修正项均小于 0，符合误差修正机制，其中模型 3 的误差修正项系数最小，为 -0.9532，表明本年的径流量偏离均衡水平的差值在下一年将有 95.32‰ 得到调整，相比常规 ECM 调整能力更强，同时也揭示了黄河源区降雨量、径流量、泥沙量在突变点前后的长期均衡与短期波动关系。

4.2.5　模型模拟与预测

同样采用上述降雨-径流（模型 1）、径流-泥沙（模型 2）、降雨-径流-泥沙（模型 3）三种变结构误差修正模型对黄河源区年径流量 1966—2005 年 40a 数据进行模拟分析,对 2006—2013 年 8a 数据进行预测分析,对比模型的模拟及预测精度。

三种变结构误差修正模型的径流模拟结果见图 4.5。

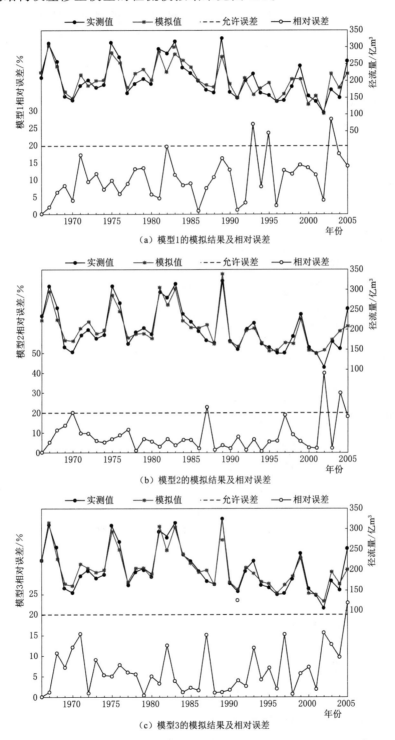

(a) 模型 1 的模拟结果及相对误差

(b) 模型 2 的模拟结果及相对误差

(c) 模型 3 的模拟结果及相对误差

图 4.5 变结构协整的 ECM 模拟结果

由图 4.5 可知，三种变结构误差修正模型具有较好的模拟效果，其中模型 1 的模拟值相对误差大于 20% 的年份有三个，分别为 1993 年 26.34%、1995 年 23.92%、2003 年 27.96%，模拟期 MAPE 为 10.37%；模型 2 的模拟值相对误差大于 20% 的年份有四个，分别为 1970 年 20.31%、1987 年 22.75%、2002 年 39.85%、2004 年 29.87%，模拟期 MAPE 为 8.51%；模型 3 的模拟值相对误差大于 20% 的年份只有一个，2005 年 22.73%，模拟期 MAPE 为 6.43%。可以看出，降雨-径流-泥沙三个变量变结构 ECM 的模拟精度最好。

三种变结构协整的误差修正模型的径流预测结果见表 4.3。

表 4.3　　　　　　　　三种变结构协整的 ECM 年径流量预测结果

年份	实测值/亿 m³	模型 1		模型 2		模型 3	
		预测值/亿 m³	相对误差/%	预测值/亿 m³	相对误差/%	预测值/亿 m³	相对误差/%
2006	141.26	161.88	14.60	168.67	19.40	157.47	11.48
2007	189.04	182.30	3.57	178.05	5.81	180.26	4.64
2008	174.60	178.40	2.18	166.24	4.79	182.12	4.30
2009	263.48	203.98	22.58	205.62	21.96	218.48	17.08
2010	197.08	195.53	0.79	229.01	16.20	215.99	9.60
2011	211.21	216.81	2.65	285.63	35.24	199.71	5.44
2012	284.04	233.43	17.82	236.69	16.67	250.12	11.94
2013	194.64	175.93	9.61	199.21	2.35	196.24	0.82
平均	206.92	193.53	9.22	196.14	12.41	200.05	8.16

由表 4.3 可知，模型 1 预测期内只有 2009 年的相对误差（22.58%）大于允许误差，其余年份相对误差均小于 20%，平均相对误差为 9.22，预测合格率为 87.5%，精度等级为甲级；模型 2 预测期内也是只有 2009 年的相对误差（21.96%）大于允许误差，其余年份相对误差均小于 20%，平均相对误差为 12.41%，预测合格率为 87.5%，精度等级为甲级；模型 3 预测期内相对误差均小于 20% 的允许误差，平均相对误差为 8.16%，预测合格率达到 100%，精度等级为甲级。可以看出三种变结构协整的 ECM 较常规的 ECM 的预测精度均有所提升，而降雨-径流-泥沙三个变量变结构协整的 ECM 的预测精度最高。

4.3　出库站变结构协整关系分析

4.3.1　结构突变点的确定

对于黄河源区龙羊峡以上的水文系统而言，径流量和泥沙量表现为一定的相关性，并且近几十年在全球气候变暖、人类取用水及水库修建等一系列因素的影响下，都会对河流水沙系统产生影响。因此针对一些特殊因素的显著影响，必须考虑变化环境下的结构突变情况对水沙关系的影响，重新进行协整分析和建立误差修正模型，确定其变结构协整关系特征。

对于黄河源区龙羊峡水库出库站而言，由于1987年龙羊峡水库修建运行后径流量和泥沙量都发生了显著变化，径流-泥沙关系受到显著影响，需要考虑结构突变。结合 Mann-Kendall 突变检验和水库修建对出库径流量和泥沙量产生的巨大影响效应，表明径流量和泥沙量在1987年存在结构突变。因此，将1987年作为结构突变点，构建径流量和泥沙量之间的协突变模型。

4.3.2 协突变模型

由上述结构突变点引入虚拟变量：

$$D_t = \begin{cases} 0 & (t \leqslant 1987) \\ 1 & (t > 1987) \end{cases} \tag{4.12}$$

协突变模型综合考虑了协整向量的时变性，协整回归方程可能发生常数项变化、常数项和趋势项变化以及常数项、趋势项和协整向量项变化，因此需要对引入虚拟变量的不同变化下的三种模型分别进行检验，以便确定合理的模型形式。考虑三种不同变化下的模型分别如下：

$$\left. \begin{array}{l} W = c_1 + c_2 D_t + \alpha S + \varepsilon_t \\ W = c_1 + c_2 D_t + \beta t + \alpha S + \varepsilon_t \\ W = c_1 + c_2 D_t + \beta t + \alpha_1 S + \alpha_2 D_t S + \varepsilon_t \end{array} \right\} \tag{4.13}$$

根据这三种模型分别建立的协整回归方程如下：

模型1：

$$W = 120.87863 + 52.090578 D_t + 0.0393018 S + \varepsilon_t$$
$$(16.75620) \quad (16.63860) \quad (0.005825) \tag{4.14}$$
$$R^2 = 0.584929 \quad D.W. = 0.846235$$

模型2：

$$W = 115.43954 + 35.492809 D_t + 0.5547965 t + 0.0386404 S + \varepsilon_t$$
$$(17.61633) \quad (23.49843) \quad (0.554646) \quad (0.005863) \tag{4.15}$$
$$R^2 = 0.593072 \quad D.W. = 0.857102$$

模型3：

$$W = 115.52654 + 35.033411 D_t + 0.5599523 t + 0.0385829 S + 0.0007665 D_t S + \varepsilon_t$$
$$(18.01179) \quad (27.92670) \quad (0.584097) \quad (0.006201) \quad (0.024548) \tag{4.16}$$
$$R^2 = 0.593080 \quad D.W. = 0.857133$$

引入虚拟变量，考虑不同变化下的三种模型的决定系数分别为0.584929、0.593072、0.593080，较原始协整方程的决定系数0.505159均有所提高。其中模型3的决定系数最大，模型3说明1960—1987年贵德水文站 W 与 S 之间的弹性系数为0.0385829，即 S 每增加1%，W 同步增加0.0385829%；1987—2013年贵德水文站

W 与 S 之间的弹性系数为 0.0393494，即 S 每增加 1%，W 同步增加 0.0393494%。这些结果说明贵德水文站泥沙量和径流量二者之间呈正相关的关系。1987 年以前贵德水文站未受水库的影响，径流量和泥沙量之间的关系性较强，由于 1987 年龙羊峡水库的修建，水库修建运行后水沙关系发生改变，水库运行后径流量和泥沙量之间关系变差，水库运行造成结构突变，突变点前后径流量与泥沙量之间弹性系数发生了较大的改变，二者之间的相关关系也相应地发生较大改变。

综合三种模型，模型 1 与模型 2 相比，决定系数发生较大变化，而模型 2 和模型 3 相比，决定系数并没有较大的变化，且模型 1 的决定系数较小，猜测模型 1 导致协整方程发生结构变化的可能性较小，因而模型 2 或模型 3 更能代表黄河源区龙羊峡水库出库站贵德水文站水沙关系的变化。

对三种模型的残差分别进行单位根检验，结果见表 4.4~表 4.6。

表 4.4　模型 1 残差单位根检验

回归方程	ADF 检验值	t 检验			Prob 值	平稳性
		1%	5%	10%		
无截距无趋势	−3.671685	−2.609324	−1.947119	−1.612867	0.0004	是
有截距无趋势	−3.631937	−3.560019	−2.917650	−2.596689	0.0082	是
有截距有趋势	−3.607899	−4.140858	−3.496960	−3.177579	0.0386	是

表 4.5　模型 2 残差单位根检验

回归方程	ADF 检验值	t 检验			Prob 值	平稳性
		1%	5%	10%		
无截距无趋势	−3.715435	−2.609324	−1.947119	−1.612867	0.0004	是
有截距无趋势	−3.676887	−3.560019	−2.917650	−2.596689	0.0073	是
有截距有趋势	−3.636259	−4.140858	−3.496960	−3.177579	0.0361	是

表 4.6　模型 3 残差单位根检验

回归方程	ADF 检验值	t 检验			Prob 值	平稳性
		1%	5%	10%		
无截距无趋势	−3.715242	−2.609324	−1.947119	−1.612867	0.0004	是
有截距无趋势	−3.676686	−3.560019	−2.917650	−2.596689	0.0073	是
有截距有趋势	−3.636033	−4.140858	−3.496960	−3.177579	0.0361	是

单位根检验可知，三种协突变模型的残差均通过了无截距无趋势、有截距无趋势、有截距有趋势的检验，其残差序列为平稳序列。因此，可以建立三种协突变模型对应的误差修正模型。

由于龙羊峡水库的修建，贵德水文站径流量与泥沙量之间存在着突变点，所以二者之间存在着结构突变的协整关系，因此在考虑结构突变情况下构建径流量与泥沙量协整关系方程的基础上，建立对应的误差修正模型，以期更为准确地反映二者之间的短期波动关系。根据三种模型分别建立相应的误差修正模型，分别如下：

模型 1：

$$\Delta W = 0.0341014 \Delta S - 0.4537271 ecm(-1) + 1.5028062$$
$$(0.003303) \qquad (0.114755) \qquad\qquad (3.501310) \qquad\qquad (4.17)$$
$$R^2 = 0.690824 \quad D.W. = 1.780363$$

模型 2：

$$\Delta W = 0.0341503 \Delta S - 0.4601890 ecm(-1) + 1.5705681$$
$$(0.003317) \qquad (0.11580) \qquad\qquad (3.515238) \qquad\qquad (4.18)$$
$$R^2 = 0.706447 \quad D.W. = 1.791467$$

模型 3：

$$\Delta W = 0.0341517 \Delta S - 0.4605999 ecm(-1) + 1.5698128$$
$$(0.003316) \qquad (0.115775) \qquad\qquad (3.514308) \qquad\qquad (4.19)$$
$$R^2 = 0.706603 \quad D.W. = 1.791290$$

由式（4.17）～式（4.19）可知：$ecm(-1)$ 的系数较显著，说明调整力度显著，同时，过去的均衡误差修正项在决定变量当前的变化中十分重要。引入结构突变点后，采用误差修正模型对考虑结构突变的协突变模型进行修正，修正后的 $ecm(-1)$ 前的系数都有很大程度的改善，表明协整方程非均衡项在一定程度上得到了调整。模型 3 的 $ecm(-1)$ 前的系数已经达到 -0.4605999，说明以 46.1% 的调整速度将非均衡状态拉到均衡状态，并且三种误差修正模型下的决定系数 R^2 较原始回归模型都有显著提高，表明修正效果显著，模型精度有所提高。

利用考虑结构突变的三种误差修正模型对黄河源区龙羊峡水库出库站贵德水文站径流量进行模拟，模拟结果见图 4.6，并计算三种模型对径流量的模拟值与真实值之间的相对误差，其相对误差见图 4.7。

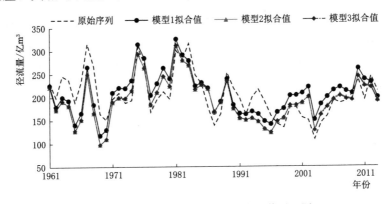

图 4.6 三种模型模拟值与原始序列值对比图

由图 4.6 可知，模型 1、模型 2 和模型 3 对原始序列径流量进行模拟效果总体较好，对应走势基本相同，并且模型 2 和模型 3 模拟精度大致相同。但是从相对误差看出，模型 2、模型 3 与模型 1 比较有较大差异。由图 4.7 计算可知，模型 1、模型 2 和

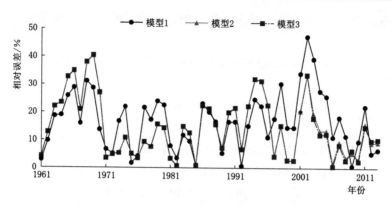

图 4.7　三种模型模拟值与真实值的相对误差图

模型 3 的平均相对误差分别是 16.59%、14.64% 和 14.51%，根据水文预报误差标准，以上数值均在许可误差范围内。模型 1 的平均相对误差最大，考虑常数项、趋势项和协整向量项的模型 3 的平均相对误差最小，但是模型 2 的相对误差较模型 3 相差不大，仅比模型 3 的相对误差大 0.13%。从相对误差可以看出，模型 1 的相对误差在 1997—2011 年之间较大，特别是在 2001 年、2002 年和 2003 年最大，模型 2 和模型 3 在对应年份对径流量模拟得较精确，减小了相对误差值，从而能够更准确地把握贵德水文站径流量与泥沙量之间的长期均衡和短期波动关系。就相对误差而言，模型 2 在模拟的过程中，其中有 35 年低于 20%，有 11 年在 20%～30% 之间，有 7 年大于30%；模型 3 在模拟的过程中，其中有 36 年低于 20%，有 10 年在 20%～30% 之间，有 7 年大于 30%，总体模拟精度较高。

综上所述，三种模型的拟合程度 R^2 分别为 0.690824、0.706447、0.706603，模型 3 的拟合程度 R^2 最大，三种模型中模型 3 的相对平均误差最小。从 $ecm(-1)$ 的系数、相对平均误差和 R^2 综合来看，考虑常数项、趋势项和协整向量项的模型 3 的误差修正模型解释性最强，较模型 1、模型 2 更符合对贵德水文站 1960—2013 年的径流量进行模拟和预测。但值得说明的是，考虑常数项和趋势项的模型 2 解释性也较强，模拟预测精度也较高，只是多考虑协整向量项的模型 3 稍优一些，说明考虑协整向量项对模型模拟精度会有影响和提高，但是不显著。

第 5 章 黄河源区水文变量多时间尺度关系分析

5.1 分量平稳性检验

利用 ADF 检验分别对黄河源区降雨量、径流量和泥沙量原始时间序列以及各分量进行单位根检验，为方便计算，用 p_i、w_i 和 $s_i(i=1, 2, 3, 4, 5)$ 表示降雨、径流、泥沙的 CEEMDAN 分量，最优滞后阶数由 AIC 准则确定，表 5.1 给出了单位根检验结果。

表 5.1　　　　　　　降雨、径流和泥沙时间序列及各分量单位根检验结果

时间序列	变量	ADF 检验值	检验类型[①] (c, t, k)	t 检验			平稳性
				1%	5%	10%	
IMF1 分量、IMF2 分量	p_1	−7.8693	$(c, 0, 1)$	−3.5812	−2.9266	−2.6014	是
	w_1	−7.6006	$(c, 0, 1)$	−3.5812	−2.9266	−2.6014	是
	s_1	−8.3002	$(c, 0, 1)$	−3.5812	−2.9266	−2.6014	是
	p_2	−10.8127	$(c, 0, 1)$	−3.5812	−2.9266	−2.6014	是
	w_2	−14.1319	$(c, 0, 1)$	−3.5812	−2.9266	−2.6014	是
	s_2	−14.2495	$(c, 0, 1)$	−3.5812	−2.9266	−2.6014	是
IMF3 分量	p_3	−14.6845	$(c, 0, 1)$	−3.5812	−2.9266	−2.6014	是
	w_3	−10.0076	$(c, 0, 1)$	−3.5812	−2.9266	−2.6014	是
	s_3	−8.6862	$(c, 0, 1)$	−3.5812	−2.9266	−2.6014	是
IMF4 分量	p_4	−26.8800	$(c, 0, 1)$	−4.1706	−3.5107	−3.1855	是
	w_4	−23.9409	$(c, 0, 1)$	−4.1706	−3.5107	−3.1855	是
	s_4	−26.7954	$(c, 0, 1)$	−4.1706	−3.5107	−3.1855	是
RES 分量	p_5	−20.3586	$(c, 0, 1)$	−4.1706	−3.5107	−3.1855	是
	w_5	−13.4521	$(c, 0, 1)$	−4.1706	−3.5107	−3.1855	是
	s_5	−25.1841	$(c, 0, 1)$	−4.1706	−3.5107	−3.1855	是

① 检验类型 (c, t, k) 中的 c 为截距，t 为时间趋势项，k 为滞后阶数，$t=0$ 表示没有时间趋势项。

由表 5.1 可知，黄河源区降雨、径流、泥沙的 CEEMDAN 分量时间序列的 ADF 检验值均小于 t 检验的临界值，均属于平稳时间序列。

5.2　降雨-径流多时间尺度协整关系分析

1. 协整检验

采用 EG 两步法对降雨、径流的 CEEMDAN 分量序列进行协整检验。表 5.2 为降雨、径流分量时间序列的回归方程。

表 5.2　　　　　　　　　降雨、径流分量时间序列的回归方程

分量序列	回　归　方　程	R^2
IMF1 分量	$w_1 = 0.6234 p_1 + 1.0133 + u_1$	0.6377
IMF2 分量	$w_2 = 1.0574 p_2 - 0.6615 + u_2$	0.6591
IMF3 分量	$w_3 = 0.2085 p_3 - 6.6030 + u_3$	0.0197
IMF4 分量	$w_4 = 0.2528 p_4 - 2.8297 + u_4$	0.6388
RES 分量	$w_5 = -5.0991 p_5 + 3017.4675 + u_5$	0.6230

由表 5.2 可知，IMF3 分量回归方程的 R^2 值最小，为 0.0197，这是由降雨、径流在中长周期的变化尺度相差较大造成的，其余分量回归方程的 R^2 值相差不大，且均在 0.6 以上。

表 5.3 为降雨、径流分量回归方程残差的单位根检验结果。

表 5.3　　　　　　　降雨、径流分量回归方程残差的单位根检验结果

残差序列 u_t	ADF 检验值	检验类型 (c, t, k)	t 检　验			平稳性
			1%	5%	10%	
u_1	-6.5681	$(c, 0, 1)$	-3.6156	-2.9411	-2.6091	是
u_2	-7.3516	$(c, 0, 1)$	-3.6156	-2.9411	-2.6091	是
u_3	-4.9969	$(c, 0, 1)$	-3.6156	-2.9411	-2.6091	是
u_4	-11.1170	$(c, 0, 1)$	-3.6156	-2.9411	-2.6091	是
u_5	-11.9690	$(c, 0, 1)$	-3.6156	-2.9411	-2.6091	是

由表 5.3 可知，降雨、径流分量的五个协整方程的残差序列的 ADF 检验值均小于 1%、5% 和 10% 显著水平的临界值，即残差时间序列均是一阶平稳，说明降雨、径流对应的各个分量之间存在协整关系。

2. 建立 ECM

根据 ECM 方法，建立降雨-径流 CEEMDAN 分量的误差修正模型，结果见表 5.4。

表 5.4　　　　　　　　降雨、径流分量时间序列 ECM 模型

分量序列	ECM 模　型	R^2
IMF1 分量	$\Delta w_1 = 0.5714 \Delta p_1 - 1.1253 ecm_1(-1) - 0.3404 + \varepsilon_1$	0.8621
IMF2 分量	$\Delta w_2 = 0.7670 \Delta p_2 - 0.4941 ecm_2(-1) - 0.1523 + \varepsilon_2$	0.6831

分量序列	ECM 模 型	R^2
IMF3 分量	$\Delta w_3 = 0.1206\Delta p_3 - 0.0205ecm_3(-1) - 0.1112 + \varepsilon_3$	0.0651
IMF4 分量	$\Delta w_4 = 0.2797\Delta p_4 - 0.0509ecm_4(-1) - 0.2030 + \varepsilon_4$	0.8580
RES 分量	$\Delta w_5 = 0.2370\Delta p_5 + 0.0423ecm_5(-1) - 0.8987 + \varepsilon_5$	0.9955

由表 5.4 可知，降雨、径流分量 ECM 的 RES 分量的 R^2 值最大，拟合度最好，其次是 IMF1 分量、IMF4 分量、IMF2 分量，IMF3 分量最小，这是由降雨、径流时间序列在中长周期的变化尺度相差较大造成的。降雨-径流 CEEMDAN 分量 ECM 的建立揭示了黄河源区降雨、径流在不同时间尺度上的长期均衡和短期波动关系，在不同时间尺度上径流量的变化不仅受降雨量变化的影响，还受到上一年径流量偏离均衡水平的影响，且不同时间尺度的影响程度和调整力度不同。

IMF1 分量的 ECM 表明，在短周期中，Δp_1 的弹性系数为 0.5714，降雨量变化对径流量变化的影响较为显著，误差修正项系数为 -1.1253，说明径流量偏离均衡水平后的调整力度很大，为 112.53%。

IMF2 分量的 ECM 表明，在中周期中，Δp_2 的弹性系数为 0.7670，降雨量变化对径流量变化的影响显著，误差修正项系数为 -0.4941，说明径流量偏离均衡水平后的调整力度为 49.41%。

IMF3 分量的 ECM 表明，在中长周期中，Δp_3 的弹性系数为 0.1206，降雨量变化对径流量变化的影响不显著，误差修正项系数为 -0.0205，说明径流量偏离均衡水平后的调整力度为 2.05%，调整力度小。

IMF4 分量的 ECM 表明，在长周期中，Δp_4 的弹性系数为 0.2797，降雨量变化对径流量变化的影响不显著，误差修正项系数为 -0.0509，说明径流量偏离均衡水平后的调整力度为 5.09%，调整力度小。

RES 分量的 ECM 表明，在降雨、径流的整体变化趋势中，Δp_5 的弹性系数为 0.2370，降雨量变化对径流量变化的影响不显著，误差修正项系数为 0.0423，说明径流量偏离均衡水平后的调整力度为 4.23%，调整力度小，系数为正，表明降雨、径流关系为正向调整。

3. 年径流模拟及预测

用降雨、径流各分量 ECM 分别对每个分量的径流进行模拟及预测，并将每个分量的拟合值进行耦合相加，得到最终的径流拟合值，并对黄河源区年径流量 1966—2005 年 40a 数据进行模拟分析，对 2006—2013 年 8a 数据进行预测分析，对比分量 ECM 耦合模型的模拟及预测精度。

降雨-径流分量 ECM 耦合径流模拟结果见图 5.1。

由图 5.1 可知，降雨-径流分量 ECM 耦合模型的模拟效果较好，其中模拟期内仅有两个年份的拟合值误差大于允许误差（20%），分别为 1972 年 25.02%，1991 年 25.80%，其中模拟期 MAPE 为 9.24%，模拟精度较高。

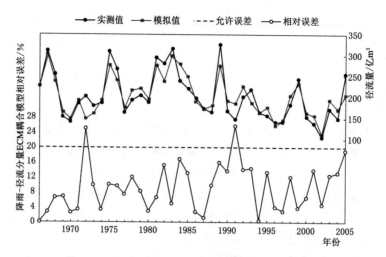

图 5.1 降雨-径流分量 ECM 耦合径流模拟结果

降雨-径流分量 ECM 耦合径流预测结果见表 5.5。

表 5.5 降雨-径流分量 ECM 耦合径流预测结果

年 份	径 流 量/亿 m³		相对误差/%
	实测值	预测值	
2006	141.26	142.17	0.64
2007	189.04	177.92	5.89
2008	174.60	161.56	7.47
2009	263.48	193.52	26.55
2010	197.08	178.97	9.19
2011	211.21	214.33	1.48
2012	284.04	222.98	21.50
2013	194.64	169.63	12.85
平均	206.92	182.64	10.70

由表 5.5 可知，降雨-径流分量 ECM 耦合模型的预测期内相对误差大于 20% 的年份有两个，分别为 2009 年 26.55%，2012 年 21.50%，平均相对误差为 10.70%，预测合格率为 75%，精度等级为乙级，预测效果较好。

5.3 径流-泥沙多时间尺度协整关系分析

1. 协整检验

采用 EG 两步法对径流、泥沙的 CEEMDAN 分量序列进行协整检验。表 5.6 为径流、泥沙分量时间序列的回归方程。

表 5.6   径流、泥沙分量时间序列的回归方程

分量序列	回 归 方 程	R^2
IMF1 分量	$w_1 = 0.0497s_1 - 0.9165 + u_1$	0.7828
IMF2 分量	$w_2 = 0.0553s_2 + 1.0626 + u_2$	0.8654
IMF3 分量	$w_3 = 0.0673s_3 - 5.5936 + u_3$	0.3217
IMF4 分量	$w_4 = 0.0287s_4 - 1.0994 + u_4$	0.7428
RES 分量	$w_5 = 0.0872s_5 + 89.9455 + u_5$	0.9984

由表 5.6 可知，IMF3 分量回归方程的 R^2 值最小，为 0.3217，这是由径流、泥沙在中长周期的变化尺度相差较大造成的，其余分量回归方程的 R^2 值均在 0.7 以上，拟合度较好。

表 5.7 为径流、泥沙分量回归方程残差的单位根检验结果。

表 5.7   径流、泥沙分量回归方程残差的单位根检验结果

残差序列 u_t	ADF 检验值	检验类型 (c, t, k)	t 检 验			平稳性
			1%	5%	10%	
u_1	-5.2218	$(c, 0, 1)$	-3.6156	-2.9411	-2.6091	是
u_2	-8.6839	$(c, 0, 1)$	-3.6156	-2.9411	-2.6091	是
u_3	-7.0503	$(c, 0, 1)$	-3.6156	-2.9411	-2.6091	是
u_4	-33.2883	$(c, 0, 1)$	-3.6156	-2.9411	-2.6091	是
u_5	-5.2337	$(c, 0, 1)$	-3.6156	-2.9411	-2.6091	是

由表 5.7 可知，径流、泥沙分量的五个协整方程的残差序列的 ADF 检验值均小于 1%、5% 和 10% 显著水平的临界值，即残差时间序列均是一阶平稳，说明径流、泥沙对应的各个分量之间存在协整关系。

2. 建立 ECM

根据 ECM 方法，建立径流-泥沙 CEEMDAN 分量的误差修正模型，结果见表 5.8。

表 5.8   径流、泥沙分量时间序列 ECM 模型

分量序列	ECM 模 型	R^2
IMF1 分量	$\Delta w_1 = 0.0471\Delta s_1 - 1.1223ecm_1(-1) - 0.0742 + \varepsilon_1$	0.9153
IMF2 分量	$\Delta w_2 = 0.0502\Delta s_2 - 0.4214ecm_2(-1) - 0.1038 + \varepsilon_2$	0.8779
IMF3 分量	$\Delta w_3 = 0.0336\Delta s_3 - 0.0025ecm_3(-1) - 0.0561 + \varepsilon_3$	0.2331
IMF4 分量	$\Delta w_4 = 0.0182\Delta s_4 - 0.1221ecm_4(-1) + 0.2178 + \varepsilon_4$	0.5057
RES 分量	$\Delta w_5 = 0.0951\Delta s_5 + 0.0175ecm_5(-1) + 0.1191 + \varepsilon_5$	0.8422

由表 5.8 可知，径流、泥沙分量 ECM 的 IMF1 分量的 R^2 值最大，拟合度最好，其次是 IMF2 分量、RES 分量、IMF4 分量，IMF3 分量最小，这是由径流、泥沙时间序列在中长周期的变化尺度相差较大造成的。径流-泥沙 CEEMDAN 分量 ECM 的建

立揭示了黄河源区径流、泥沙在不同时间尺度上的长期均衡和短期波动关系，在不同时间尺度上径流量的变化不仅受泥沙量变化的影响，还受到上一年径流量偏离均衡水平的影响，且不同时间尺度的影响程度和调整力度不同。

IMF1 分量的 ECM 表明，在短周期中，Δs_1 的弹性系数为 0.0471，泥沙量变化对径流量变化的影响不显著，误差修正项系数为 −1.1223，说明径流量偏离均衡水平后的调整力度很大，为 112.23%。

IMF2 分量的 ECM 表明，在中周期中，Δs_2 的弹性系数为 0.0502，泥沙量变化对径流量变化的影响不显著，误差修正项系数为 −0.4214，说明径流量偏离均衡水平后的调整力度为 42.14%。

IMF3 分量的 ECM 表明，在中长周期中，Δs_3 的弹性系数为 0.0336，泥沙量变化对径流量变化的影响不显著，误差修正项系数为 −0.0025，说明径流量偏离均衡水平后的调整力度为 0.25%，调整力度小。

IMF4 分量的 ECM 表明，在长周期中，Δs_4 的弹性系数为 0.0182，泥沙量变化对径流量变化的影响不显著，误差修正项系数为 −0.1221，说明径流量偏离均衡水平后的调整力度为 12.21%，调整力度小。

RES 分量的 ECM 表明，在径流、泥沙的整体变化趋势中，Δs_5 的弹性系数为 0.0951，泥沙量变化对径流量变化的影响不显著，误差修正项系数为 0.0175，说明径流量偏离均衡水平后的调整力度为 1.75%，调整力度小，系数为正表明为正向调整。

3. 年径流模拟及预测

用径流、泥沙各分量 ECM 分别对每个分量的径流进行模拟及预测，并将每个分量的拟合值进行耦合相加，得到最终的径流拟合值，并对黄河源区年径流量 1966—2005 年 40a 数据进行模拟分析，对 2006—2013 年 8a 数据进行预测分析，对比分量 ECM 耦合模型的模拟及预测精度。

径流-泥沙分量 ECM 耦合径流模拟结果见图 5.2。

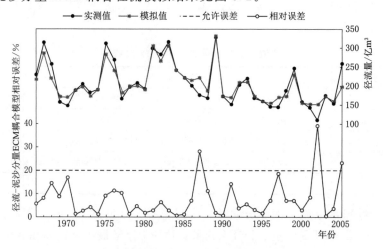

图 5.2　径流-泥沙分量 ECM 耦合径流模拟效果

由图 5.2 可知，径流-泥沙分量 ECM 耦合模型的模拟结果较好，其中模拟期内有三个年份的拟合值误差大于允许误差 20%，分别是 1987 年 27.93%，2002 年 38.89%，2005 年 22.94%，其中模拟期 MAPE 为 7.47%，模拟精度较高。

径流-泥沙分量 ECM 耦合径流预测结果见表 5.9。

表 5.9　　　　　　　　　　径流-泥沙分量 ECM 耦合径流预测结果

年　份	径　流　量/亿 m^3		相对误差/%
	实测值	预测值	
2006	141.26	171.04	21.08
2007	189.04	176.35	6.71
2008	174.60	164.64	5.70
2009	263.48	198.72	24.58
2010	197.08	225.62	14.48
2011	211.21	191.23	9.46
2012	284.04	235.09	17.23
2013	194.64	210.91	8.36
平均	206.92	196.70	13.45

由表 5.9 可知，径流-泥沙分量 ECM 耦合模型的预测期内相对误差大于 20% 的年份有两个，分别为 2006 年 21.08%，2009 年 24.58%，平均相对误差为 13.45%，预测合格率为 75%，精度等级为乙级，预测效果较好。

5.4　降雨-径流-泥沙多时间尺度协整关系分析

1. 协整检验

采用 EG 两步法对降雨、径流和泥沙的 CEEMDAN 分量序列进行协整检验。表 5.10 为降雨、径流、泥沙分量序列的回归方程。

表 5.10　　　　　　　　降雨、径流、泥沙分量序列的回归方程

分量序列	回　归　方　程	R^2
IMF1 分量	$w_1 = 0.2659p_1 + 0.0360s_1 - 0.0143 + u_1$	0.8397
IMF2 分量	$w_2 = 0.3755p_2 + 0.0428s_2 + 0.6165 + u_2$	0.9047
IMF3 分量	$w_3 = 0.2328p_3 + 0.0678s_3 - 5.7505 + u_3$	0.3463
IMF4 分量	$w_4 = 0.1455p_4 + 0.0201s_4 - 1.9996 + u_4$	0.8874
RES 分量	$w_5 = 0.2621p_5 + 0.0901s_5 - 58.2110 + u_5$	0.9999

由表 5.10 可知，IMF3 分量回归方程的 R^2 值最小，为 0.3463，这是由径流、泥沙在中长周期的变化尺度相差较大造成的，其余分量回归方程的 R^2 值均在 0.8 以上，拟合度较好。

表 5.11 为降雨、径流、泥沙分量回归方程残差的单位根检验。

表 5.11　　　　　　　　降雨、径流、泥沙分量回归方程残差的单位根检验结果

残差序列 u_t	ADF 检验值	检验类型 (c, t, k)	t 检 验			平稳性
			1%	5%	10%	
u_1	-5.5563	$(c, 0, 1)$	-3.6156	-2.9411	-2.6091	是
u_2	-7.7608	$(c, 0, 1)$	-3.6156	-2.9411	-2.6091	是
u_3	-5.5167	$(c, 0, 1)$	-3.6156	-2.9411	-2.6091	是
u_4	-5.5828	$(c, 0, 1)$	-3.6156	-2.9411	-2.6091	是
u_5	-7.4656	$(c, 0, 1)$	-3.6156	-2.9411	-2.6091	是

由表 5.11 可知，降雨、径流、泥沙分量的五个协整方程的残差序列的 ADF 检验值均小于 1%、5% 和 10% 显著水平的临界值，即残差时间序列均是一阶平稳，说明降雨、径流和泥沙对应的各个分量之间存在协整关系。

2. 建立 ECM

根据 ECM 方法，建立降雨-径流-泥沙 CEEMDAN 分量的误差修正模型，见表 5.12。

表 5.12　　　　　　　　降雨、径流、泥沙分量时间序列 ECM 模型

分量序列	ECM 模 型	R^2
IMF1 分量	$\Delta w_1 = 0.2216\Delta p_1 + 0.0352\Delta s_1 - 1.1542ecm_1(-1) - 0.2460 + \varepsilon_1$	0.9425
IMF2 分量	$\Delta w_2 = 0.2041\Delta p_2 + 0.0410\Delta s_2 - 0.6359ecm_2(-1) - 0.1759 + \varepsilon_2$	0.9150
IMF3 分量	$\Delta w_3 = 0.1547\Delta p_3 + 0.0362\Delta s_3 - 0.0019ecm_3(-1) - 0.0373 + \varepsilon_3$	0.3227
IMF4 分量	$\Delta w_4 = 0.2675\Delta p_4 + 0.0142\Delta s_4 - 0.0657ecm_4(-1) - 0.2350 + \varepsilon_4$	0.9605
RES 分量	$\Delta w_5 = 0.6068\Delta p_5 + 0.1389\Delta s_5 - 0.1960ecm_5(-1) - 0.5054 + \varepsilon_5$	0.9759

由表 5.12 可知，降雨、径流、泥沙分量 ECM 的 RES 分量的 R^2 值最大，拟合度最好，其次是 IMF4 分量、IMF1 分量、IMF2 分量，IMF3 分量最小，这是由径流、泥沙时间序列在中长周期的变化尺度相差较大造成的。降雨-径流-泥沙 CEEMDAN 分量 ECM 的建立揭示了黄河源区降雨、径流、泥沙在不同时间尺度上的长期均衡和短期波动关系，在不同时间尺度上径流量的变化不仅受降雨量、泥沙量变化的影响，还受到上一年径流量偏离均衡水平的影响，且不同时间尺度的影响程度和调整力度不同。

IMF1 分量的 ECM 表明，在短周期中，Δp_1 的弹性系数为 0.2216，Δs_1 的弹性系数为 0.0352，说明降雨和泥沙对径流的短期影响程度不同，降雨要比泥沙的影响程度强，误差修正项系数为 -1.1542，说明径流量偏离均衡水平后的调整力度为 115.42%。

IMF2 分量的 ECM 表明，在中周期中，Δp_2 的弹性系数为 0.2041，Δs_2 的弹性系数为 0.0410，说明降雨和泥沙对径流的短期影响程度不同，降雨要比泥沙的影响程度

强，误差修正项系数为－0.6359，说明径流量偏离均衡水平后的调整力度为63.59％。

IMF3分量的ECM表明，在中长周期中，Δp_3的弹性系数为0.1547，Δs_3的弹性系数为0.0362，说明降雨和泥沙对径流的短期影响程度不同，降雨要比泥沙的影响程度强，误差修正项系数为－0.0019，说明径流量偏离均衡水平后的调整力度为0.19％，调整力度小。

IMF4分量的ECM表明，在长周期中，Δp_4的弹性系数为0.2675，Δs_4的弹性系数为0.0142，说明降雨和泥沙对径流的短期影响程度不同，降雨要比泥沙的影响程度强，误差修正项系数为－0.0657，说明径流量偏离均衡水平后的调整力度为6.57％，调整力度小。

RES分量的ECM表明，在径流、泥沙的整体变化趋势中，Δp_5的弹性系数为0.6068，Δs_5的弹性系数为0.1389，说明降雨和泥沙对径流的短期影响程度不同，降雨要比泥沙的影响程度强，误差修正项系数为－0.1960，说明径流量偏离均衡水平后的调整力度为19.6％，调整力度小。

3. 年径流模拟及预测

用降雨、径流、泥沙各分量ECM分别对每个分量的径流进行模拟及预测，并将每个分量的拟合值进行耦合相加，得到最终的径流拟合值，并对黄河源区年径流量1966—2005年40a数据进行模拟分析，对2006—2013年8a数据进行预测分析，对比分量ECM耦合模型的模拟及预测精度。

降雨-径流-泥沙分量ECM耦合径流模拟效果见图5.3。

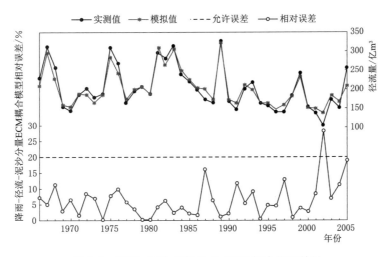

图5.3　降雨-径流-泥沙分量ECM耦合模拟效果

由图5.3可知，降雨-径流-泥沙分量ECM耦合模型的模拟效果较好，其中模拟期内仅有一个年份的拟合值误差大于允许误差（20％），为2002年28.20％，其中模拟期MAPE为6.24％，模拟精度很高。

降雨-径流-泥沙分量ECM耦合径流预测结果见表5.13。

表 5.13 **降雨-径流-泥沙分量 ECM 耦合径流预测结果**

年 份	径 流 量/亿 m³		相对误差/%
	实测值	预测值	
2006	141.26	157.26	11.33
2007	189.04	170.73	9.69
2008	174.60	156.80	10.19
2009	263.48	213.75	18.87
2010	197.08	210.44	6.78
2011	211.21	195.03	7.66
2012	284.04	243.64	14.22
2013	194.64	191.20	1.77
平均	206.92	192.36	10.06

由表 5.13 可知,降雨-径流-泥沙分量 ECM 耦合模型的预测期内相对误差均小于允许误差 20%,平均相对误差为 10.06%,预测合格率为 100%,精度等级为甲级,预测效果很好。

5.5 黄河源区水文变量相关性分析

双累积曲线是检验两个参数间关系一致性及其变化的常用方法。所谓双累积曲线就是在直角坐标系中绘制的同期内的一个变量的连续累积值和另一个变量连续累积值的关系线。双累积曲线法常用来检验变量之间关系性及其变化,分析水文变量的一致性、趋势性变化以及变化强度[150]。假设有两个变量 A、B,建立双累积曲线的方法:其中,变量 A 为参考变量、变量 B 为被检验变量,时间序列长度为 N,对应不同年份的值为 A_i 和 B_i,分别计算变量 A 和变量 B 在时间序列内的逐年累积值,得到新的累积序列 A'_i 和 B'_i,i 的取值为 $i=1,2,3,\cdots,N$,对应公式如下:

$$A'_i = \sum_{i=1}^{N} A_i \tag{5.1}$$

$$B'_i = \sum_{i=1}^{N} B_i \tag{5.2}$$

双累积曲线指变量 A 的连续累积值与变量 B 的连续累积值的关系曲线。在相对应的时段内,变量 A 的累积值与变量 B 的累积值呈一条直线,表示两变量之间成比例,斜率表示两变量之间的比例常数。

如果双积累曲线的斜率在某处发生改变,则表明两个变量之间存在突变点,突变点前后变量间的关系性发生改变,斜率发生改变所对应的年份表示突变时间[151]。Kohler[152] 认为在变量具有高度的相关性、正比关系和参考变量在观测期内都具有可比性的情况下,利用双积累曲线方法才能反映较准确的结果。

5.5.1 入库站降雨-径流相关性分析

利用双累积曲线法分析黄河源区降雨与唐乃亥水文站径流量的关系,径流量和降雨量的双累积曲线可用于研究入库站人类活动是否引起河流径流量的趋势变化,并进而分析出发生趋势变化的年份及大小,其双累积曲线见图 5.4。

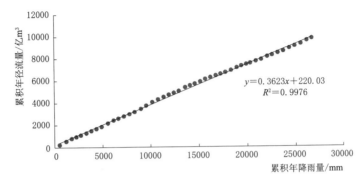

$$y=0.3623x+220.03$$
$$R^2=0.9976$$

图 5.4　唐乃亥水文站降雨-径流双累积曲线

由图 5.4 可以看出,区域年降雨量累积值与唐乃亥水文站年径流量累积值在直角坐标上基本呈一条直线,仅在中间部分 1983—1995 年该段时间曲线略微向下偏离。即两变量在相同时段内成正比关系,其斜率为两要素对应点的比例常数,其总体拟合直线的斜率为 0.3623。说明人类活动对河川径流量无显著影响,且随着黄河源区区域降雨量的增加,其下游唐乃亥水文站的年径流量就对应增大,同理反之亦然。因唐乃亥水文站位于龙羊峡水库上方,所以龙羊峡水库的修建对唐乃亥水文站附近的河川径流量影响不大,但是因中部曲线略微向下偏离,说明因龙羊峡水库的修建使唐乃亥水文站附近即水库上游的河川年径流量减小,只是作用强度不大,作用不显著。

利用 CEEMDAN 方法分解黄河源区降雨和唐乃亥水文站年径流序列,在采用 CEEMDAN 方法分解得到黄河源区降雨和同期唐乃亥水文站年径流序列多时间尺度 IMF 分量的基础上,应用双累积曲线分析黄河源区降雨-径流关系在各个 IMF 分量所表征的时间尺度上的演化特征。因为分解后的模态中存在负值,不能直接运用双累积曲线,因此可以把每个分量加上该分量最小值的绝对值,使得分量的值均为正值。各分量之间降雨-径流的双累积曲线见图 5.5~图 5.8。

由图 5.5 和图 5.6 可知,IMF1 分量和 IMF2 分量对应的降雨径流双累积曲线拟合最好。由图 5.7 可知,根据突变点所在位置确定 IMF3 分量的双累积曲线在 1974 年、1986 年、2005 年和 2012 年发生突变,且变化均较为显著。由图 5.8 可知,IMF4 分量的双累积曲线在 1990 年发生突变,从 1990—2005 年曲线向下偏移,但是偏移不明显,说明龙羊峡水库的修建使唐乃亥水文站附近的河川径流量减少,但是减少的不明显,即龙羊峡水库的修建对唐乃亥水文站附近的河川径流量的影响不大。综上,各分量的区域的降雨径流关系在多时间尺度上略有变化,就拟合直线的斜率而言,各分量的拟合直线的斜率均大于总体拟合直线斜率。在微观条件下各分量的振幅

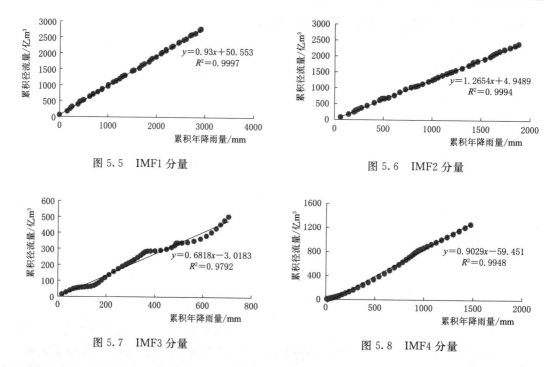

图 5.5　IMF1 分量

图 5.6　IMF2 分量

图 5.7　IMF3 分量

图 5.8　IMF4 分量

不同，波动变化不同，降雨径流波动的局部特征信息显现，从而导致其双累积曲线拟合直线斜率存在差异，多时间尺度下降雨径流相关关系不同。IMF1 分量和 IMF2 分量对应的降雨径流双累积曲线拟合最好，IMF3 分量和 IMF4 分量对应的降雨径流双累积曲线拟合效果较差。即高频分量对应的降雨径流关系性较强，低频分量对应的降雨径流关系性较弱。因此当原始序列较复杂时可利用高频分量模态探究降雨径流的关系及其细部演化特征。

5.5.2　入库站径流-泥沙相关性分析

利用双累积曲线法可分析黄河源区龙羊峡水库以上唐乃亥水文站径流量与泥沙量的关系，取 1960—2013 年的年径流量的累积值为横坐标自变量 x，年泥沙量的累积值为纵坐标因变量 y，用以分析黄河源区龙羊峡水库以上唐乃亥水文站年径流量和年泥沙量原始序列的长期演变趋势和突变年份，其双累积曲线见图 5.9。

由图 5.9 可以看出，唐乃亥水文站径流量和泥沙量具有明显的正相关关系，各点均在趋势线附近，且斜率没有发生明显的变化，相关系数 R^2 为 0.9958，表明黄河源区龙羊峡水库以上唐乃亥水文站径流量和泥沙量的相关性较好。自然条件下，泥沙量基本随径流量的增减而增减，泥沙量累积序列与同期径流量累积序列基本表现为直线关系。其中，累积径流量与累积泥沙量的双累积曲线斜率的变化，反映了对应单位径流量所产生的泥沙量的变化。而唐乃亥水文站年径流量累积值与年泥沙量累积值在直角坐标上基本呈一条直线，说明黄河源区龙羊峡水库以上唐乃亥水文站附近水沙关系较好，其总体拟合直线的斜率为 6.53，即每 1 亿 m³ 的径流量会产生 6.53 万 t 的泥沙

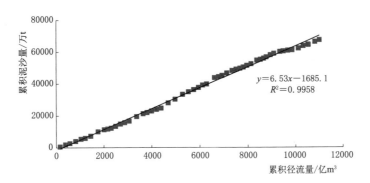

图 5.9　唐乃亥水文站径流-泥沙双累积曲线图

量。唐乃亥水文站径流-泥沙双累积曲线中，1989—2004 年曲线略向上偏移，说明单位径流量所产生的泥沙量对应增加，究其原因，1987 年龙羊峡水库投入运行，对河道实施截流，开始逐渐对位于水库上游的唐乃亥水文站水沙过程产生影响，根据其斜率变化说明对泥沙量的影响大于径流量。2005—2013 年曲线向下偏，说明单位径流量所产生的泥沙量减少，期间径流量来水偏枯，且受上游植被拦水拦沙影响，造成径流量与泥沙量一致性发生改变，从而影响其对应关系特征。

采用双累积曲线方法对径流-泥沙原始数据进行分析，难以掌握二者在微观下的细部演化特征及内在关系，但径流量、泥沙量自身包含多周期波动下的多时间尺度特征。因此可利用 CEEMDAN 方法分解的各分量分别建立径流-泥沙双累积曲线，分析径流-泥沙关系在多时间尺度下的细部演化特征，并剖析径流-泥沙在不同时间尺度下的相关性及突变情况。

采用等效替代法消除由 CEEMDAN 方法分解后的各分量中的负值。处理方法为：从分量中找出 1 个数 M_i，M_i 表示第 n 个分量中最小的负值，取它的绝对值 $|M_i|$，分别用分量中每一个数值加上 $|M_i|$，得到一个新的序列，用这个新的序列等效替换原始分量。各径流分量的累积量为横坐标自变量 x，各泥沙分量的累积量为纵坐标因变量 y，得到如下各个分量的双累积曲线图，见图 5.10～图 5.14。

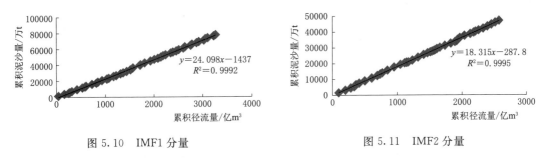

图 5.10　IMF1 分量　　　　　　　　　　图 5.11　IMF2 分量

（1）由图 5.10 可知，径流-泥沙的 IMF1 分量双累积曲线的各点均落在趋势线上，斜率基本无变化，说明在 IMF1 分量的时间尺度中径流与泥沙关系具有很好的正相关关系，没有发生突变。由图 5.11 可知，径流-泥沙的 IMF2 分量双累积曲线的各

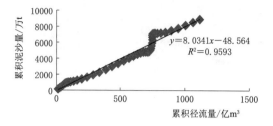

图 5.12　IMF3 分量

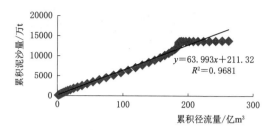

图 5.13　IMF4 分量

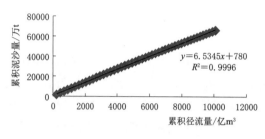

图 5.14　RES 分量

点均落在趋势线上，斜率基本无变化，说明在 IMF2 分量的时间尺度中径流与泥沙关系具有很好的正相关关系，没有发生明显突变。由图 5.12 可知，径流-泥沙的 IMF3 分量双累积曲线斜率发生了明显变化。其中 1969—1975 年期间的点落在趋势线上方，说明泥沙量有增多的趋势，斜率变化不显著，说明泥沙随径流的变化不明显；1979—1994 年期间的点落在趋势线下方，说明泥沙量有减少的趋势，斜率变化不显著，说明泥沙随径流的变化不明显；1994—2002 年期间的点斜率发生明显变化，斜率增大，说明从 1994 年开始到 2002 年间的泥沙量随着径流量的累积有显著增多的趋势，2002 年之后斜率又发生了变化，点逐渐回到了趋势线上，由此可以表明在 IMF3 分量的时间尺度中 1994 年和 2002 年为突变点。

（2）由图 5.13 可知，径流-泥沙的 IMF4 分量双累积曲线斜率发生了变化。其中 1966—1993 年期间的点均在趋势线附近，斜率没有发生明显变化，没有发生突变；1994—2000 年期间的点斜率发生了明显变化，斜率增大，说明从 1994 年开始到 2000 年间的泥沙量随着径流量的累积有显著增多的趋势，2000 年之后斜率又发生了变化，点的斜率接近零，说明 2000 年之后泥沙量和径流量的关系不明显；由此可以表明在 IMF4 分量的时间尺度中 1994 年和 2000 年为突变点。由图 5.14 可知，径流-泥沙的 RES 分量双累积曲线，其中点均落在趋势线上，斜率基本无变化，说明在 RES 分量的时间尺度中径流量与泥沙量关系具有很好的正相关关系，没有发生明显突变。RES 分量掌握着水沙系统的全局信息，因 RES 分量的水沙双累积曲线拟合关系也较好，表明就宏观发展趋势而言，径流-泥沙相关关系性较强，故也应关注 RES 分量宏观下水沙变化的特征信息，研究水沙关系及其演变特征。

（3）总体而言，唐乃亥水文站径流-泥沙多时间尺度相关性与降雨-径流多时间尺度相关性特征相同。其中，径流-泥沙（降雨-径流）从各分量到原始序列的双累积曲线变化，表现为从微观多时间尺度下的一些突变点逐渐退化为平常点。相反，在多时间尺度下，除原有的突变点外，还不断增加突变点，原始序列宏观上的一些平常态，在多时间尺度微观下看来则是突变态。因此，突变点判断与时间尺度有密切关系，原始序列宏观大尺度的某些特征信息会把小尺度下某些特征信息埋没中和掉，研究突变信息更应该关注细部。当原始序列较复杂时可利用高频模态分量探究径流-泥沙（降雨-径流）的关系及其细部演化特征，对水沙关系可集中于短周期及中周期的相关观测和研究。当研究径流-泥沙（降雨-径流）关系发生改变，确定突变年份等突变信息时，可利用低频模态分量进行针对性研究。

5.5.3 出库站径流-泥沙相关性分析

利用双累积曲线，分析龙羊峡水库出库站贵德水文站径流与泥沙的相关关系，分析径流-泥沙关系发生趋势变化的年份及变化大小，进而研究出库站的人类活动与水库工程对径流-泥沙变化及其关系的影响，其双累积曲线见图 5.15。

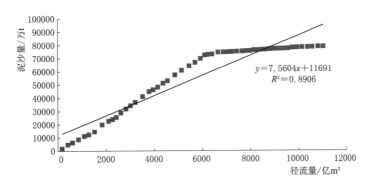

图 5.15　贵德水文站径流-泥沙双累积曲线图

由图 5.15 可知，贵德水文站年径流量累积值与年泥沙量累积值在直角坐标上分为两段：1960—1986 年为第一阶段；1987—2013 年为第二阶段。在第二阶段径流-泥沙双累积曲线向下偏离。总体而言，两变量在时段内成正比关系，泥沙量随着径流量的增加而增加，其斜率为两要素对应点的比例常数，其总体拟合直线的斜率为7.5604。同时，双累积曲线在 1987 年存在变异点，1987 年以后曲线向下偏，出库站水沙关系严重改变。因贵德水文站位于龙羊峡水库下方，为龙羊峡水库的出库站，而龙羊峡水库在 1986 年 10 月下闸蓄水，并投入使用，突变点检验为 1987 年，1986 年11—12 月相对为枯水期，水量、沙量较少，枯水期影响不大。因此，双累积曲线检测突变点为 1987 年与水库运行时间相对应，突变点检测较合理。因此，表明龙羊峡水库的修建与运行对其下游河道的水沙关系存在较大的影响。水库作用较显著，下游贵德水文站水库运行后水沙关系显著减弱。

5.6 水库对下游径流-泥沙关系的影响分析

5.6.1 信息熵理论

SHANNON[153] 把排除信息冗余后的平均信息量称为信息熵，并给出了求解信息熵的公式。若系统变量有 n 种取值：$U_1, \cdots, U_i, \cdots, U_n$，对应概率为 $P, \cdots, P_i, \cdots,$ P_n，各种取值的出现相互独立。此时信源的平均不确定性表示为信息熵，计算公式为

$$H(U) = E(-\log P_i) = -\sum_{i=1}^{n} P_i \log P_i \tag{5.3}$$

信息熵大小反映系统信息量多少及复杂程度，系统越复杂，则信息熵越大，相反，系统表现得越稳定，则该系统对应的信息熵就越小。

各 IMF 分量的多尺度熵计算过程如下：首先设原始信号 $x(t)$ 为贵德水文站研究时段的径流量或泥沙量数据，经多时间尺度分解可得到 m 个不同的 IMF 分量，每个分量包含 n 年的实测分解值，则有判定矩阵：

$$C = (C_{st})_{m \times n} \quad (s = 1, 2, \cdots, m \quad t = 1, 2, \cdots, n) \tag{5.4}$$

注：C_{st} 表示第 s 个 IMF 的第 t 年的实测分解值。

为了排除干扰，在计算各 IMF 分量的信息熵时，首先需要对 m 个 IMF 分量的所有数据作归一化处理，得到归一化矩阵 b_{st}，归一化处理公式为

$$b_{st} = \frac{C_{st} - C_{\min}}{C_{\max} - C_{\min}} \tag{5.5}$$

注：$C_{\max}$、$C_{\min}$ 表示在同一 IMF 分量下 n 年中的数据的最大值和最小值。通过式（5.3）可将各 IMF 分量数据归一化到 $[0, 1]$ 区间。

依据信息熵的计算公式，则第 s 个 IMF 的多时间尺度熵为

$$H(\text{imf}_s) = -E(\log P_t) = -\sum_{t=1}^{n} P_t \log P_t \tag{5.6}$$

同理，将每年各 IMF 分量和 RES 分量数据归一化到 $[0, 1]$ 区间上，在计算归一化后各分量数据占当年原始数据的比例，最后利用式（5.4）计算出对应各年径流量、泥沙量的结构熵值。它可描述和刻画建库前后径流量、泥沙量各分量结构的动态变化、转换程度和波动周期变化特征。

5.6.2 集对分析方法

集对分析方法是对存在某种不确定性联系的两个集合 X 和 Y 构造对子，通过集对可对存在联系的集合作同一性、差异性、对立性分析，然后用联系度公式将两个集合的同一度、差异度和对立度结合起来，用以整体分析两个集合的关系[154]。联系度公式如式（5.7）所示：

$$\mu = \frac{S}{N} + \frac{F}{N}i + \frac{L}{N}j = a + bi + cj \tag{5.7}$$

式中：μ 为集合 X 和 Y 的联系度；S 为同一性个数；F 为差异性个数；L 为对立性个数；N 为集合的总长度，其中 $N = S + F + L$；i 为差异性系数；j 为对立性系数，其中 i 值取值范围为 $[-1, 1]$，j 值常取 -1；a、b、c 分别为两个集合的同一度、差异度和对立度，其中 $a = S/N$，$b = F/N$，$c = L/N$。

设径流量、泥沙量分别为集合 X 和 Y，以径流量为例，其集对分析计算步骤为：

（1）采用均值标准差法对径流量原始序列及分解序列进行符号量化处理，一般可分为Ⅰ、Ⅱ、Ⅲ三个等级，对应区间为 $(-\infty, \overline{x}-ks)$、$[\overline{x}-ks, \overline{x}+ks]$、$[\overline{x}+ks, +\infty)$，$k$ 值取 0.5，$\overline{x}$ 为变量的均值，s 为变量的方差。

（2）分别比较两序列之间的等级水平，符号相同的等级为同一，二者相差一级的为差异，二者相差两级的为对立，分别得到相应的同一度、差异度和对立度。

（3）选取 i 值为 0.5，j 值为 -1，再利用联系度计算公式，可以得到径流量原始序列与各分解序列的联系度。同理，利用上述集对分析计算步骤，可以得到泥沙量与各分解序列的联系度及建库前后径流量与泥沙量的联系度。

5.6.3　出库站集对分析

利用集对分析方法，将建库前后径流量、泥沙量原始序列分别与对应的各 IMF 分量进行集对，因 RES 分量缺乏周期波动，故不参与集对分析。其结果见表 5.14。

表 5.14　　　　　　　　　径流量、泥沙量多时间尺度集对分析

等级度	序列	径　流　量			泥　沙　量		
		IMF1	IMF2	IMF3	IMF1	IMF2	IMF3
同一度	建库前	0.667	0.593	0.370	0.556	0.444	0.407
	建库后	0.519	0.407	0.370	0.556	0.444	0.370
差异度	建库前	0.259	0.333	0.481	0.444	0.519	0.444
	建库后	0.444	0.556	0.519	0.444	0.556	0.593
对立度	建库前	0.074	0.074	0.148	0.000	0.037	0.148
	建库后	0.037	0.037	0.111	0.000	0.000	0.037
联系度	建库前	0.722	0.685	0.463	0.778	0.667	0.481
	建库后	0.704	0.648	0.519	0.778	0.722	0.630

由表 5.14 可知：

（1）对于同一度而言，建库前后不管是径流量还是泥沙量，其与 IMF 分量的同一度均随波动周期的增大而减小，与 IMF1 分量的同一度最大。建库后，径流量中高频分量、泥沙量低频分量对应的同一度减小。对于差异度而言，建库后径流量、泥沙量各 IMF 分量对应的差异度均增大。建库后径流量、泥沙量各 IMF 分量对应的对立度减小，与差异度变化相反。与建库前相比，径流量中高频分量对应联系度减小，低频分量对应联系度增大，而泥沙量对应联系度均增大。说明水库运行对水沙变化过程产生了影响，且对水沙作用并不一致。

（2）建库前后径流量、泥沙量与 IMF 分量的联系度呈现随波动周期增大而减小的趋势，与 IMF1 分量的联系度最大，与同一度变化趋势相同，同一度和联系度可从整体上反映序列之间的相关关系信息，说明径流量、泥沙量 IMF1 分量与原始序列相关性较好。因此，对于径流量、泥沙量的特征，建库前可集中于短周期约 3a 的研究，

建库后可集中于短周期约 4a 的相关研究。综合考虑建库前后径流量、泥沙量与 IMF 分量变化的关系可知，径流量、泥沙量在短周期上以同一度和联系度为主，在长周期上以对立度为主。

根据水库修建时间，分别对建库前后径流量与泥沙量原始序列进行集对，其结果见表 5.15。

表 5.15　　　　　　　　　径流量与泥沙量原始序列集对不同系数表

序　列	同一度	差异度	对立度	联系度
建库前	0.815	0.148	0.037	0.852
建库后	0.481	0.370	0.148	0.519

由表 5.15 计算结果可知，建库前，径流量与泥沙量之间的相关性较强，二者之间同一度和联系度分别可达 0.815、0.852。建库后，径流量与泥沙量之间的相关关系发生改变，同一度和联系度均减小，分别为 0.481、0.519，差异度和对立度增大，分别为 0.370、0.148。表明水库修建后对二者之间相关关系影响显著，径流量与泥沙量之间的负相关增加。二者之间的集对分析结果与经过多时间尺度分解分析的关系结果保持一致。

5.6.4　出库站熵值分析

5.6.4.1　贵德水文站多时间尺度熵分析

利用信息熵计算方法，计算建库前后贵德水文站径流量、泥沙量分解序列的信息熵，结果见表 5.16。

表 5.16　　　　　　　　　建库前后径流量、泥沙量各分量熵值

分　量		IMF1	IMF2	IMF3	RES
径流量熵值	建库前	3.0602	3.1227	3.0579	3.1263
	建库后	3.1853	3.1638	3.0624	3.0115
泥沙量熵值	建库前	3.1288	3.0246	3.0251	3.1722
	建库后	3.1974	3.1653	3.0563	2.7242

通过表 5.16 可知：

（1）建库后径流量、泥沙量各 IMF 分量的熵值都比建库前对应分量的熵值大，说明龙羊峡水库的修建改变了下游贵德水文站径流量、泥沙量系统的复杂程度，建库后水沙系统的复杂程度升高，随机性增强，可预测性降低。

（2）建库前，除 RES 分量外，径流量 IMF2 分量的熵值最大，泥沙量 IMF1 分量的熵值最大，表明建库前，无论是径流量还是泥沙量，高频分量所携带的信息量比低频分量所携带的信息量多。RES 分量反映的是径流量、泥沙量整体的变化特征，它控制着序列的全局。建库前，无论是径流量还是泥沙量，RES 的分量均较大，其携带信息量也较大，因此建库前对径流量和泥沙量的研究也应注重对其整体发展趋势的研究

和分析。

（3）建库后，随着波动周期的增大，不同时间尺度下径流量与泥沙量熵值不断减小，不同波动周期下的分解序列越来越有序，系统呈现由不稳定向稳定过渡。说明经龙羊峡水库的合理调控作用，不仅能够降低各时间尺度径流量、泥沙量的复杂性，而且能改变各时间尺度水沙系统的复杂性。建库后，径流量、泥沙量 IMF1 分量对应的多时间尺度熵值最大，所携带的信息量最多。

（4）建库后，无论是径流量还是泥沙量，RES 分量熵值大幅减少，处于最低状态，携带信息量最小。表明龙羊峡水库的修建及近年来气候变化、河道外取水等人类活动影响因素干扰了水沙系统的复杂程度，而 RES 分量通常滤掉了以上诸多干扰信息，所以 RES 分量熵值大幅减少使建库前后 RES 分量的熵值变化程度最大。特别是建库后泥沙量的 RES 分量熵值减小最大，表明修建水库对河流泥沙量的影响程度比径流量的影响大。

5.6.4.2　贵德水文站多时间尺度结构熵分析

在多时间尺度分解基础上，应用信息熵概念分别计算建库前后径流量、泥沙量结构熵。分析熵值变化规律，利用结构熵可描述和刻画建库前后径流量、泥沙量各分量结构的动态变化及转换程度和周期特征。

计算建库前后 1960—1986 年和 1987—2013 年两个时段各年的径流量、泥沙量结构熵，见图 5.16。

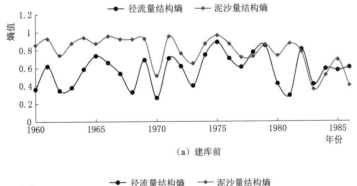

（a）建库前

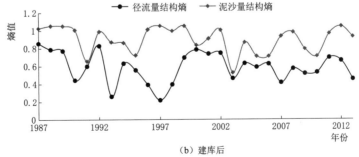

（b）建库后

图 5.16　建库前后径流量、泥沙量结构熵变化图

由图 5.16 可知：建库前径流量的结构熵的均值为 0.5753，泥沙量的结构熵值为 0.7851。建库后径流量的结构熵的均值为 0.5871，泥沙量的结构熵值为 0.8996。即建库后径流量、泥沙量的结构熵值比建库前结构熵值大，表明龙羊峡水库的修建及运行，改变了径流量、泥沙量在多时间尺度下波动周期的变化特征，使其波动周期在不同时间尺度之间变化更趋于复杂化。建库前泥沙量结构熵值大部分比径流量结构熵值大，建库后所有泥沙量结构熵值都比径流量结构熵值大，说明建库后泥沙量波动周期在不同时间尺度之间变化程度比径流量变化程度大，周期变化更复杂化，具体表现为建库后泥沙量多时间尺度周期与建库前相比，高频分量波动周期增大，低频分量波动周期减小，而径流量多时间尺度周期均呈增大趋势。

计算径流量、泥沙量历年结构熵增量及经多时间尺度分解得到的各分量历年变化量，绘制结构熵增量曲线及各分量变化量曲线图，见图 5.17。由结构熵增量判断：建库前后结构熵增量与各时间尺度径流量、泥沙量变化的关系特征。

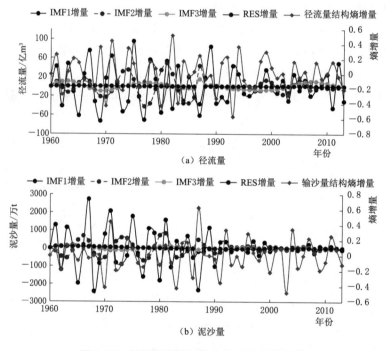

图 5.17　结构熵增量及各分量变化量曲线图

由图 5.17 可知，径流量、泥沙量结构熵变化与 IMF 增量存在着同步或者异步的关系性。建库后径流量、泥沙量各时间尺度增量变小，表明龙羊峡水库对水沙具有综合调控作用，能调节洪峰流量，降低水沙变化的随机性。

建库前径流量、泥沙量结构熵增量与短尺度 IMF1 分量、中尺度 IMF2 分量的变化量存在着对应的关系，建库后径流量、泥沙量结构熵增量与被拉长的短周期小尺度 IMF1 分量的变化量存在着对应的关系。由于龙羊峡水库修建后的调控作用，使建库前的短尺度 IMF1 分量、中尺度 IMF2 分量共同作用引起径流量、泥沙量结构熵变化转变为建库后被拉长的短周期 IMF1 分量对径流量、泥沙量结构熵值变化起着主要的贡献作用。总体而言，建库前后径流及泥沙短周期 IMF1 分量较重要。

5.6.4.3　贵德水文站动态熵分析

根据建库前后径流量、泥沙量集对分析结果和熵值分析结果，均表明径流与泥沙短周期 IMF1 分量较重要。因此，根据径流与泥沙短周期分别选取合理的滑动窗，计算径流量、泥沙量的动态熵值变化情况。建库前选取 3a 为滑动窗，建库后选取 4a 为滑动窗，滑动步长取 1a，不同时段的熵值变化见图 5.18。

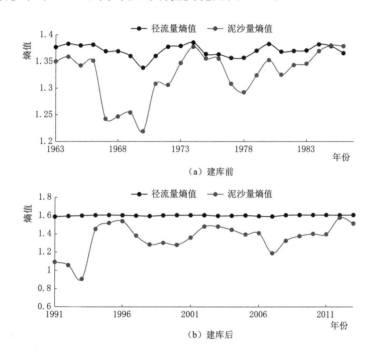

图 5.18　建库前后径流量、泥沙量熵值变化图

由图 5.18 可知，无论是建库前还是建库后径流量的熵值基本都比泥沙量的熵值大，说明径流量系统比泥沙量系统复杂。建库前，泥沙量熵值变幅明显大于径流量，但二者总变化趋势基本同步。建库后，这种同步变化的关系被打破，表明水库运行后水沙相关性大大减小。

建库前径流量、泥沙量熵值变化幅度较大，而建库后二者变化相对较平稳，特别是径流量熵值较稳定，说明水库运行能使径流量、泥沙量的熵值保持较稳定水平，从而使径流量、泥沙量变化处于相对较稳定的水平。通过计算可知，建库前径流量、泥沙量熵值的均值分别为 1.370、1.327，建库后分别为 1.600、1.353，即建库后熵值较大，表明龙羊峡水库运行后，改变了水沙系统的复杂程度，建库后径流量、泥沙量经水库不同时间的调配其系统相对较复杂一些。

5.7　水库对黄河径流过程影响分析

5.7.1　龙羊峡水库工程（贵德水文站）

　　龙羊峡水库位于青海省共和县境内的黄河上游，是黄河流经青海大草原后，进入黄河峡谷区的第一峡口，峡口仅有 30m 宽，坚硬的黄岗岩石壁仁立两侧近 200m 高，是天然的建库筑坝宝地。得天独厚的地理位置造就了"天上黄河第一坝"的美誉，龙羊峡水库不仅可以将黄河上游 13 万 km² 的年流量全部拦住，而且将这里形成一座面积为 380km²、总库容为 240 亿 m³ 的我国最大人工水库。

　　大型水利工程的兴建必然对地表径流量产生较大影响。首先，大型水库具有多年调节能力，水库的调节作用削减了洪峰流量，增加了枯水期流量，使得下游河道的来水流量趋于规律和平缓，虽然更有利于防止洪水对下游的危害以及提高水资源的利用率，但是这种规律性质的放水改变了天然状况下的年内及年际变化，并不适合下游水生生物的发展；其次，各类蓄水工程建设运行后，水面面积的增大进而影响区域气候特征，蒸发量的加大，增加了库区周围空气湿度、降低了蒸发能力，致使库区周围地表产水量可能相应的变大；最后，大型拦蓄水库最为显著的影响因素为水温，较深的水受表面气温、太阳辐射以及表层水体传热等相关因素影响较小，水温会维持在一种较低的状态。但下泄水的水温是下游河道水生生物化学信号的重要因素，水温过低影响鱼类繁殖，久而久之导致物种多样性的减少。虽然水库也采用了多种应对措施，但各类措施取得的效果往往不太明显。

5.7.2　时段划分前后水文要素对比

　　考虑龙羊峡水库运行时间及贵德水文站实际监测数据，其 1986 年 10 月至 1987 年 2 月处于蓄水阶段，故去掉 1986 年、1987 年两年流量数据，而后将贵德水文站的日平均流量序列划分为两个时段：建库前（1954—1985 年）及建库后（1988—2017 年）。

5.7.2.1　建库前后多年平均年径流量对比

　　龙羊峡水库建库前后下游河道年均径流量变化显著，建库前多年平均年径流量为

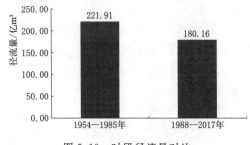

图 5.19　时段径流量对比

221.91 亿 m³，建库后多年平均年径流量为 180.16 亿 m³（图 5.19），龙羊峡水库的修建减少了黄河源区对下游河道的水量输送。

5.7.2.2　建库前后各季节多年平均年径流量对比

　　建库前后各个季度的平均年径流量见图 5.20。

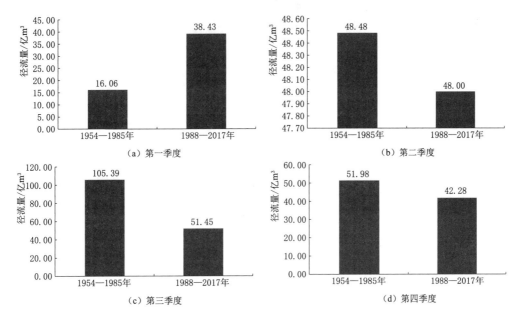

图 5.20　各季度径流量变化

龙羊峡下游贵德水文站第一季度多年平均年径流量修建前为 16.06 亿 m^3，修建后为 38.43 亿 m^3，龙羊峡水库的修建使得第一季度下游河道水量增长一倍有余；而其余三季多年平均径流量均呈现减少趋势，其中第三季度减少近一半多，下降的幅度最为显著，修建前为 105.39 亿 m^3，修建后为 51.45 亿 m^3，其次为第四季度减少近 10 亿 m^3，修建前为 51.98 亿 m^3，修建后为 42.28 亿 m^3，相比较而言第二季度几乎未发生改变，修建前为 48.48 亿 m^3，修建后为 48.00 亿 m^3，仅减少 0.48 亿 m^3。

5.7.2.3　建库前后多年平均年泥沙量对比

龙羊峡下游贵德水文站多年平均泥沙量建库前后差距巨大，修建前为 2417.78 万 t，修建后为 229.30 万 t（图 5.21），龙羊峡水库的修建大量地拦蓄了黄河源区的来沙量，造成库区泥沙淤积，影响着水库的使用寿命，降低了水库的有效库容，更严重影响了水电站的运行效率，泥沙淤积必然也是龙羊峡水库面临的一项巨大挑战。

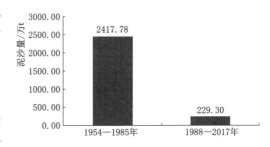

图 5.21　时段泥沙对比

5.7.3　基于 RVA 法的水文情势评估

考虑龙羊峡水库运行时间及贵德水文站实际监测数据，其 1986 年 10 月至 1987

年 2 月处于蓄水阶段，故去掉 1986 年、1987 年两年流量数据，而后将贵德水文站的日平均流量序列划分为两个时段：建库前（1954—1985 年）及建库后（1988—2017 年）。其 RVA 统计结果见表 5.17。

表 5.17　　　　　　　　　　RVA 统 计 表

水文参数		1954—1985 年			1988—2017 年			偏离量 /%	RVA 范围		改变度	改变程度
		均值	最小	最大	均值	最小	最大		上限	下限		
第一组	1 月	191.28	96.5	313	503.83	71.2	1030	163.40	216.61	165.04	−100.00	高
	2 月	185.72	120	318	472.66	53.8	1010	154.50	207.11	160.28	−93.33	高
	3 月	238.92	120	556	499.83	5.24	1090	109.21	263.09	209.56	−93.33	高
	4 月	397.25	222	835	540.55	8.16	1090	36.07	421.39	310.07	−53.33	中
	5 月	593.15	222	1780	634.98	145	1150	7.05	700.43	431.97	26.67	低
	6 月	885.03	291	2900	655.07	200	1050	25.98	1059.78	702.08	−6.67	低
	7 月	1381.48	352	3240	655.38	219	1800	52.56	1690.94	1019.08	−100.00	高
	8 月	1174.14	389	2710	680.94	35	2350	42.01	1415.38	926.74	−93.33	高
	9 月	1469.97	446	4890	604.02	128	2300	58.91	1737.11	899.63	−86.67	高
	10 月	1176.30	457	2370	542.26	15.1	1380	53.90	1420.85	825.81	−100.00	高
	11 月	558.81	207	1460	551.42	150	1010	1.32	661.35	432.07	73.33	高
	12 月	272.85	156	536	502.80	139	1030	84.28	303.76	222.02	−93.33	高
第二组	最小 1d 流量	160.52	96.50	222.00	198.10	5.24	397.00	23.42	180.96	137.93	−73.33	高
	最小 3d 流量	135.82	83.00	228.67	230.84	5.65	411.00	69.97	153.87	108.88	−100.00	高
	最小 7d 流量	161.25	105.86	244.43	276.68	15.67	438.14	71.58	182.22	137.1	−100.00	高
	最小 30d 流量	177.10	121.13	275.47	366.05	170.92	507.30	106.69	198.81	151.74	−86.67	高
	最小 90d 流量	203.24	140.63	295.04	450.57	211.95	617.41	121.69	226.16	177.28	−93.33	高
	最大 1d 流量	2496.56	1510.00	4890.00	1031.33	644.00	2350.00	58.69	2902.23	1988.27	−93.33	高
	最大 3d 流量	2433.44	1483.33	4823.33	977.63	611.00	2326.67	59.83	2838.08	1919.11	−93.33	高
	最大 7d 流量	2320.54	1397.14	4668.57	939.00	557.86	2284.29	59.54	2715.77	1812.31	−93.33	高
	最大 30d 流量	1855.84	1073.03	3500.67	847.19	474.50	2162.67	54.35	2181.23	1451.62	−86.67	高
	最大 90d 流量	1402.97	831.64	2143.93	729.44	412.90	1504.47	48.01	1638.08	1148.02	−86.67	高
	基流	0.24	0.15	0.34	0.49	0.03	0.70	105.43	0.28	0.20	−100.00	高
第三组	最小 1d 流量发生日	120.87	3	366	187.03	8	366	54.74	169.62	14.59	−6.67	低
	最大 1d 流量发生日	223.63	173	282	192.40	54	352	13.96	243.31	199.29	−26.67	低
第四组	低流量次数	3.75	2	9	24.43	8	47	551.56	4.58	2.41	−100.00	高
	低流量延时	63.78	1	186	12.31	1	179	80.70	79.24	11.73	−20.00	低
	高流量次数	3.44	1	8	10.47	0	33	204.48	4.48	2.14	−66.67	高
	高流量延时	52.06	1	190	3.31	0	66	93.65	49.39	3.75	−40.00	低

续表

水文参数		1954—1985 年			1988—2017 年			偏离量/%	RVA 范围		改变度	改变程度
		均值	最小	最大	均值	最小	最大		上限	下限		
第五组	流量平均增加率	4.98	0.11	41.30	10.62	0.10	98.14	113.33	6.63	1.87	−86.67	高
	流量平均减少率	4.20	0.10	52.34	14.36	0.10	3062.01	242.05	5.54	1.82	−100.00	高
	逆转次数	119.88	98	145	207.53	187	243	73.12	127.52	111.44	−100.00	高

5.7.3.1 建库前后月平均流量变化

建库前后月平均流量变化见图 5.22。

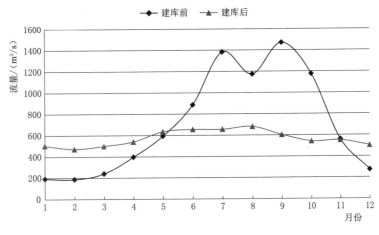

图 5.22 建库前后月平均流量变化

天然状态下黄河源区全年流量分布极不均匀，月平均流量呈现季节性变化，贵德水文站汛期主要集中在 6—10 月，月平均流量为 1201.1m³/s，非汛期月平均流量为 342.8m³/s；龙羊峡水库修建后，改变原有的径流信息，汛期月平均流量为 625.61m³/s，非汛期月平均流量为 523.57m³/s。建库筑坝导致水库输出流量趋于平缓，相比较天然状态下汛期与非汛期流量相差甚大，水库的运行对下游河道水沙关系具有很强的干扰作用，打破了天然条件下河道通过长期自动调节所形成的输沙规律，改变了挟沙水流的构成，进而导致年均泥沙量显著下降。

由表 5.17 中建库前后均值对比可以发现：①汛期流量较建库前均显著增大，非汛期除 11 月基本不变外较建库前均显著减小；②月平均最小流量较建库前变化显著，各月均显著减小；③月平均最大流量较建库前变化显著，汛期均显著减小，非汛期除 5 月和 11 月同汛期显著减小外，其余各月均显著增大。从各月均值、最小、最大的统计数据的结果来看，这些数据变化均是建库必然发生的变化，改变水资源的时空分布是水库的职能之一，在汛期及非汛期的数据变化均属正常，对于 5 月和 11 月可能由于较接近汛期而显现出异常改变。由于水库对径流的年内分配影响较大，月份的丰枯特征有所改变，对下游河道生物的栖息环境及迁徙、洄游等将产生显著影响。

在改变程度上，5 月和 6 月呈现低度改变，4 月呈现中度改变，其余各月均呈现高度改变，但在其高度改变中，11月虽然也呈现高度改变，但其改变度是其中最小的，为73.3%，其余均在90%以上，这种现象的产生可能与之前在统计数据上11月的异常变化有关。

5.7.3.2　建库前后日极端流量变化

建库前后日极端流量变化结果见图5.23～图5.27。

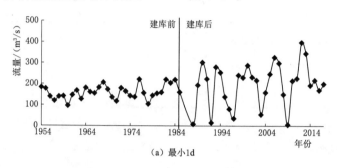

（a）最小1d

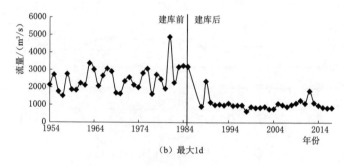

（b）最大1d

图5.23　建库前后1d流量变化

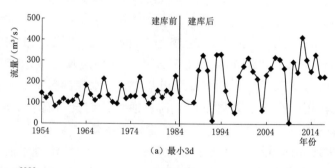

（a）最小3d

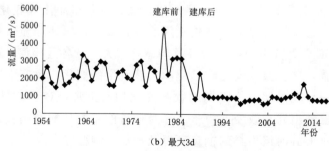

（b）最大3d

图5.24　建库前后3d流量变化

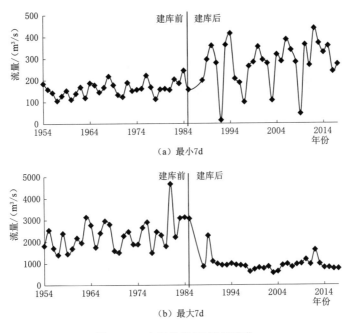

（a）最小7d

（b）最大7d

图 5.25 建库前后 7d 流量变化

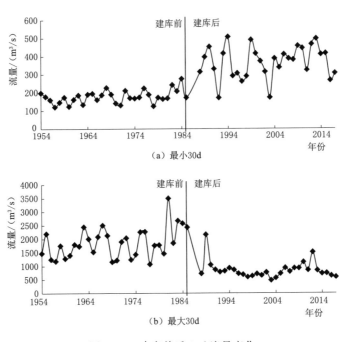

（a）最小30d

（b）最大30d

图 5.26 建库前后 30d 流量变化

各状态下的极端流量变化在建库前后对比过程中均呈现相同态势，最小极端流量被放大，最大极端流量遭到削减。在忽略纵坐标量级的情况下，不论是天然状态下还是建库筑坝后可以清楚看出 1d、3d、7d、30d 及 90d 平均极端流量几乎属于同步变化

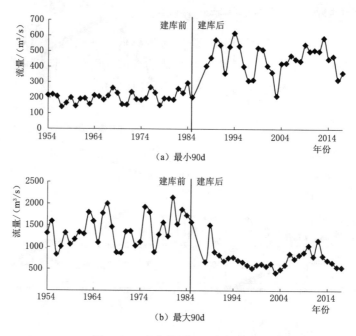

图 5.27　建库前后 90d 流量变化

的趋势，这就意味着龙羊峡水库的修建并没有改变这种变化趋势，仅是起到了对流量的削峰补枯作用。由于建库后极端值年际波动较建库前显著，年际波动变化较大，河流生态系统稳定性较差，对河道地貌及自然栖息地的构建影响较大，且由于最大极值（洪峰）变小，河道和滞洪区之间的养分运输不畅，严重影响滞洪区水生生物与周边植被的生长。

在第二组水文参数中，由表 5.17 中均值数据可以清楚看出龙羊峡水库的建立导致原下游河道的年极端值变化显著，其中最小流量均显著增大，最大流量均显著减小；下游河道基流均值较建库前虽然有所增加，但基流最小值较建库前变得更小，最大值较建库前变得更大，多年平均数值虽然看似有利于下游河道生态系统，但是由最小值及最大值可以看出，下游河道的年际间变化幅度肯定较建库前变得更大，影响下游河道生态系统的稳定性。

在年极端值中，最小流量均值在建库后显著变大，其最小流量的最大值在建库后也显著变大。然而，在最小流量的最小值中在建库后显著变小，建库后其最小 1d、3d和 7d 流量的最小值较建库前还要小，这种现象也与水库的调度运行方式息息相关，属于正常现象。最大流量的均值较建库前显著变小，其最大流量的最大值和最小值均存在相同的现象。

在改变程度上，年极端值及基流均呈现高度改变。水库建成投运后，势必会改变原有河道天然径流方式，削峰填谷同样也必然造成第二组水文参数的显著高程度的改变。

5.7.3.3　建库前后年极端值发生时间变化

在第三组水文参数中，由表 5.17 中数据可以看出，年最小值出现时间变化较年最大值出现时间变化更为显著，年最小值出现时间滞后，由建库前的 1 月转为建库后的 3 月，年最大值出现时间提前，由建库前的 9 月转为建库前的 8 月。由于极端流量的发生一般都伴随着生物特别是鱼类的洄游产卵和繁殖等行为，极值发生时间都不稳定严重影响生物繁殖期内的行为过程和栖息环境。在改变程度上，年最大值出现时间受影响相对较大，但二者均呈现低度改变，属于正常变化。

5.7.3.4　建库前后高低流量频率及发生时间变化

第四组水文参数指标：整体来看，高、低流量次数均增加，但高、低流量延时均减少，这是水库调度运行的结果。①低流量次数平均由 3.75 次增加至 24.43 次，高流量次数平均由 3.44 次增加至 10.47 次；②低流量延时平均由 63.78d 减至 12.31d，高流量延时平均由 52.06d 减至 3.31d；③根据其最大、最小值结果可以看出，高、低流量次数变化范围增大，低流量延时变化范围基本不变，高流量延时变化范围减小。由于龙羊峡水库是黄河干流上唯一一座多年调节水库，需要具有一定的供水功能，其最小下泄流量一般按照供水要求制定，因此在一定程度上限制了低流量发生的次数和延时。然而由统计结果可以看出，其变化主要是高低流量次数增加但持续时间减少，下游河道受高低流量的冲刷次数增加，但是持续时间的缩短会存在河流挟带的养分不易被水生生物及周边环境吸收等影响河流生境的问题。在改变程度上，高、低流量次数均呈现高度改变，其中低流量次数改变更为显著；高、低流量延时均呈现低度改变，其中低流量延时受影响更小。

5.7.3.5　建库前后流量改变率及频率变化

第五组水文参数指标：①流量平均增加率、减小率及逆转次数的均值变化均显著增加；②根据其最大值、最小值结果可以看出，流量平均增加率和减小率的变化范围扩大，波动增强，逆转次数整体增大，但变化范围基本不变；③三者均呈现高度改变，其流量平均增加率的改变度相对较低。这些改变主要是由于水库在电网中发挥调峰、调频和供水的结果，但流量逆转次数与河道生态环境变化周期有紧密联系，虽然变化范围差别不大，但是频繁的流量逆转也同样会对水生生物的生长产生较大影响。

5.7.4　基于集对-马氏链的水文综合改变度动态评估模型的构建

5.7.4.1　问题引出

1998 年 Richter 等[155] 针对各 IHA 指标改变程度提出了一种简单的水文综合改变度三级评价系统，其水文综合改变度计算见式（5.8）：

$$D_0 = \left[\frac{1}{32} \sum_{i=1}^{32} D_i^2 \right]^{1/2} \tag{5.8}$$

当 $0\% \leqslant D_i < 33\%$ 为无或低度改变；当 $33\% \leqslant D_i < 67\%$ 为中度改变；当 $67\% \leqslant D_i \leqslant 100\%$ 为高度改变。

很显然式（5.8）中的水文综合改变度概念已不能满足当前变化环境下的实际情况，为此本文以 RVA 法为构建基础，利用粗糙集（RS）及集对分析（SPA）相关理论计算水文综合改变度，通过 SPA - MC 评估方法构建水文综合改变度动态评估模型，为水文综合改变度的深入研究提供一种新的途径，同时模型揭示的结果可为水库管理运行措施的评价及探讨更为高效合理的管理运行措施提供了一种理论和技术支撑。

5.7.4.2 模型构建

（1）基于集对分析的水文综合改变度评价指标体系的建立及指标权重的确定。将变化范围法（RVA）中的 5 组水文参数及 32 个二级 IHA 指标[156] 作为基于集对分析的水文综合改变度评价指标，具体见表 5.18。

表 5.18 水文综合改变度评价指标体系表

一级指标	二级指标	权重标号	一级指标	二级指标	权重标号
C_1 月平均流量	$C_{1,1}$ 1 月平均流量	$\omega_{1,1}$	C_2 年极端水文条件指标值及持续时间	$C_{2,5}$ 最小 90d 流量	$\omega_{2,5}$
	$C_{1,2}$ 2 月平均流量	$\omega_{1,2}$		$C_{2,6}$ 最大 1d 流量	$\omega_{2,6}$
	$C_{1,3}$ 3 月平均流量	$\omega_{1,3}$		$C_{2,7}$ 最大 3d 流量	$\omega_{2,7}$
	$C_{1,4}$ 4 月平均流量	$\omega_{1,4}$		$C_{2,8}$ 最大 7d 流量	$\omega_{2,8}$
	$C_{1,5}$ 5 月平均流量	$\omega_{1,5}$		$C_{2,9}$ 最大 30d 流量	$\omega_{2,9}$
	$C_{1,6}$ 6 月平均流量	$\omega_{1,6}$		$C_{2,10}$ 最大 90d 流量	$\omega_{2,10}$
	$C_{1,7}$ 7 月平均流量	$\omega_{1,7}$		$C_{2,11}$ 基流系数	$\omega_{2,11}$
	$C_{1,8}$ 8 月平均流量	$\omega_{1,8}$	C_3 年极端值发生的时间	$C_{3,1}$ 最小 1d 流量发生日	$\omega_{3,1}$
	$C_{1,9}$ 9 月平均流量	$\omega_{1,9}$		$C_{3,2}$ 最大 1d 流量发生日	$\omega_{3,2}$
	$C_{1,10}$ 10 月平均流量	$\omega_{1,10}$	C_4 高、低流量发生的频率及持续的时间	$C_{4,1}$ 低流量次数	$\omega_{4,1}$
	$C_{1,11}$ 11 月平均流量	$\omega_{1,11}$		$C_{4,2}$ 低流量延时	$\omega_{4,2}$
	$C_{1,12}$ 12 月平均流量	$\omega_{1,12}$		$C_{4,3}$ 高流量次数	$\omega_{4,3}$
	$C_{2,1}$ 最小 1d 流量	$\omega_{2,1}$		$C_{4,4}$ 高流量延时	$\omega_{4,4}$
	$C_{2,2}$ 最小 3d 流量	$\omega_{2,2}$	C_5 流量变化的改变率及频率	$C_{5,1}$ 流量平均增加率	$\omega_{5,1}$
	$C_{2,3}$ 最小 7d 流量	$\omega_{2,3}$		$C_{5,2}$ 流量平均减少率	$\omega_{5,2}$
	$C_{2,4}$ 最小 30d 流量	$\omega_{2,4}$		$C_{5,3}$ 逆转次数	$\omega_{5,3}$

考虑各指标影响程度不同，将 RVA 法与层次分析法（AHP）结合将会更有效地突出各指标的影响作用。层次分析法（AHP）中最重要的当属判断矩阵的构建，其判断矩阵要求对问题所包含的因素具有明确具体的相对关系。为此本书结合 RVA 法中偏移量的概念对传统 AHP 法作出如下改进，计算方法[156-157] 如下：

1）计算各 IHA 指标偏移量。RVA 中使用偏离量表示各阶段水文指标的变化幅度，计算偏离率公式如下：

$$P=(|I_后-I_前|)/I_前×100\% \tag{5.9}$$

式中：I 为各 IHA 指标。

2）计算各 IHA 指标相对重要程度。对 RVA 法中 32 个指标的偏移量 P_i（$i=1\sim$ 32）求和得到综合偏移量 $P_\text{综}$，则各指标的相对重要度为

$$Q_i = P_i / P_\text{综} \tag{5.10}$$

3）最终依据实际计算的 Q_i 大小及量级构造判断矩阵并进行一致性检验，进而计算二级指标的权重。

依据粗糙集相关理论构建决策表，视各二级指标为决策表中的条件属性集，一级指标为其决策属性，由于篇幅有限，仅展示 C_1 构建的决策表，其余各一级指标内容与其类似，具体如下所示：

$C_1 = \{C_{1,1}, C_{1,2}, \cdots, C_{1,12}\} = \{1$ 月平均流量，2 月平均流量，$\cdots$，12 月平均流量$\}$，决策属性 $D = \{C_1\} = \{$月平均流量$\}$。

各二级指标 $C_{i,j}$ 权重确定后，视水文综合改变度下的各一级指标为决策表中的条件属性集，各一级指标改变度的标准差为其决策属性，具体如下所示：

$C = \{C_1, C_2, C_3, C_4, C_5, C_6\} = \{$月平均流量，年极端水文条件指标值及持续时间，年极值发生的时间，高低流量发生的频率及持续的时间，流量变化的改变率及频率$\}$，决策属性 $D = \{y\} = \{$各一级指标改变度的标准差$\}$。

决策表内各属性值 x 计算公式如下所示：

$$x = \begin{cases} 1 & (0 \leqslant D_{i,j}, D_i, D_y < 33) \\ 2 & (33 \leqslant D_{i,j}, D_i, D_y < 67) \\ 3 & (67 \leqslant D_{i,j}, D_i, D_y \leqslant 100) \end{cases} \tag{5.11}$$

式中：$D_{i,j}$ 为各二级指标的水文改变度，详见式（5.11）；D_i 为第 i 个一级指标的改变度，详见式（5.12）；D_y 为各一级指标的标准差，详见式（5.13）：

$$D_i = \left[\frac{1}{k}\sum_{i=1}^{k}(D_{i,j})^2\right]^{1/2} \tag{5.12}$$

$$D_y = \left[\frac{1}{k}\sum_{i=1}^{k}(D_i)^2\right]^{1/2} \tag{5.13}$$

式中：k 为所计算指标个数。

第 i 个属性 C_i 对决策属性 D 的重要性计算如下所示：

$$\sigma_{CD}(C_i) = \frac{\sum_{i=1}^{m}\left[|\text{pos}_C(y_i)| - |\text{pos}_{C-c_i}(y_i)|\right]}{|U|} \tag{5.14}$$

式中：i 为 $1,2,\cdots,m$。

通过归一化确定第 i 个条件属性的权重系数，计算如下所示：

$$C_i = \frac{\sigma_{CD}(C_i)}{\sum_{i=1}^{m}\sigma_{CD}(C_i)} \tag{5.15}$$

将上述得到的各一级、二级指标的相应权重系数经下式整合后确定各指标权重：

$$\omega_{i,j} = C_i C_{i,j} \tag{5.16}$$

式中：i 为一级指标序号；j 为二级指标序号。

（2）基于集对分析的水文综合改变度的确定。

将水文综合改变度指标体系与指标改变程度看作一组集对，将水文综合改变度指标体系看作集合 A，指标改变程度看作集合 B，构成水文综合改变程度评估集对。将指标权重引入集对分析概念中，假设在 t 时刻时，32 个水文综合联系度指标中有 H_t 个指标的改变程度为高（H），M_t 个指标的改变程度为中（M），L_t 个指标的改变程度为低（L），且满足 $H_t + M_t + L_t = 32$。则 t 时刻的联系度，即基于 SPA 法的水文综合改变度可表述为

$$\mu_{综合} = a(t) + b(t)i + c(t)j = \sum_{k=1}^{H_t} \omega_k + \sum_{k=H_t+1}^{H_t+M_t} \omega_k(t)i + \sum_{k=H_t+M_t+1}^{32} \omega_k(t)j \quad (5.17)$$

其中 $\sum_{k=1}^{H_t} \omega_k + \sum_{k=H_t+1}^{H_t M_t} \omega_k(t) + \sum_{k=H_t+M_t+1}^{32} \omega_k(t) = 1$，取 $i = 0$，$j = -1$，则联系度 $\mu_{综合} \in [-1, 1]$。采取"均分原则"对基于 SPA 法的水文综合改变程度进行定义，则 $-1 \leqslant \mu_{综合} < -0.34$ 表示水文综合改变程度为高，$-0.34 \leqslant \mu_{综合} < 0.34$ 表示水文综合改变程度为中，$0.34 \leqslant \mu_{综合} \leqslant 1$ 表示水文综合改变程度为低。

（3）状态转移概率矩阵的计算。采用马尔科夫链方法对上述联系度结果进行分析，借助状态转移概率矩阵对水库下一个时段进行有效预测。

假设在 t 时刻有 H_t 个指标呈现为高度改变，若在 $t + \Delta t$ 时刻存在 H_{t1} 个指标仍呈现高度改变，存在 H_{t2} 个指标转化为中度改变，存在 H_{t3} 个指标转化为低度改变，且 $H_{t1} + H_{t2} + H_{t3} = H_t$，则高改变度指标在 $[t, t + \Delta t]$ 周期内的状态转移概率矩阵为

$$[P_{11}, P_{12}, P_{13}] = \left[\sum_{k=1}^{H_{t1}} \omega_k(t), \sum_{k=H_{t1}+1}^{H_{t1}+H_{t2}} \omega_k(t), \sum_{k=H_{t1}+H_{t2}+1}^{H_t} \omega_k(t)\right] / \alpha(t) \quad (5.18)$$

其中 $P_{11} + P_{12} + P_{13} = 1$，$\alpha(t) = \sum_{k=1}^{H_t} \omega_k(t)$。

同理可确定中改变度指标在 $[t, t + \Delta t]$ 周期内的状态转移概率矩阵为

$$[P_{21}, P_{22}, P_{23}] = \left[\sum_{k=H_t+1}^{H_t+M_{t1}} \omega_k(t), \sum_{k=H_t+M_{t1}+1}^{H_t+M_{t1}+M_{t2}} \omega_k(t), \sum_{k=H_t+M_{t1}+M_{t2}+1}^{H_t+M_t} \omega_k(t)\right] / \beta(t) \quad (5.19)$$

其中 $P_{21} + P_{22} + P_{23} = 1$，$M_{t1} + M_{t2} + M_{t3} = M_t$，$\beta(t) = \sum_{k=H_t+1}^{H_t+M_t} \omega_k(t)$。

低改变度指标在 $[t, t + \Delta t]$ 周期内的状态转移概率矩阵为

$$[P_{31}, P_{32}, P_{33}] = \left[\sum_{k=H_t+M_t+1}^{H_t+M_t+L_{t1}} \omega_k(t), \sum_{k=H_t+M_t+L_{t1}+1}^{H_t+M_t+L_{t1}+L_{t2}} \omega_k(t), \sum_{k=H_t+M_t+L_{t1}+L_{t2}+1}^{32} \omega_k(t)\right] / \gamma(t)$$

$$(5.20)$$

其中 $P_{31}+P_{32}+P_{33}=1$，$L_{t1}+L_{t2}+L_{t3}=L_t$，$H_t+M_t+L_t=32$，$\gamma(t)=\sum\limits_{k=H_t+M_t+1}^{32}\omega_k(t)$。

由此可以求得评估指标在 $[t，t+\Delta t]$ 的状态转移概率矩阵为

$$P=\begin{bmatrix} P_{11} & P_{12} & P_{13} \\ P_{21} & P_{22} & P_{23} \\ P_{31} & P_{32} & P_{33} \end{bmatrix} \tag{5.21}$$

（4）动态评估模型构建。根据集对-马氏链动态评估方法，预测下一个时段基于集对分析的水文综合改变度为

$$\mu(t+\Delta t)=\mu(t)\times\overline{P} \tag{5.22}$$

由马尔科夫链的遍历性可知，经过 $n\Delta t$ 个周期后模型最终将趋于稳定，进而稳定状态下的联系度 $(\hat{a}，\hat{b}，\hat{c})$ 为

$$\begin{cases} (\hat{a},\hat{b},\hat{c})\times(E-\overline{P})\times(1,i,j)^{\mathrm{T}}=0 \\ \hat{a}+\hat{b}+\hat{c}=1 \end{cases} \tag{5.23}$$

式中：E 为单位矩阵。

5.7.4.3 模型应用

考虑龙羊峡水库运行时间及贵德水文站实际监测数据，其 1986 年 10 月至 1987 年 2 月处于蓄水阶段，故去掉 1986 年、1987 年两年流量数据，而后将贵德水文站的日平均流量序列划分为两个时段：建库前（1954—1985 年）及建库后（1988—2017 年）。通过建立各个二级 IHA 指标两两之间的判断矩阵，计算各二级 IHA 指标的权重，见表 5.19。

表 5.19 水文综合改变度评价指标权重

二级指标	序号	权重	二级指标	序号	权重
1 月平均流量	$\omega_{1,1}$	0.0139	12 月平均流量	$\omega_{1,12}$	0.0139
2 月平均流量	$\omega_{1,2}$	0.0139	最小 1d 流量	$\omega_{2,1}$	0.0833
3 月平均流量	$\omega_{1,3}$	0.0139	最小 3d 流量	$\omega_{2,2}$	0.0083
4 月平均流量	$\omega_{1,4}$	0.0139	最小 7d 流量	$\omega_{2,3}$	0.0083
5 月平均流量	$\omega_{1,5}$	0.0139	最小 30d 流量	$\omega_{2,4}$	0.0083
6 月平均流量	$\omega_{1,6}$	0.0139	最小 90d 流量	$\omega_{2,5}$	0.0083
7 月平均流量	$\omega_{1,7}$	0.0139	最大 1d 流量	$\omega_{2,6}$	0.0083
8 月平均流量	$\omega_{1,8}$	0.0139	最大 3d 流量	$\omega_{2,7}$	0.0083
9 月平均流量	$\omega_{1,9}$	0.0139	最大 7d 流量	$\omega_{2,8}$	0.0083
10 月平均流量	$\omega_{1,10}$	0.0139	最大 30d 流量	$\omega_{2,9}$	0.0083
11 月平均流量	$\omega_{1,11}$	0.0139	最大 90d 流量	$\omega_{2,10}$	0.0083

续表

二级指标	序号	权重	二级指标	序号	权重
基流系数	$\omega_{2,11}$	0.0083	高流量次数	$\omega_{4,3}$	0.0625
最小 1d 流量发生日	$\omega_{3,1}$	0.0417	高流量延时	$\omega_{4,4}$	0.0625
最大 1d 流量发生日	$\omega_{3,2}$	0.2083	流量平均增加率	$\omega_{5,1}$	0.0833
低流量次数	$\omega_{4,1}$	0.0625	流量平均减少率	$\omega_{5,2}$	0.0417
低流量延时	$\omega_{4,2}$	0.0625	逆转次数	$\omega_{5,3}$	0.0417

由表 5.19 可以看出，建库后 30 年内水库 1—3 月平均流量、高流量次数、低流量次数、流量平均增加率以及流量平均减少率的均值偏移幅度最为显著；除去 5 月平均流量、11 月平均流量及最大 1d 流量发生日的均值偏移幅度较小外，其余各指标的均值偏移幅度总体偏大；单从偏移量概念上也可以大致看出水库处于一种较高程度改变的状态。

依据马尔科夫链的遍历性，将建库后（1988—2017 年）进一步平分为 6 个时段，即 1988—1992 年、1993—1997 年、1998—2002 年、2003—2007 年、2008—2012 年以及 2013—2017 年。依据 RVA 法评估原理，计算每个时段中 32 个二级指标的改变度，计算结果见表 5.20。

表 5.20　　时段改变度变化统计表

二级指标	1988—1992年	1993—1997年	1998—2002年	2003—2007年	2008—2012年	2013—2017年	二级指标	1988—1992年	1993—1997年	1998—2002年	2003—2007年	2008—2012年	2013—2017年
1月	高	高	高	高	高	高	最小90d	高	高	高	中	高	高
2月	高	高	高	中	高	高	最大1d	中	高	高	高	高	高
3月	高	高	高	中	高	高	最大3d	中	高	高	高	高	高
4月	低	低	中	中	高	高	最大7d	中	高	高	高	高	高
5月	中	中	中	低	高	高	最大30d	高	高	高	高	中	高
6月	中	低	高	低	中	中	最大90d	高	高	高	高	高	高
7月	高	高	高	高	高	高	基流系数	高	高	高	高	高	高
8月	高	高	高	中	高	中	最小发生日	低	低	中	低	中	低
9月	中	高	高	高	中	中	最大发生日	低	高	中	低	低	低
10月	高	高	高	高	高	高	低流量次数	高	高	高	高	高	高
11月	中	高	高	中	中	中	低流量延时	低	高	低	中	高	低
12月	高	高	高	高	高	高	高流量次数	高	高	中	高	高	中
最小1d	高	中	高	中	中	中	高流量延时	低	中	高	中	中	低
最小3d	高	高	高	高	高	高	增加率	高	高	高	低	高	高
最小7d	高	高	高	高	高	高	减小率	高	高	高	高	高	高
最小30d	中	高	高	中	高	高	逆转次数	高	高	高	高	高	高

依据模型构建中联系度计算公式将表 5.19 指标体系与表 5.20 指标动态改变程度看作集对计算其联系度，计算结果见表 5.21。

表 5.21 联系度计算统计表

时段	1988—1992 年	1993—1997 年	1998—2002 年	2003—2007 年	2008—2012 年	2013—2017 年	平均
a	0.3889	0.0694	0.0625	0.3611	0.2083	0.3750	0.2442
b	0.1056	0.1597	0.3403	0.3292	0.2597	0.2014	0.2326
c	0.5056	0.7708	0.5972	0.3097	0.5319	0.4236	0.5231
μ	−0.1167	−0.7014	−0.5347	0.0514	−0.3236	−0.0486	
改变度	中	高	高	中	高	中	

对表 5.21 中 a 与 c 数据进行简单二项式拟合，所得结果见图 5.28 和图 5.29。

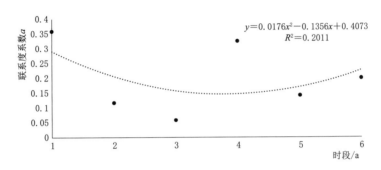

图 5.28 联系度系数 a 趋势图

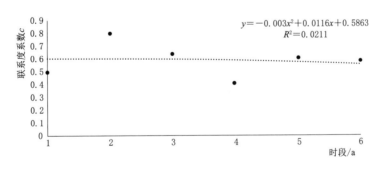

图 5.29 联系度系数 c 趋势图

根据表 5.21 的数据及图 5.28、图 5.29 结果显示，龙羊峡水库 6 组时段仍处于较强的反势状态，即水库呈现高度改变的状态，但是从趋势图中可以看出：水库后 2 个时段内联系度系数 a 的下降趋势较之前有所减缓；联系度系数 c 数值较大，但是存在下降趋势。因此模型水文综合改变度（集对分析中的综合联系度 $\mu_{综合}$）具有良好态势。

5.7.4.4 模型预测

选取前 5 组时段数据资料为基础进一步对 2013—2017 年时段进行时段预测，采用 5.4.2 节中相关公式，可以求得下一个 5 年时段的联系度 $\overline{\mu}_{2013-2017}$ 为

$$\overline{\mu}_{2013-2017}=0.439+0.396i+0.165j \tag{5.24}$$

其中 $\overline{\mu}_{2013-2017}=0.274$，预测 2013—2017 年时段内水文综合改变度应为中度改变。经表 5.21 中实际计算结果可知，模型预测具有一定准确性。

选取 6 组时段数据资料为基础进一步对其进行稳态预测，求得稳定态势下的联系度 $\hat{\mu}$ 为

$$\hat{\mu}=0.537+0.273i+0.191j \tag{5.25}$$

其中 $\hat{\mu}=0.346$，从计算的稳定态势下的水文综合改变程度可以看出，稳态值在中、低程度改变的界限附近，显示为低度改变。结合图 5.28、图 5.29 中联系度系数的变化趋势，该稳态结果存在一定的可能性。总体而言，可以得到如下结论：

（1）龙羊峡水库的修建对黄河源区向下游输送水沙造成了显著的影响，其中径流输送总量减小，主要体现在夏秋两季输送显著减少，而在春季水量输送呈现显著增加态势。在建库后 6 个时段内的 RVA 改变程度中可以看出，有些 IHA 指标一直呈现高度改变的状态，有些指标则高中低转变迅速。第一、第二组水文参数对于维持下游河道生态系统稳定性更为关键，但由改变程度可以看出，在建库后的 6 个时段内其水文参数的变化并不乐观，如果水库的调度运行方式在非汛期流量及水文极端条件两方面加以考虑并进行调整将会显著降低水文综合改变度，提高水库的生态效益。

（2）传统 RVA 法主要是针对流量指标内容的具体化研究，包括它可以对河道内各月流量、年极端流量、年极端流量发生时间、高低流量的频率及延时和流量变化率及频率等 5 组共 32 个水文改变指标（IHA）定量详细评估其水文情势的改变程度，其中的水文综合改变度是综合各评价指标后对水库建库前后整体改变程度的量化表示，但随着水文时间序列的增长，应将水库放在变化环境下，综合水文信息不确定性及数据动态性加以探讨研究。传统 RVA 法中对水文综合改变度的描述未考虑各指标影响程度及时间序列的变化，且近年来集对-马氏链（SPA-MC）动态评估法在动态评估领域逐渐成熟，以 RVA 法为构建基础，利用粗糙集（RS）及集对分析（SPA）相关理论计算水文综合改变度，通过 SPA-MC 动态评估法构建水文综合改变度动态评估模型，可为水文综合改变度的深入研究提供一种新的途径。同时，模型揭示的结果可为水库管理运行措施的评价及探讨高效的管理运行措施提供了一种理论和技术支撑。

（3）模型时段预测结果与实测结果相同，同为中度改变，且经长周期变化后，判断龙羊峡水库将会稳定在中低度改变，两种预测结果均具有一定可靠性。在前几组时段内反势总是大于同势，但是存在同势逐渐增大反势减小的趋势，龙羊峡水库的综合改变度呈现向好态势。经动态评估模型预测，水库将稳定在低度改变的状态，结果同样具有一定可靠度。

第6章　黄河源区水文变量丰枯遭遇分析

对于独立事件，可以采用两事件的概率乘积来求解其联合分布概率。然而，针对相关性事件的联合概率分布的求解问题，这种方法便不再合适。最近几年以来，Copula 函数方法在构造联合分布函数方面得到了比较广泛的应用，该方法突破了建立联合分布模型时对水文变量边缘分布的限制，边缘分布可以为任意分布函数，能够有效构建多维变量的联合分布，用以对多维水文变量之间的相关性进行描述。

6.1　Copula 理论

6.1.1　Copula 函数的性质

1959 年 Sklar 首次提出了 Copula 函数的概念，将任意的一个 n 维联合分布函数分解为 n 个描述变量分布的边缘分布函数和一个描述变量间的相关性的 Copula 函数[158]，设随机变量 $X_1, X_2, \cdots, X_d$ 的边缘分布函数分别为 $F_{X_i}(x) = P_{X_i}(X_i \leqslant x_i)$，其中 d 为随机变量的个数，$x_i(i=1,2,\cdots,n)$ 为随机变量 X_i 的样本观测值，则随机变量系列 X_1，X_2，$\cdots$，X_d 的联合概率分布函数可表达为

$$H_{X_1, X_2, \cdots, X_d}(x_1, x_2, \cdots, x_d) = P[X_1 \leqslant x_1, X_2 \leqslant x_2, \cdots, X_n \leqslant x_n] \tag{6.1}$$

多变量联合概率分布函数简记为 H。Copula 函数是将单变量边缘分布与多变量联合概率分布"连结"起来的一类函数，多变量联合概率分布函数 H 可以由此式表达：$C[F_{X_1}(x_1), F_{X_2}(x_2), \cdots, F_{X_d}(x_d)] = H_{X_1, X_2, \cdots, X_d}(x_1, x_2, \cdots, x_d)$，式中 C 就是边缘分布为 $F_{X_1}(x_1)$，$F_{X_2}(x_2)$，$\cdots$，$F_{X_d}(x_d)$ 的随机变量 X_1，X_2，$\cdots$，X_d 的多元联合分布函数，被称为 Copula 函数。所以，确定函数 C 的过程即为求取联合分布函数 H 的途径，对于求解多个随机变量联合概率分布的问题，Copula 理论提供了一种新的思路和工具。

对称 Archimedean 型、非对称 Archimedean 型、椭圆型和二次型 Copula 为常用的 Copula 函数类型[159]。其中，Archimedean 型 Copula 函数包括 20 余种，常用的含有一个参数的 Clayton Copula、Gumbel Copula 和 Frank Copula 属于对称 Archimedean 型函数；常用的 M3、M4、M5、M6、M12 型 Copula 则属于非对称 Archimedean 型函数；Plackett Copula 为常用的二次型 Copula 函数。椭圆形 Copula 函数包括 Student t Copula，Meta - Gaussian Copula，Meta - elliptical Copula 和非对称 Kotz Copula 等。

其中，其二维 Sklar 定理为

$$H(x,y)=C[F_1(x),F_2(y)]=C(u,v) \tag{6.2}$$

其中，$F_1(x)$ 和 $F_2(y)$ 为 $H(x，y)$ 的边缘分布，$u=F_1(x)$，$v=F_2(y)$；C 是二维 Copula 函数。若 u 和 v 是连续的，则存在唯一的 Copula 函数。

总体上 Copula 函数可以分为 3 类：椭圆形、二次型和 Archimedean 型。在水文事件研究中使用最多的是 Archimedean Copula 函数簇。在 20 余种单参数簇的 Archimedean Copula 中，二维 Archimedean Copula 函数中有三种较为常用，其联合分布函数 $C(u_1，u_2)$ 和其参数的取值范围介绍如下。

二维 Gumbel - Hougaard Copula 联合分布模型：

$$C(u_1,u_2)=\exp\{-[(-\ln u_1)^\theta+(-\ln u_2)^\theta]^{1/\theta}\} \quad (\theta\geqslant 1) \tag{6.3}$$

二维 Clayton Copula 联合分布模型：

$$C(u_1,u_2)=(u_1^{-\theta}+u_2^{-\theta}-1)^{-1/\theta} \quad (\theta>0) \tag{6.4}$$

二维 Frank Copula 联合分布模型：

$$C(u_1,u_2)=-\frac{1}{\theta}\ln\left[1+\frac{(e^{-\theta u_1}-1)(e^{-\theta u_2}-1)}{e^{-\theta}-1}\right] \quad (\theta\in R) \tag{6.5}$$

式（6.3）～式（6.5）中，u_1，u_2 为两个边缘分布函数的值，其取值范围为 $[0，1]$；θ 为 Copula 函数中描述各变量之间的相关关系的未知参数。

根据分布函数 $C(u_1，u_2)$，推导出相应的密度函数 $c(u_1,u_2)=\dfrac{\partial^2 C(u_1,u_2)}{\partial u_1\partial u_2}$ 如下：

（1）Clayton Copula 密度函数

$$c(u_1,u_2)=(\theta+1)(u_1^{-\theta}+u_2^{-\theta}-1)^{-\frac{1}{\theta}-2}(u_1u_2)^{-\theta-1} \tag{6.6}$$

（2）Frank Copula 密度函数

$$c(u_1,u_2)=\frac{\theta e^{-\theta(u_1+u_2)}(e^{-\theta}-1)}{[e^{-\theta(u_1+u_2)}-e^{-\theta u_1}-e^{-\theta u_2}+e^{-\theta}]^2} \tag{6.7}$$

（3）Gumbel Copula 密度函数

$$c(u_1,u_2)=C(u_1,u_2)\frac{[(-\ln u_1)(-\ln u_2)]^{\theta-1}}{u_1u_2}[(-\ln u_1)^\theta+(-\ln u_2)^\theta]^{\frac{2}{\theta}-2}$$

$$\times\{(\theta-1)[(-\ln u_1)^\theta+(-\ln u_2)^\theta]^{-\frac{1}{\theta}}+1\} \tag{6.8}$$

Sklar's 定理表明：在描述变量间的相关性关系时，Copula 函数能够独立于随机变量的边缘分布，因此采用 Copula 方法构建联合概率分布模型时，联合概率分布被分解为变量间的相关性结构和单变量的边缘概率分布，从而可以对这两个独立的部分进行分别处理，其中变量间的相关性结构正是由 Copula 函数来表征。基于此，在运用 Copula 方法建立联合分布模型时，可以突破所有变量的边缘分布类型要求相同这一限制，采用 Copula 函数对任意类型的边缘分布进行"连结"之后，即可构造出多变量联合概率分布模型。

6.1.2 Copula 函数的参数估计

Copula 函数参数的估计方法比较多，常用的方法有相关性指标法、极大似然法以及适线法等[160]。其中，对于 Archimedean Copula 函数而言，相关指标法相对简便，适用于结构简单的二维 Copula 函数的参数进行估计，如 Gumbel、Clayton 和 Frank 等 Copula 函数，原因是明确的数学关系存在于 Kendall 秩相关系数 τ 与这些 Copula 函数的参数 θ 之间，且其数学表达式结构简单。

1. 相关性指标法

Copula 方法通过分别独立处理变量间的相关性和边缘分布，将随机变量所含的全部信息包含于函数中。运用 Copula 函数，可以对变量间的 Spearman 秩相关系数和 Kendall 秩相关系数进行唯一的表示。

$$\tau = 4 \int_{[0,1]^2} C(u,v) \mathrm{d}C(u,v) - 1 \tag{6.9}$$

$$\rho = 12 \int_{[0,1]^2} C(u,v) \mathrm{d}u \mathrm{d}v - 3 \tag{6.10}$$

通过式（6.9）和式（6.10）可以得到 Spearman 秩相关系数 ρ 或 Kendall 秩相关系数 τ 与 Copula 函数的参数 θ 之间的关系，从而可以容易地间接计算出参数 θ。Copula 函数的参数 θ 与 Kendall 秩相关系数 τ 之间的具体表达式及参数关系见表 6.1。

表 6.1   几种常用的 Archimedean Copula 函数

Copula 函数	$C(u,v)$ 的形式	τ 与 θ 的关系
Clayton	$C(u,v) = (u^{-\theta} + v^{-\theta} - 1)^{-\frac{1}{\theta}}$	$\tau = \dfrac{\theta}{2+\theta}, \theta \in (0,\infty)$
Frank	$C(u,v) = -\dfrac{1}{\theta}\ln\left[1 + \dfrac{(e^{-\theta u}-1)(e^{-\theta v}-1)}{(e^{-\theta}-1)}\right]$	$\tau = 1 - \dfrac{4}{\theta}\left[-\dfrac{1}{\theta}\int_{-\theta}^{\theta}\dfrac{t}{\exp(t)-1}\mathrm{d}t - 1\right], \theta \in R$
Gumbel	$C(u,v) = \exp\{-[(-\ln u)^{\theta} + (-\ln v)^{\theta}]^{\frac{1}{\theta}}\}$	$\tau = 1 - \dfrac{1}{\theta}, \theta \in [1,\infty)$

常用于 Copula 函数的参数估计方法有非参数估计法、适线法以及极大似然法。本文中用非参数估计法和极大似然法计算阿基米德 Copula 函数的参数 θ 的值，而用非参数估计法是由表 6.1 中参数 θ 与 Kendall 相关系数 τ 之间的关系来估计。

2. 极大似然法

在 $(u_1, u_2, \cdots, u_m)$ 的样本空间上，以下方程表示极大似然法的计算步骤：

$$L(\theta) = \prod_{i=1}^{n} c[(u_{i1}, u_{i2}, \cdots, u_{im}); \theta] \tag{6.11}$$

$$c[(u_1, u_2, \cdots, u_m); \theta] = \dfrac{\partial^m C[(u_1, u_2, \cdots, u_m); \theta]}{\partial u_1 \partial u_2 \cdots \partial u_m} \tag{6.12}$$

$$\ln(L(\theta)) = \sum_{i=1}^{n} \ln\{c[(u_{i1}, u_{i2}, \cdots, u_{im}); \theta]\} \tag{6.13}$$

$$\frac{\partial \ln[L(\theta)]}{\partial \theta} = 0 \tag{6.14}$$

解方程即可得到参数 θ。

式中：$c[(u_1,u_2,\cdots,u_m);\theta]$ 为 m 维 Copula 函数的密度函数；$L(\theta)$ 为似然函数。

6.1.3　检验相关性

在选定 Copula 函数之后，还需要考虑所选 Copula 函数是否能够较为准确地表征变量之间的相关性关系，因此需要对所选的 Copula 函数进行假设检验，并采用相关性指标进行优选。在对陆浑灌区水文变量联合分布频率与联合实测样本进行拟合检验时，采用非参数 Kolmogorov – Smimov 检验方法。针对 d 维 Copula 函数，式 (6.15)给出了 K – S 检验统计量 D 的定义[161]。

$$D = \max_{1 \leqslant k \leqslant n} \left\{ \left| C_k - \frac{m_k}{n} \right|, \left| C_k - \frac{m_k - 1}{n} \right| \right\} \tag{6.15}$$

式中：C_k 为联合观测值样本 $X_k = (x_{1k},x_{2k},\cdots,x_{dk})$ 的 Copula 函数值；m_k 为联合观测值样本中满足条件 $x_i \leqslant x_{ik}(i=1,2,\cdots,d)$ 的联合观测值的个数。

在选择 Copula 函数类型时，进行相关性评价是一个重要标准。在对 Copula 函数的拟合程度进行评价时，运用离差平方和最小准则（OLS）和信息准则法 AIC 作为相关性评价的指标和方法，并基于此优选出最适宜的陆浑灌区水文变量的联合概率分布函数模型。

选取 OLS 和 AIC 最小的 Copula 函数为联合分布函数。OLS 计算公式为

$$\mathrm{OLS} = \sqrt{\frac{1}{n} \sum_{i=1}^{n} (Pe_i - P_i)^2} \tag{6.16}$$

式中：P_i 为联合概率分布的理论频率；Pe_i 为联合概率分布的经验频率。

AIC 信息准则的计算公式为

$$\mathrm{AIC} = n \ln\left(\frac{RSS}{n}\right) + 2q \tag{6.17}$$

式中：RSS 为模型拟合后的残差平方和；n 为样本长度；q 为模型参数个数。

6.1.4　重现期的计算

重现期指给定事件连续两次发生的平均时间间隔长度[162]，一般用 T 表示。这里用重现期表征洪峰与沙峰组合遭遇的风险，根据实际需要考虑以下两种重现期：

同现重现期指两变量中两个设计值同时被超过的概率，公式为

$$T_{x,y} = \frac{1}{1 - u - v + C(u,v)} \tag{6.18}$$

联合重现期指两变量中任一设计值被超过的概率，公式为

$$T_{x,y}^* = \frac{1}{1 - C(u,v)} \tag{6.19}$$

式中：u、v 分别为变量 x、y 的边缘分布；$C(u,v)$ 为变量 x、y 的联合分布。

6.2 入库站水文变量丰枯遭遇分析

6.2.1 降雨-径流丰枯遭遇

6.2.1.1 边缘分布的确定

1. 降雨量边缘分布的确定

假设降雨量服从正态分布，用极大似然法估计其边缘分布曲线的统计参数，其边缘分布函数的参数值结果见表 6.2。为了检验随机变量的理论分布类型能否正确地代表随机变量的总体分布，对边缘分布进行 K-S 检验。通常通过查柯尔莫哥洛夫检验分位数表得到在 0.05 显著性水平下的临界值，如果统计量 D 小于这一临界值，则说明理论分布通过指定显著性水平下的 K-S 检验，表明拟合情况较好。取 K-S 检验显著性水平 $\alpha = 0.05$，当 $n = 50$ 时，查柯尔莫哥洛夫检验分位数表，对应分位点的 $D_0 = 0.1923$，边缘分布的统计检验量 D 为 0.0666，小于 D_0，则通过 K-S 检验。

表 6.2   边缘分布函数的参数值

参 数	降雨量/mm	参 数	降雨量/mm
μ	555.7011	D	0.0666
σ	58.4705		

其累积分布函数为

$$F(X) = \frac{1}{\sqrt{2\pi}} \int_{-\infty}^{x} \exp\left\{-\frac{(x - 555.7011)^2}{2 \times 58.47^2}\right\} \mathrm{d}x \qquad (6.20)$$

2. 径流量边缘分布的确定

利用 K-S 检验对正态分布、对数正态分布、广义极值分布、Gam 分布四种分布函数进行检验，检验结果见表 6.3。其中假设年径流量的概率分布函数服从该分布，则 H=0 表示接受原假设，P 表示假设成功的概率。

表 6.3   唐乃亥水文站年径流量的 4 种概率分布函数 K-S 检验表

函 数	H	P	K-S 检验值
正态分布	0	0.2153	0.0947
对数正态分布	0	0.7258	0.1459
广义极值分布	0	0.9357	0.0729
Gam 分布	0	0.5227	0.1118

由表 6.3 可知，四种分布函数的检验统计量均小于 D_0，表明这四种分布函数均通过了 K-S 检验。根据假设成功的概率 P 可知，广义极值分布的 P 值最好，故选取广义极值分布作为唐乃亥水文站年径流量的边缘分布。用极大似然法估计边缘分布的

参数，可得到 $\mu = 180.5568$，$\sigma = -0.0524$，$\alpha = 40.2788$。故其累积分布函数为

$$F(y) = \exp\left\{-\left[1 + 0.0524\left(\frac{y - 180.5569}{40.2788}\right)^{-\frac{1}{0.0524}}\right]\right\} \tag{6.21}$$

6.2.1.2　最优 Copula 函数的确定

采用 Pearson 相关系数 γ、Kendall 秩相关系数 τ、Spearman 秩相关系数 ρ 来度量 1966—2015 年降雨与径流的相关性，相关关系值的计算结果为 $\gamma = 0.8347$，$\tau = 0.6114$，$\rho = 0.8014$。

分别采用 Frank、Clayton、Gumbel Copula 函数构建唐乃亥水文站 1966—2015 年的年降雨量和年径流量的联合概率分布模型。对上述三种函数进行参数估计和 AIC、OLS、D_0 以及 Pearson 相关性检验，结果见表 6.4。

表 6.4　　　　　　　　　　　　　Copula 函数计算及检验结果

函数	θ 值	AIC 值	D_0 值	OLS 值	Pearson 值
Frank	8.2421	−356.43	0.1197	0.0278	0.9971
Clayton	3.1467	−344.49	0.1277	0.0313	0.9960
Gumbel	2.5733	−347.09	0.1317	0.0305	0.9966

由检验统计量可知，三种 Copula 函数的 K-S 检验统计量均小于临界值 0.1923，因此三种 Copula 函数均能构建唐乃亥水文站年降雨量和年径流量的联合分布模型。由表 6.4 中的相关性检验指标可知，运用 Frank Copula 函数构建的联合分布模型的 OLS 和 AIC 值最小，故选取 Frank Copula 函数作为拟合效果最好的联合概率分布函数模型。

根据确立的联合分布函数，设年降雨量的累积分布为 u，年径流量的累积分布函数为 v，则二者的联合分布为

$$C(u,v) = -\frac{1}{8.24}\ln\left[1 + \frac{(e^{-8.24u} - 1)(e^{-8.24v} - 1)}{e^{-8.24} - 1}\right] \tag{6.22}$$

二者联合概率分布的分布图和等值线图见图 6.1。

图 6.1 分别给出了天然降雨条件下，降雨量和径流量存在多种组合情况下的联合分布概率，以及在联合概率相同的情况下降雨量和径流量的多种组合遭遇。由图 6.1 可知，联合概率值随着降雨量和径流量的增大而增大，并且可查出不同量级的年降雨量和年径流量的多种组合遭遇的概率，例如，$P(P \leqslant 550\text{mm}，Q \leqslant 160\ \text{亿 m}^3)$ 为 0.2。它表明了不同量级年降雨量和年径流量遭遇事件发生的可能性。

6.2.1.3　唐乃亥水文站降雨与径流的丰枯遭遇分析

采用频率法将降雨量与径流量分为丰、平、枯 3 种状态，丰枯频率的划分标准为 $pf = 37.5\%$，$pk = 62.5\%$，二者的丰枯遭遇情形可以分为 9 种，这 9 种丰枯遭遇情形又可以分为丰枯同步和丰枯异步两种类型。X 表示降雨量序列，Y 表示径流量序列，见表 6.5。

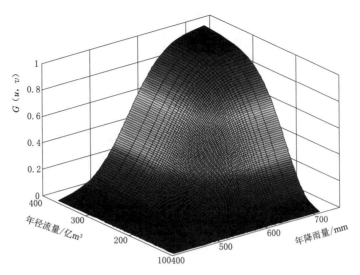

（a）年降雨量和年径流量的联合分布图

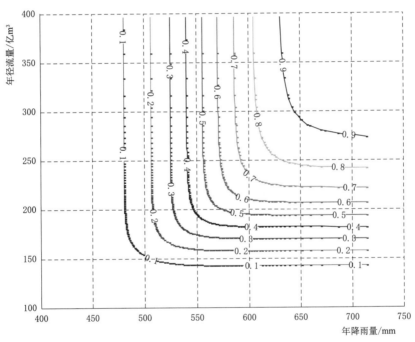

（b）年降雨量和年径流量的等值线图

图 6.1　唐乃亥水文站年降雨量和年径流量的联合分布图和等值线图

表 6.5　降雨量与径流量的丰枯遭遇组合

丰枯遭遇	水　丰	水　平	水　枯
雨丰	$P_1 = P(X \geqslant x_{pf}; Y \geqslant y_{pf})$	$P_2 = P(X \geqslant x_{pf}; y_{pk} < Y < y_{pf})$	$P_3 = P(X \geqslant x_{pf}; Y \leqslant y_{pk})$
雨平	$P_4 = P(x_{pk} < X < x_{pf}; Y \geqslant y_{pf})$	$P_5 = P(x_{pk} < X < x_{pf}; y_{pk} < Y < y_{pf})$	$P_6 = P(x_{pk} < X < x_{pf}; Y \leqslant y_{pk})$
雨枯	$P_7 = P(X \leqslant x_{pk}; Y \geqslant y_{pf})$	$P_8 = P(X \leqslant x_{pk}; y_{pk} < Y < y_{pf})$	$P_9 = P(X \leqslant x_{pk}; Y \leqslant y_{pk})$

经计算，得到年降雨量和年径流量的丰枯遭遇频率，见表 6.6。

表 6.6　　　　　　　　　　　　年降雨量与年径流量的丰枯遭遇频率

丰枯同步频率/%				丰枯异步频率/%						
同丰	同平	同枯	合计	丰平	丰枯	平枯	平丰	枯丰	枯平	合计
29.87	11.1	28.63	69.6	6.33	1.3	7.57	6.33	1.3	7.57	30.4

由表 6.6 可知，降雨丰枯同步的频率大于丰枯异步的频率，分别为 69.6% 和
30.4%。在丰枯同步的频率中，同丰组合的遭遇频率最大为 29.87%，同枯组合的次
之，为 28.63%，同平的频率最小，为 11.1%。在丰枯异步的频率中，可以根据降雨
与径流的状态相反分为三组，即雨丰水平（丰平）与雨平水丰（平丰）、雨丰水
枯（丰枯）与雨枯水丰（枯丰）、雨平水枯（平枯）与雨枯水平（枯平）。可以发现状
态相反的遭遇频率是相等的，遭遇频率最小的是雨丰水枯和雨枯水丰状态，为 1.3%。
这表明黄河源区的降雨与径流变化的同步性，其关系基本不受人类活动、气候变化等
因素的影响。

6.2.1.4　联合重现期

入库站降雨-径流联合重现期等值线见图 6.2。

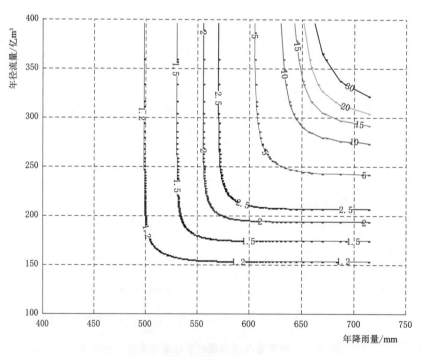

图 6.2　入库站降雨-径流联合重现期等值线

由图 6.2 可知，等高线越密集表明当径流量增加较少时，重现期增加越多。联合
重现期随着降雨量和径流量的增加而增加。根据其遭遇的重现期，可以计算出这些组
合事件发生超过给定标准的风险，进而可以给出某一重现期对应的安全指标下的风险

区间和某一重现期降雨量相应径流量的极值。

6.2.1.5 丰枯遭遇的条件概率和重现期

当已知径流量分别处于丰、平、枯状态时，降雨量不超过某一特定值的条件分布概率及相应的条件重现期分别如下式所示：

$$F_{X_I|y_f}(X_I, Y) = P(X_i \leqslant x | Y \geqslant y_{pf}) = \frac{F_X(x) - F(x, y_{pf})}{1 - F_Y(y_{pf})} \tag{6.23}$$

$$F_{X_I|y_p}(X_I, Y) = P(X_i \leqslant x | y_{pk} \leqslant Y \leqslant y_{pf}) = \frac{F_X(x, y_{pf}) - F(x, y_{pk})}{F_Y(y_{pf}) - F_Y(y_{pk})} \tag{6.24}$$

$$F_{X_I|y_k}(X_I, Y) = P(X_i \leqslant x | Y \leqslant y_{pk}) = \frac{F(x, y_{pk})}{F_Y(y_{pk})} \tag{6.25}$$

$$T_{X_I|y_f}(X_I, Y) = \frac{1}{F_{X_I|y_f}(X_I, Y)}, \quad T_{X_I|y_{fp}}(X_I, Y) = \frac{1}{F_{X_I|y_p}(X_I, Y)},$$

$$T_{X_I|y_k}(X_I, Y) = \frac{1}{F_{X_I|y_k}(X_I, Y)} \tag{6.26}$$

降雨量的条件概率和条件重现期见图 6.3。

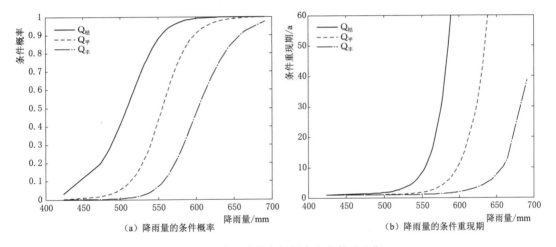

(a) 降雨量的条件概率　　　　　　　　(b) 降雨量的条件重现期

图 6.3　降雨量的条件概率和条件重现期

图 6.3 给出了径流量分别处于丰、平、枯状态时，降雨量不超过某一特定值的条件分布概率和条件重现期。降雨量的条件概率随着降雨量的增加而增加，条件重现期也随着降雨量的增加而增加。当径流量处于枯态条件时，降雨量的条件概率序列最大，条件重现期也最大；当径流量处于丰态条件时，降雨量的条件概率最小，条件重现期序列最小。例如，当径流量处于丰态条件时，降雨量不超过 500mm 的概率约为 0.02，条件重现期约为 1.5a；降雨量超过 550mm 的条件概率约为 0.08，条件重现期约为 1.9a。当径流量处于平态条件时，降雨量不超过 500mm 的概率约为 0.07，条件重现期约为 1.5a；降雨量不超过 550mm 的条件概率约为 0.48，条件重现期约为 2.3a。当径流量处于枯态条件时，降雨量不超过 500mm 的概率约为 0.46，条件重现

期约为 2.6a；降雨量不超过 550mm 的条件概率约为 0.92，条件重现期约为 9.8a。

当已知年降雨量分别处于丰、平、枯状态时，年径流量超过某一特定值的条件概率及相应的条件重现期分别如下式所示：

$$F_{Y_I|x_f}(X,Y_I) = P(Y_i \geqslant y | X \geqslant x_{pf}) = \frac{1 - F_Y(y) + F_X(x_{pf}) + F(x_{pf}, y)}{1 - F_X(x_{pf})} \quad (6.27)$$

$$\begin{aligned} F_{Y_I|x_f}(X,Y_I) &= P(Y_i \geqslant y | x_{pk} \leqslant X \leqslant x_{pf}) \\ &= \frac{F_X(x_{pf}) - F_X(x_{pk}) + F(x_{pk}, y) - F(x_{pf}, y)}{F_X(x_{pf}) - F_X(x_{pk})} \end{aligned} \quad (6.28)$$

$$F_{Y_I|x_f}(X,Y_I) = P(Y_i \geqslant y | X \leqslant x_{pk}) = \frac{F_X(x_{pk}) - F(x_{pk}, y)}{F_X(x_{pk})} \quad (6.29)$$

$$T_{Y_I|x_f}(X,Y_I) = \frac{1}{F_{Y_I|x_f}(X,Y_I)}, \quad T_{Y_I|x_f}(X,Y_I) = \frac{1}{F_{Y_I|x_f}(X,Y_I)},$$

$$T_{Y_I|x_f}(X,Y_I) = \frac{1}{F_{Y_I|x_f}(X,Y_I)} \quad (6.30)$$

径流量的条件概率和条件重现期见图 6.4。

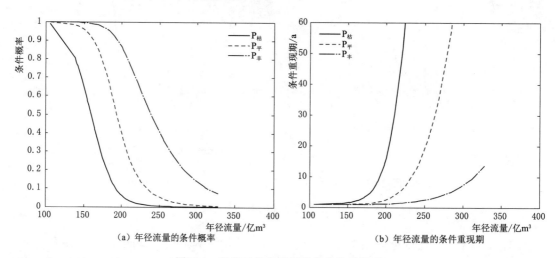

（a）年径流量的条件概率　　（b）年径流量的条件重现期

图 6.4　径流量的条件概率和条件重现期

图 6.4 给出了降雨量分别处于丰、平、枯状态时，径流量超过某一特定值的条件分布概率和条件重现期。径流量的条件概率随着降雨量的增加而增大，条件重现期随着降雨量的增加而减小。当降雨量处于枯态条件时，径流量的条件概率序列最小，条件重现期最大；当降雨量处于丰态条件时，径流量的条件概率最大，条件重现期序列最小。例如，当降雨量处于丰态条件时，年径流量超过 150 亿 m³ 的条件概率约为 0.97，条件重现期约为 1.4a；年径流量超过 200 亿 m³ 的条件概率约为 0.73，条件重现期约为 1.44a；年径流量超过 250 亿 m³ 的条件概率约为 0.29，条件重现期约为

3.2a。当降雨量处于平态条件时，年径流量超过 150 亿 m^3 的概率约为 0.92，条件重现期约为 1.41a；年径流量超过 200 亿 m^3 的条件概率约为 0.42，条件重现期约为 2.56a；年径流量超过 250 亿 m^3 的条件概率约为 0.08，条件重现期约为 25.6a。当降雨量处于枯态条件时，年径流量超过 150 亿 m^3 的条件概率约为 0.79，条件重现期约为 2.12a；年径流量超过 200 亿 m^3 的条件概率约为 0.24，条件重现期约为 18.9a；年径流量超过 250 亿 m^3 的条件概率约为 0.04，条件重现期超过 60a。

6.2.2 径流-泥沙丰枯遭遇

6.2.2.1 边缘分布的确定

选取唐乃亥水文站 1956—2013 年的年径流量和年泥沙量数据进行研究。为了检验随机变量的理论分布类型能否正确地代表随机变量的总体分布，对边缘分布进行 K-S 检验。通常通过查柯尔莫哥洛夫检验分位数表得到在建设显著性水平下的临界值，如果统计量 D 小于这一临界值，则说明理论分布通过指定显著性水平下的 K-S 检验，表明拟合情况较好。利用正态分布、对数正态分布、广义极值分布、Gam 分布 4 种概率分布函数分别对唐乃亥水文站年径流量和年泥沙量进行检验，检验结果见表 6.7。其中假设年径流量的概率分布函数服从该分布，则 H＝0 表示接受原假设，P 表示假设成功的概率。

表 6.7　　唐乃亥水文站年径流量的 4 种概率分布函数 K-S 检验表

函　　数	H		P		K-S 检验值	
	年径流量	年泥沙量	年径流量	年泥沙量	年径流量	年泥沙量
正态分布	0	0	0.8296	0.8620	0.0794	0.0764
对数正态分布	0	0	0.2598	0.0729	0.1297	0.1659
广义极值分布	0	0	0.9841	0.9371	0.0578	0.0676
Gam 分布	0	0	0.6224	0.8620	0.0961	0.0984

取 K-S 检验显著性水平 $\alpha=0.05$，当 $n=58$ 时，查柯尔莫哥洛夫检验分位数表，对应分位点的 $D_0=0.179876$，由表 6.7 可知，年径流量和年泥沙量对应的 4 种概率分布函数的检验统计量均小于 D_0，表明这 4 种概率分布函数均通过 K-S 检验。根据假设成功的概率 P 可知，无论年径流量还是年泥沙量广义极值分布的 P 值最好，故选取广义极值分布作为唐乃亥水文站年径流量和年泥沙量的边缘分布。

用极大似然法估计二者边缘分布函数的参数值，具体结果见表 6.8。

根据表 6.8 中的参数以及广义极值分布累积分布函数的公式，可得年径流量和年泥沙量的累积分布函数，分别为

表 6.8　　边缘分布函数的参数值

变　　量	年径流量	年泥沙量
μ	177.01	840.06
σ	-0.0026	0.22
α	40.28	444.31

$$F(x)=\exp\left\{-\left[1+0.0026\left(\frac{x-177.01}{40.28}\right)^{\frac{1}{-0.0026}}\right]\right\}$$　　　　　(6.31)

$$F(y)=\exp\left\{-\left[1-0.22\left(\frac{y-840.06}{444.31}\right)^{\frac{1}{0.22}}\right]\right\}$$　　　　　(6.32)

6.2.2.2　最优 Copula 函数的确定

采用 Pearson 相关系数 γ、Kendall 秩相关系数 τ、Spearman 秩相关系数 ρ 来度量 1956—2013 年年径流量和年泥沙量的相关性，相关关系值的计算结果为 $\gamma=0.8492$，$\tau=0.5995$，$\rho=0.7911$。由 Pearson 相关系数可知，年径流量和年泥沙量存在显著的正相关关系。

分别采用 Frank、Gumbel、Clayton Copula 函数构建唐乃亥水文站的年径流量和年泥沙量的联合概率分布模型。对上述三种函数进行参数估计和 AIC、OLS、K-S 检验以及 Pearson 相关性检验，结果见表 6.9。

表 6.9　　　　　　　　　　　　　　Copula 函数计算、检验结果

函数	θ 值	AIC 值	D_0 值	OLS 值	Pearson 值
Frank	7.92	−431.62	0.0615	0.0238	0.9975
Clayton	2.99	−400.47	0.0759	0.0311	0.9966
Gumbel	2.50	−422.85	0.0783	0.0257	0.9968

由检验统计量可知，三种 Copula 函数的 K-S 检验统计量均小于临界值 0.1798，因此三种 Copula 函数均能构建唐乃亥水文站年降雨量和年径流量的联合分布模型。由表 6.9 中的相关性检验指标可知，运用 Frank Copula 函数构建的联合分布模型的 OLS 和 AIC 值最小，故选取 Frank Copula 函数作为拟合效果最好的联合概率分布函数模型。

根据确立的水沙联合分布函数，设年径流量的累积分布为 u，年泥沙量的累积分布函数为 v，则二者的联合分布为

$$C(u,v)=-\frac{1}{7.92}\ln\left[1+\frac{(e^{-7.92u}-1)(e-7.92v-1)}{e^{-7.92}-1}\right]$$　　　　　(6.33)

二者联合概率分布的分布图见图 6.5。

由图 6.5 可知，联合概率值随着径流量和泥沙量的增大而增大，并且可查出不同量级的年径流量和年泥沙量的多种组合遭遇的概率，以及相同遭遇概率情况下的不同组合，例如，$P(x\leqslant250$ 亿 m^3，$y\leqslant1480$ 万 t) 为 0.7，其中，x 为年径流量，y 为年泥沙量。它表明了不同量级水沙遭遇事件发生的可能性。

6.2.2.3　唐乃亥水文站水沙丰枯遭遇分析

采用频率法将径流量与泥沙量分为丰、平、枯 3 种状态，丰枯频率的划分标准为 $pf=37.5\%$，$pk=62.5\%$，二者的丰枯遭遇情形可以分为 9 种，这 9 种丰枯遭遇情形又可以分为丰枯同步和丰枯异步两种类型。X 表示径流量序列，Y 表示泥沙量序列，见表 6.10。

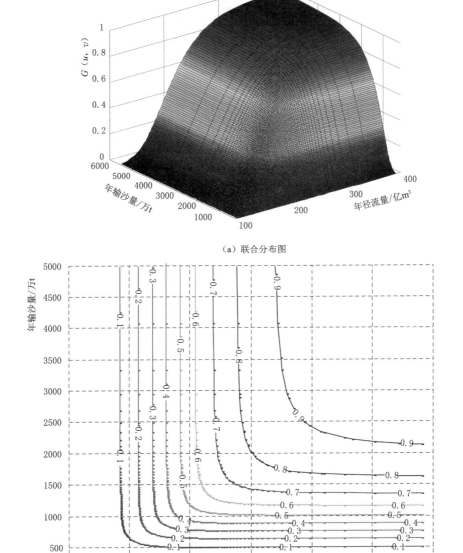

（a）联合分布图

（b）等值线图

图 6.5 唐乃亥水文站年径流量和年泥沙量的联合分布图与等值线图

表 6.10 水 沙 丰 枯 遭 遇 组 合

丰枯遭遇	沙 丰	沙 平	沙 枯
水丰	$P_1 = P(X \geqslant x_{pf}; Y \geqslant y_{pf})$	$P_2 = P(X \geqslant x_{pf}; y_{pk} < Y < y_{pf})$	$P_3 = P(X \geqslant x_{pf}; Y \leqslant y_{pk})$
水平	$P_4 = P(x_{pk} < X < x_{pf}; Y \geqslant y_{pf})$	$P_5 = P(x_{pk} < X < x_{pf}; y_{pk} < Y < y_{pf})$	$P_6 = P(x_{pk} < X < x_{pf}; Y \leqslant y_{pk})$
水枯	$P_7 = P(X \leqslant x_{pk}; Y \geqslant y_{pf})$	$P_8 = P(X \leqslant x_{pk}; y_{pk} < Y < y_{pf})$	$P_9 = P(X \leqslant x_{pk}; Y \leqslant y_{pk})$

经计算，得到年径流量和年泥沙量的丰枯遭遇结果见表 6.11。

表 6.11　　　　　　　　　　　年径流量与年泥沙量的丰枯遭遇频率

丰枯同步频率/%				丰枯异步频率/%						
同丰	同平	同枯	合计	丰平	丰枯	平枯	平丰	枯丰	枯平	合计
29.58	10.8	28.34	68.72	6.48	1.44	7.72	6.48	1.44	7.72	31.28

由表 6.11 可知，水沙丰枯同步的频率要大于水沙丰枯异步的频率，分别为 68.72% 和 31.28%。在水沙丰枯同步的频率中，同丰和同枯组合的遭遇频率基本相等，同平的频率最小，为 10.8%。在水沙丰枯异步的频率中，可以根据水沙的状态相反分为三组，即水丰沙平与水平沙丰、水丰沙枯与水枯沙丰、水平沙枯与水枯沙平。可以发现水沙状态相反的遭遇频率是相等的，遭遇频率最小的是水丰沙枯和水枯沙丰状态，为 1.44%。

6.2.2.4　联合重现期

入库站水沙联合重现期见图 6.6。

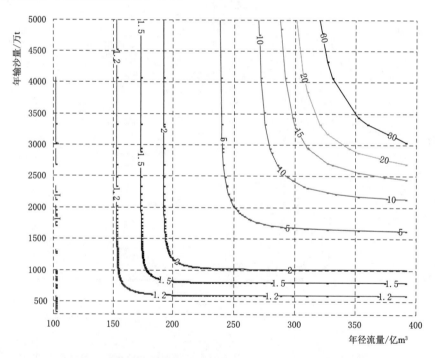

图 6.6　入库站水沙联合重现期（单位：a）

6.2.2.5　丰枯遭遇的条件概率和重现期

当已知泥沙量分别处于丰、平、枯状态时，径流量不超过某一特定值的条件分布概率及相应的条件重现期分别如下式所示：

$$F_{X_I|y_f}(X_I,Y)=P(X_i \leqslant x \,|\, Y \leqslant y_{pf})=\frac{F_X(x)-F(x,y_{pf})}{1-F_Y(y_{pf})} \tag{6.34}$$

$$F_{X_I|y_p}(X_I,Y)=P(X_i\leqslant x\,|\,y_{pk}\leqslant Y\leqslant y_{pf})=\frac{F_X(x,y_{pf})-F(x,y_{pk})}{F_Y(y_{pf})-F_Y(y_{pk})} \quad (6.35)$$

$$F_{X_I|y_k}(X_I,Y)=P(X_i\leqslant x\,|\,Y\leqslant y_{pk})=\frac{F(x,y_{pk})}{F_Y(y_{pk})} \quad (6.36)$$

$$T_{X_I|y_f}(X_I,Y)=\frac{1}{F_{X_I|y_f}(X_I,Y)},\quad T_{X_I|y_{fp}}(X_I,Y)=\frac{1}{F_{X_I|y_p}(X_I,Y)},$$

$$T_{X_I|y_k}(X_I,Y)=\frac{1}{F_{X_I|y_k}(X_I,Y)} \quad (6.37)$$

径流量的条件概率和条件重现期见图 6.7。

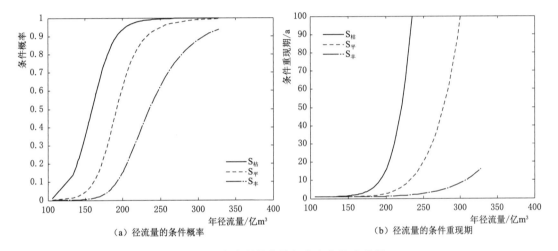

（a）径流量的条件概率　　　　　　　（b）径流量的条件重现期

图 6.7　径流量的条件概率和条件重现期

　　图 6.7 给出了泥沙量分别处于丰、平、枯状态时，径流量不超过某一特定值的条件分布概率和条件重现期。径流量的条件概率随着径流量的增加而增大，条件重现期也随着径流量的增加而增大。当泥沙量处于枯态条件时，径流量的条件概率序列最大，条件重现期也最大；当泥沙量处于丰态条件时，径流量的条件概率序列和条件重现期均最小。例如，当泥沙量处于枯态条件时，径流量不超过 150 亿 m³ 的条件概率为 0.39，相应的条件重现期为 1.59a；径流量不超过 200 亿 m³ 的条件概率为 0.93，相应的条件概率为 17.02a。当泥沙量处于平态条件时，径流量不超过 150 亿 m³ 的条件概率为 0.03，相应的条件重现期为 1.23a；径流量不超过 200 亿 m³ 的条件概率为 0.73，相应的条件概率为 2.3a。当泥沙量处于丰态条件时，径流量不超过 150 亿 m³ 的条件概率为 0.0024，相应的条件重现期为 1.002a；径流量不超过 200 亿 m³ 的条件概率为 0.1704，相应的条件概率为 1.20a。

　　当已知年径流量分别处于丰、平、枯状态时，泥沙量超过某一特定值的条件概率及相应的条件重现期分别如下式所示：

$$F_{Y_I|x_f}(X,Y_I)=P(Y_i\geqslant y|X\geqslant x_{pf})=\frac{1-F_Y(y)+F_X(x_{pf})+F(x_{pf},y)}{1-F_X(x_{pf})} \quad (6.38)$$

$$F_{Y_I|x_f}(X,Y_I)=P(Y_i\geqslant y|x_{pk}\leqslant X\leqslant x_{pf})=\frac{F_X(x_{pf})-F_X(x_{pk})+F(x_{pk},y)-F(x_{pf},y)}{F_X(x_{pf})-F_X(x_{pk})}$$
$$\quad (6.39)$$

$$F_{Y_I|x_f}(X,Y_I)=P(Y_i\geqslant y|X\leqslant x_{pk})=\frac{F_X(x_{pk})-F(x_{pk},y)}{F_X(x_{pk})} \quad (6.40)$$

$$T_{Y_I|x_f}(X,Y_I)=\frac{1}{F_{Y_I|x_f}(X,Y_I)},\quad T_{Y_I|x_f}(X,Y_I)=\frac{1}{F_{Y_I|x_f}(X,Y_I)},$$
$$T_{Y_I|x_f}(X,Y_I)=\frac{1}{F_{Y_I|x_f}(X,Y_I)} \quad (6.41)$$

输沙量的条件概率和条件重现期见图6.8。

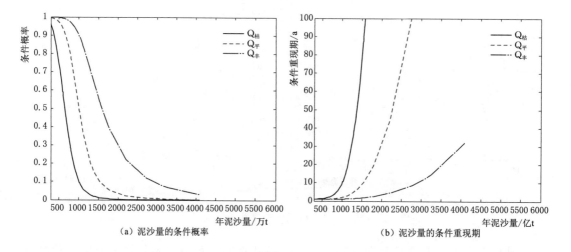

（a）泥沙量的条件概率　　　　　　　（b）泥沙量的条件重现期

图6.8　泥沙量的条件概率和条件重现期

图6.8给出了径流量分别处于丰、平、枯状态时，泥沙量超过某一特定值的条件分布概率和条件重现期。泥沙量的条件概率随着泥沙量的增加而减小，条件重现期随着泥沙量的增加而增大。当径流量处于丰态条件时，泥沙量的条件概率序列最大，条件重现期序列最小；当径流量处于枯态条件时，泥沙量的条件概率序列最小，条件重现期序列最大。例如，当径流量处于枯态条件时，泥沙量超过500万t的条件概率约为0.66，相应的条件重现期约为1.59a；泥沙量超过1500万t的条件概率约为0.02，相应的条件概率约为93a。当径流量处于平态条件时，泥沙量超过500亿m^3的条件概率约为0.92，相应的条件重现期约为1.08a；泥沙量超过1500万t的条件概率约为0.11，相应的条件概率约为9a。当径流量处于丰态条件时，泥沙量超过500亿m^3的条件概率约为0.99，相应的条件重现期约为1.002a；泥沙量超过1500万t的条件概率约为0.58，相应的条件重现期约为1.20a。

6.3　出库站水文变量丰枯遭遇分析

6.3.1　水沙变异点验证

为了计算贵德水文站 1956—2013 年之间径流泥沙关系的变异点，从而分析龙羊峡水库的修建对贵德水文站水沙关系的影响，利用滑动相关系数的方法对变异点进行诊断。方法思路为：先通过求多组有关联两个序列的滑动相关系数序列，然后再诊断出新序列变异点，得到的变异点反映了每组两个序列相关程度的变化情况，从而间接地得到原来两个序列的可能变异点，最后通过综合分析得到流域水文径流序列变异点。滑动相关系数的计算公式为

$$R_n = \frac{\sum\limits_{i=t-n-1}^{t} (x_i - \overline{x_i})(y_i - \overline{y_i})}{\sqrt{\sum\limits_{i=t-n-1}^{t} (x_i - \overline{x_i})^2 \sum\limits_{i=t-n-1}^{t} (y_i - \overline{y_i})^2}} \tag{6.42}$$

其中，

$$\overline{x_i} = \frac{1}{n} \sum_{i=t-n-1}^{t} x_i \tag{6.43}$$

$$\overline{y_i} = \frac{1}{n} \sum_{i=t-n-1}^{t} y_i \tag{6.44}$$

式中：$t = n$，$n+1$，$n+2$，…，n 为滑动窗口的长度。

选用贵德水文站 1956—2013 年的年径流量数据和年泥沙量数据，运用滑动相关系数法进行变异点的诊断。选取 n 等于 12、14、16、18、20 5 种滑动窗口，由贵德水文站的年径流量和年泥沙量序列滑动得到相关系数序列，根据相关系数序列求平均值得到相关系数的平均值序列，结果见图 6.9 和图 6.10。

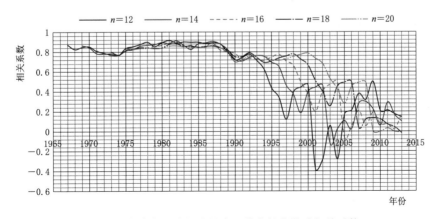

图 6.9　贵德水文站径流泥沙 5 种步长的滑动相关系数

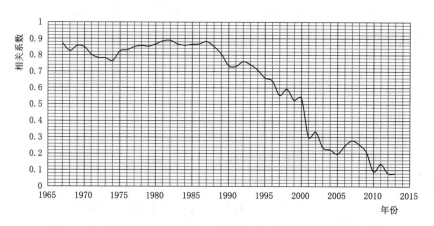

图 6.10　贵德水文站径流泥沙 5 种步长的滑动相关系数的平均值

分析图 6.9 可知，1987 年之前，贵德水文站年径流量和年泥沙量的滑动相关系数均在 0.76~0.91 之间，从 1987 年开始，滑动相关系数在整体上呈现减小的趋势，说明 1987 年之后，年径流量和年泥沙量的相关性不断减小，故 1987 年为突变点。同理由图 6.10 也可以看出，1956—1987 年，贵德水文站年径流量和年泥沙量滑动相关系数的平均值在 0.76~0.89 之间，呈现显著的相关性，而在 1987 年之后，滑动相关系数的平均值不断减小。综上，可以判定 1987 年为贵德水文站径流泥沙关系的突变点。黄河龙羊峡水库位于贵德水文站上游，于 1986 年 10 月建成使用。龙羊峡水库的运行使得出库流量受到发电和蓄水的作用变得逐渐均匀，泥沙被拦截在水库中，使得水库泥沙量大幅度减少。因此水库的运行对其下游河道水沙关系具有很强的干扰作用，水库的调蓄打破了天然条件下河道通过长期自动调整所形成的输沙规律，使得水沙关系发生了根本性的变化。利用滑动相关系数法可以判定贵德水文站水沙关系的突变点为 1987 年，并且在 1987 年之后，径流量和泥沙量的相关性迅速减小，显著性减弱。

6.3.2　水沙丰枯遭遇

6.3.2.1　边缘分布的确定

构建 Copula 函数前需先确定研究变量各自的边缘分布。根据变异点诊断结果，以 1987 年为变异点，把贵德水文站的水沙资料以龙羊峡水库修建为界分为两段，即 1956—1986 年和 1987—2013 年进行研究。采用对数分布、正态分布、广义极值分布和 Gam 分布对贵德水文站径流量与泥沙量的边缘分布进行拟合，并进行 K-S 检验，选取最优的边缘分布，结果见表 6.12 和表 6.13。其中假设年径流量的概率分布函数服从该分布，则 H=0 表示接受原假设，P 表示假设成功的概率。

取 K-S 检验显著性水平 $\alpha=0.05$，当 $n=31$ 时，查柯尔莫哥洛夫检验分位数表，对应分位点的 $D_0=0.23$；$n=27$ 时，$D_0=0.25$。由表 6.12 和表 6.13 可知，变异前后年径流量和年泥沙量对应的 4 种函数的 K-S 检验统计量 D 值均小于 D_0，表明这 4

表 6.12　　　　　变异前年径流量和年泥沙量的 4 种概率分布函数 K-S 检验表

函　数	H		P		K-S 检验值	
	径流量	泥沙量	径流量	泥沙量	径流量	泥沙量
对数正态分布	0	0	0.8441	0.7079	0.098	0.1472
正态分布	0	0	0.5574	0.9386	0.1354	0.0744
广义极值分布	0	0	0.9455	0.9132	0.0777	0.1981
Gam 分布	0	0	0.7249	0.9121	0.1127	0.1264

表 6.13　　　　　变异后年径流量和年泥沙量的 4 种概率分布函数 K-S 检验表

函　数	H		P		K-S 检验值	
	径流量	泥沙量	径流量	泥沙量	径流量	泥沙量
对数正态分布	0	0	0.8887	0.9962	0.1063	0.0735
正态分布	0	0	0.8998	0.0591	0.1045	0.2485
广义极值分布	0	0	0.9329	0.8887	0.0985	0.1063
Gam 分布	0	0	0.9156	0.9056	0.1018	0.1036

种分布函数均通过 K-S 检验。根据假设成功的概率 P 可知,变异前年径流量广义极值分布 P 值最好,年泥沙量的正态分布 P 值最好。变异后年径流量广义极值分布 P 值最好,年泥沙量对数正态分布 P 值最好。故变异前后年径流量的边缘分布均选取广义极值分布,年泥沙量的边缘分布分别选取正态分布和对数正态分布。

用极大似然法估计边缘分布函数的参数值,具体结果见表 6.14。

表 6.14　　　　　变异前后年径流量和年泥沙量的边缘分布函数参数值

变量	变　异　前		变　异　后	
	年径流量	年泥沙量	年径流量	年泥沙量
μ	196.25	2557.2	169.73	5.059
σ	−0.0262	1026.1	−0.2766	0.8735
α	40.57	—	34.50	—

根据表 6.14 中的参数以及边缘分布累积分布函数的公式,可得变异前年径流量和年泥沙量的累积分布函数分别为

$$F(x_1) = \exp\left\{ -\left[1 + 0.0262\left(\frac{x_1 - 196.25}{40.57} \right)^{\frac{1}{-0.0262}} \right] \right\} \tag{6.45}$$

$$F(y_1) = \frac{1}{\sqrt{2\pi}} \int_{-\infty}^{y_1} \exp\left\{ -\frac{[(y_1 - 2557.2)^2]}{2 \times 1026.1^2} \right\} \mathrm{d}y_1 \tag{6.46}$$

变异后年径流量和年泥沙量的累积分布函数分别为

$$F(x_2) = \exp\left\{ -\left[1 + 0.2766\left(\frac{x_2 - 169.73}{34.50} \right)^{\frac{1}{-0.2766}} \right] \right\} \tag{6.47}$$

$$F(y_2) = \frac{1}{\sqrt{2\pi}} \int_{-\infty}^{y_2} \frac{\exp\left\{-\dfrac{(\ln y_2 - 5.059)^2}{2\times 0.8735^2}\right\}}{y_2} dy_2 \tag{6.48}$$

式中：x_1、x_2 分别为贵德水文站变异前后的径流量，亿 m^3；y_1、y_2 分别为贵德水文站变异前后的泥沙量，万 t。

6.3.2.2　最优 Copula 函数的确定

采用 Pearson 相关系数 γ、Kendall 秩相关系数 τ、Spearman 秩相关系数 ρ 来度量变异前后年径流量和年泥沙量的相关性，相关关系值的计算结果见表 6.15。

表 6.15　　　变异前后相关系数

相关系数	变 异 前	变 异 后
γ	0.854	0.2597
τ	0.6215	-0.0514
ρ	0.8499	-0.0256

由 Pearson 相关系数可知，变异前年径流量和年泥沙量存在显著的正相关关系，变异后年径流量和年泥沙量呈现低相关关系。由 Kendall 秩相关系数 τ 和 Spearman 秩相关系数 ρ 可知，变异前年径流量和年泥沙量存在显著的正相关关系，变异后年径流量和年泥沙量不存在相关关系。即在龙羊峡水库修建运行之后，龙羊峡水库的出库站贵德水文站水沙关系的相关性不明显，甚至不存在相关关系。

分别采用 Frank Copula、Gumbel Copula、Clayton Copula 构建变异前的年径流量和年泥沙量的联合概率分布模型。对上述 3 种函数进行参数估计和 AIC、K-S 检验统计量 D_0、OLS 以及 Pearson 相关性检验，结果见表 6.16。

表 6.16　　　　　　　Copula 函数参数估计与相关性检验

Copula 函数	θ 值	AIC 值	D_0 值	OLS 值	Pearson 值
Frank	8.53	-199.77	0.0896	0.0386	0.9959
Clayton	3.28	-196.17	0.1	0.0409	0.9949
Gumbel	2.64	-198.12	0.0899	0.0396	0.9958

由检验统计量可知，3 种 Copula 函数的 K-S 检验统计量 D_0 均小于临界值 0.23，因此，3 种 Copula 函数均能构建贵德水文站年径流量和年泥沙量的联合分布模型。由表 6.16 中的相关性检验指标可知，运用 Frank Copula 函数构建的联合分布模型的 OLS 和 AIC 值最小，故选取 Frank Copula 函数作为拟合效果最好的联合概率分布函数模型。1987 年突变以后 Kendall 秩相关系数 τ 为 -0.0514，根据 τ 与 Copula 函数的参数 θ 的关系，只能选择 Frank Copula 函数构建的联合分布模型，并求得 θ 为 -0.4811。

根据确立的水沙联合分布函数，设变异前年径流量的累积分布为 u_1，年泥沙量的累积分布函数为 v_1；变异后年径流量的累积分布为 u_2，年泥沙量的累积分布函数为 v_2，则变异前后贵德水文站年径流量和年泥沙量的联合分布为变异前：
$$C(u_1,v_1)=-\frac{1}{8.53}\ln\left[1+\frac{(e^{-8.53u_1}-1)(e^{-8.53v_1}-1)}{e^{-8.53}-1}\right] \tag{6.49}$$

变异后：
$$C(u_2,v_2)=\frac{1}{0.48}\ln\left[1+\frac{(e^{0.48u_2}-1)(e^{0.48v_2}-1)}{e^{0.48}-1}\right] \tag{6.50}$$

变异前后贵德水文站年径流量和年泥沙量联合概率分布图和等值线图见图 6.11 和图 6.12。

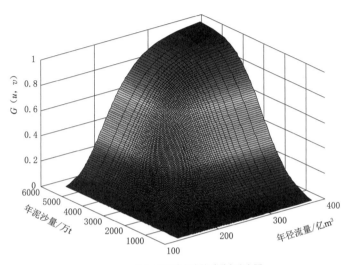

（a）变异前水沙关系联合分布图

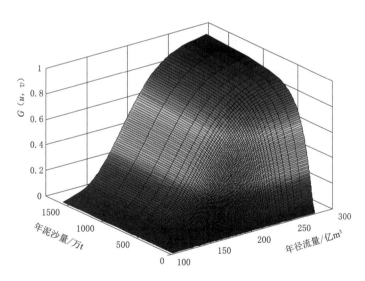

（b）变异后水沙关系联合分布图

图 6.11　变异前后水沙关系的联合分布图

图 6.11 和图 6.12 分别给出了水沙关系变异前后径流量和泥沙量存在多种组合情况下的联合分布概率以及在联合概率相同的情况下径流量和泥沙量的多种组合遭遇。

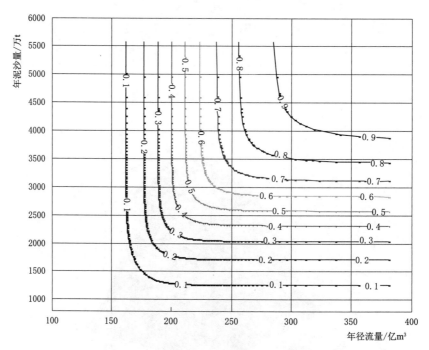

（a）变异前联合分布的等值线图

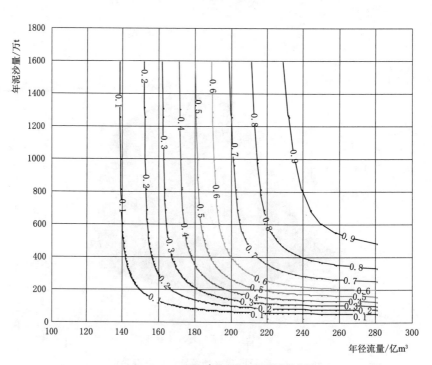

（b）变异后联合分布的等值线图

图 6.12　变异前后年径流量和年泥沙量联合分布的等值线图

由图 6.11 可知，无论变异前还是变异后联合概率值随着径流量和泥沙量的增大而增大，并且可查出不同量级的年径流量和年泥沙量的多种组合遭遇的概率。变异前水大沙大和水小沙小组合遭遇的概率大于变异后，水小（大）沙大（小）组合遭遇的概率在变异前小于变异后。由图 6.12 可知，变异前水沙联合分布的等值线图分布较均匀，仅在 0.1~0.2 和 0.7~0.9 概率区间内较疏松，说明随着泥沙量的变化，组合概率呈现较均匀的变化，当年泥沙量大于 3200 万 t 或小于 1250 万 t 时，年泥沙量增加较大的情况下，概率值发生较小的变化。变异后纵向上当年泥沙量小于 220 万 t 时，等高线密集，说明当泥沙量增加较少的情况下，概率值发生较大的变化。

6.3.2.3 贵德水文站水沙丰枯遭遇分析

采用频率法将径流量与泥沙量分为丰、平、枯 3 种状态，丰枯频率的划分标准为 $pf=37.5\%$，$pk=62.5\%$，二者的丰枯遭遇情形可以分为 9 种，这 9 种丰枯遭遇情形又可以分为丰枯同步和丰枯异步两种类型。X 表示径流量序列，Y 表示泥沙量序列，水沙丰枯遭遇组合见表 6.17。

表 6.17　　　　　　　　　　　水 沙 丰 枯 遭 遇 组 合

丰枯遭遇	沙　丰	沙　平	沙　枯
水丰	$P_1=P(X\geqslant x_{pf};Y\geqslant y_{pf})$	$P_2=P(X\geqslant x_{pf};y_{pk}<Y<y_{pf})$	$P_3=P(X\geqslant x_{pf};Y\leqslant y_{pk})$
水平	$P_4=P(x_{pk}<X<x_{pf};Y\geqslant y_{pf})$	$P_5=P(x_{pk}<X<x_{pf};y_{pk}<Y<y_{pf})$	$P_6=P(x_{pk}<X<x_{pf};Y\leqslant y_{pk})$
水枯	$P_7=P(X\leqslant x_{pk};Y\geqslant y_{pf})$	$P_8=P(X\leqslant x_{pk};y_{pk}<Y<y_{pf})$	$P_9=P(X\leqslant x_{pk};Y\leqslant y_{pk})$

变异前后贵德水文站年径流量和年泥沙量的丰枯遭遇概率分别见表 6.18 和表 6.19。

表 6.18　　　　　　变异前年径流量与年泥沙量的丰枯遭遇概率

丰枯同步概率/%				丰枯异步概率/%						
同丰	同平	同枯	合计	丰平	丰枯	平枯	平丰	枯丰	枯平	合计
30.11	11.94	29.47	71.52	6.21	1.18	6.85	6.21	1.18	6.85	28.48

表 6.19　　　　　　变异后年径流量与年泥沙量的丰枯遭遇概率

丰枯同步概率/%				丰枯异步概率/%						
同丰	同平	同枯	合计	丰平	丰枯	平枯	平丰	枯丰	枯平	合计
13.08	5.81	12.17	31.06	9.14	15.28	10.05	9.14	15.28	10.05	68.94

由表 6.18 可知，1987 年以前水沙丰枯同步的概率要远大于水沙丰枯异步的概率，分别为 71.52% 和 28.48%。在水沙丰枯同步的概率中，同丰和同枯组合的遭遇概率基本相等，同平组合的遭遇概率要小很多，为 11.94%。水沙状态相反的遭遇概率是相等的，遭遇概率最小的是水丰沙枯和水枯沙丰状态，为 1.18%。

由表 6.19 可知，1987 年以后水沙丰枯同步的概率为 31.06%，比水沙关系变异前减少了约 40.46%，且水沙丰枯异步的频率大大增加，为 68.94%。在水沙丰枯同步的概率中，同丰组合的遭遇概率最大，为 13.08%，同平组合的遭遇概率要小很多，为 5.81%。在丰枯异步的概率中，各组合遭遇的概率较之于水沙关系变异前有所提高，且水沙极端组合丰（枯）枯（丰）组合遭遇的概率变为最大，为 15.28%。丰（平）平（丰）组合的遭遇概率最小，为 9.14%。

由此可见，龙羊峡水库运行后水沙关系不确定性增加，主要表现在：①水沙丰枯同步概率大幅度下降，水沙异步概率显著上升；②水沙丰枯异步中，水沙极端组合丰（枯）枯（丰）遭遇概率大幅提升，提升幅度达到 92.3%。因此龙羊峡水库的修建显著改变了贵德水文站水沙丰枯遭遇的情势。

6.3.2.4　重现期

水库修建前后的联合重现期和同现重现期分别见图 6.13 和图 6.14。

由图 6.13 和图 6.14 可知，等高线越密集，表明在年泥沙量增加较少的情况下，重现期变化较大。分析水沙关系突变前后的联合重现期和同现重现期可知，水库建成之后提高了联合重现期和同现重现期，即在相同洪峰和沙峰组合的情况下，建库前的联合重现期小于建库后的联合重现期，同时建库前的同现重现期也小于建库后的同现重现期，说明在水库修建之后，洪峰与沙峰同时遭遇的风险降低和二者至少有一个到达峰值的风险降低。例如，当洪峰流量为 160 亿 m^3、沙峰流量为 220 万 t 时，水库修建之前的联合重现期远小于 1.2a，水库修建之后的联合重现期约为 1.2a；当洪峰流量为 350 亿 m^3、沙峰流量为 4550 万 t 时，水库修建之前的联合重现期约为 30a。而根据所掌握数据可知水库修建之后，不曾出现过洪峰流量为 350 亿 m^3、沙峰流量为

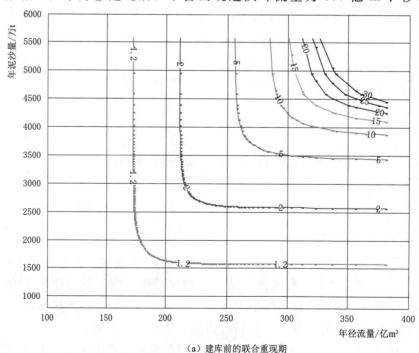

（a）建库前的联合重现期

图 6.13（一）　建库前后的联合重现期图

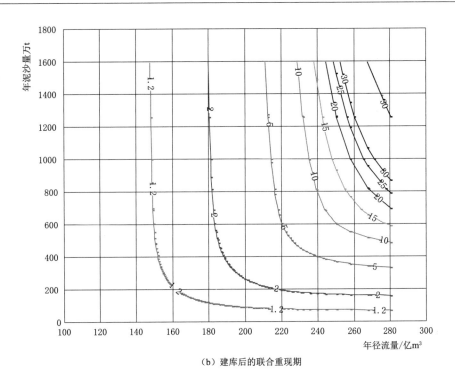

（b）建库后的联合重现期

图 6.13（二） 建库前后的联合重现期图

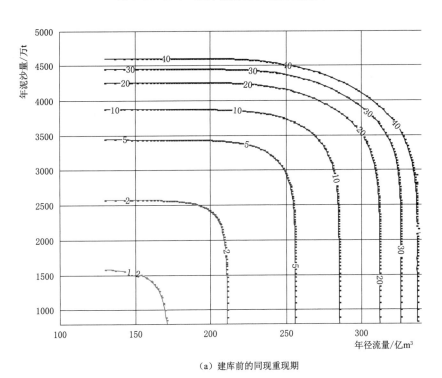

（a）建库前的同现重现期

图 6.14（一） 建库前后的同现重现期图

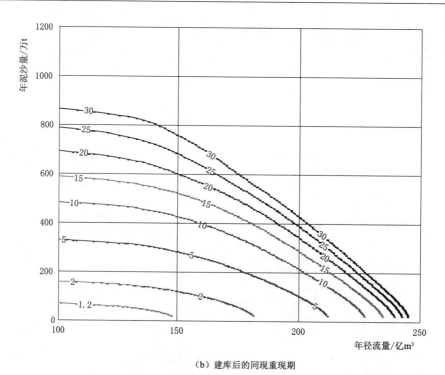

（b）建库后的同现重现期

图 6.14（二）　建库前后的同现重现期图

4550 万 t 这种情况，可见，水库修建之后出现上述极值组合的联合重现期远大于 30a，即这种组合在水库修建之后发生的概率远小于水库修建之前。结合研究可知，龙羊峡水库的修建削减了出库洪峰，使年内流量过程调平。同时大量泥沙淤积在库区，贵德水文站沙量减少，致使相同洪峰和沙峰同时出现的重现期增大，反过来即它们同时出现的概率减少，降低了风险发生的概率。根据水沙组合遭遇的重现期，可以计算出这些组合事件发生超过给定标准的风险，进而可以给出某一重现期对应的安全指标下的风险区间和某一重现期洪水相应泥沙的极值，这有利于防洪排沙预案的制定，为龙羊峡水库的水沙调控和防洪减灾提供指导意见。

第7章 黄河源区径流量分解－组合预测模型研究

7.1 模型构建框架

自回归滑动平均模型[163]（简称 ARMA 模型）是一种以随机理论为基础的时间序列分析方法，以自回归模型（AR 模型）和滑动平均模型[164]（MA 模型）为基础构成。结合 AR 和 MA 两种形式，使模型同时考虑过去值、现在值和误差，从而对扰动项进行模型分析，提高模型的预测精度。

ARMA 模型是在以时间序列为平稳序列的基础上进行建模，当时间序列经检验是非平稳序列时，通常采用差分的处理方法将其变换为平稳序列。当一个非平稳序列经过 d 阶差分成为平稳序列时，就能够建立对应的 ARMA 模型，则称该原始时间序列是一个自回归积分滑动平均时间序列。ARMA 模型把时间序列当做随机过程处理，用数学模型来进行建模及模拟，当模型建立后，利用模型的时间序列值进行预测[165]。ARMA 建模的步骤为：①收集预处理数据；②数据的平稳性检验；③ARMA 模型的选择；④确定滞后阶数；⑤建立模型，并对模型进行检验；⑥利用检验合理的模型来进行预测。其建模过程如下：

设 x_t 是待建模序列，同时它必须满足平稳、正态分布和零均值等前提条件。通常它的取值同时与其前 p 步的各个取值和前 q 步的各个干扰因素有关，对应公式如下：

$$y_i = c + \sum_{i=1}^{p} \varphi_i y_{t-1} + \varepsilon_t + \sum_{i=1}^{q} \theta_i \varepsilon_{t-1} \tag{7.1}$$

式中：p 为自回归阶数；q 为移动平均阶数；φ_i 为自回归系数；θ_i 为移动平均系数；ε_t 为白噪声序列。

本书将 CEEMDAN 多时间尺度分解方法和 ARMA 模型进行结合，从而对唐乃亥水文站径流量进行组合模拟预测。首先利用 CEEMDAN 方法将径流量时间序列进行多时间尺度分解，在此基础上利用 ARMA 模型对相应分量进行建模，得到各分量的模拟及预测值，最后通过分量组合对径流量进行模拟与预测。

7.2 纳什效率系数

纳什效率系数（NSE）可用来反映径流量各模态分量及不同模态分量组合对原始

序列的模拟精度，即它能定量评价径流量各模态分量和模态重构对原始序列的贡献程度[166]，并可利用纳什效率系数分析 ARMA 模型对径流量的模拟预测精度。求解纳什效率系数的公式如下：

$$NSE = 1 - \frac{\sum_{t=1}^{N} [X(t) - C(t)]^2}{\sum_{t=1}^{N} [X(t) - \overline{X(t)}]^2} \tag{7.2}$$

式中：$X(t)$ 为径流量第 t 年的实测值；$C(t)$ 为序列第 t 年的模拟值；$\overline{X(t)}$ 为序列的均值。

NSE 的取值区间为（$-\infty$，1]，NSE 越接近 1，表示分量组合模拟效果越好或者分量对原始序列的贡献度越大；当 NSE 接近 0 时，表示模拟结果接近实测值的平均值水平，但过程模拟存在较大误差；当 NSE 远远小于 0，表示模型的模拟结果是不可信的[167]。

7.3　模态重构精度评价

以经过 CEEMDAN 分解的唐乃亥水文站 1960—2013 年年径流分量为研究对象，利用纳什效率系数分析各阶模态及模态重构对原始序列的模拟程度。以唐乃亥水文站的径流量为实测值，各阶模态的依次组合为模拟值，分别计算其 NSE 值，其结果见图 7.1。

由图 7.1 可知：

（1）第 2、第 3、第 4、第 5 阶模态重构序列与径流量原始序列之间的 NSE 为 0.581，则第 1 阶模态对原始序列的模拟贡献度为 0.419。第 3、第 4、第 5 阶模态重构序列与径流量原始序列之间的 NSE 为 0.265，则第 2 阶模态对原始序列的模拟贡献度为 0.316。第 4、第 5 阶模态重构序列与径流量原始序列之间的 NSE 为 0.191，则第 3 阶模态对原始序列的模拟贡献度为 0.075。第 5 阶模态 RES 分量与径流量原始序列之间的 NSE 为 0.034，则第 5 阶模态对原始序列的模拟贡献度为 0.034。经分析计算得出，IMF1 分量对应的 NSE 最大，RES 分量对应的 NSE 最小。

（2）经 CEEMDAN 分解后的 IMF1 分量对原始序列的模拟贡献度最大，IMF2 分量对应的模拟贡献度次之。第 1 阶模态分量和第 2 阶模态分量的组合序列与原始序列对应的 NSE 为 0.735，所以 IMF1 分量和 IMF2 分量对原始序列的贡献程度占绝大部分。故中高频分量掌握着原始序列的绝大部分信息，在模态重构中起着十分重要的作用，表明在第 5 阶模态 RES 分量作为原始序列的平均值在准确模拟的情况下，周期越短、频率越高的分量在模态重构中作用越突出，对模拟值的贡献度越大。若无第 5 阶模态作为基础，第 1 阶和第 2 阶模态等中高频模态对原始序列的模拟贡献度将会出现数量级的误差。

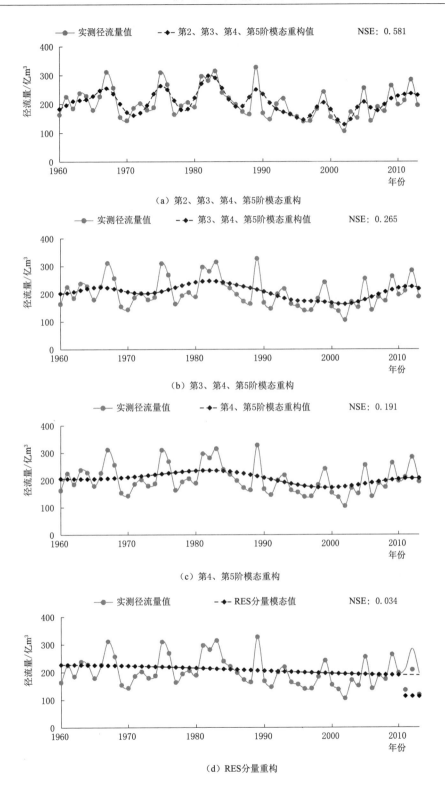

（a）第2、第3、第4、第5阶模态重构

（b）第3、第4、第5阶模态重构

（c）第4、第5阶模态重构

（d）RES分量重构

图 7.1 唐乃亥水文站实测径流量及模态重构组合值变化图

（3）RES 分量对应的 NSE 为 0.034，其值接近 0，表示模拟结果接近实测值的平均值水平，所以第 5 阶模态作为平均值的情况下模拟结果较精确。综上所述，可知，中高频分量是刻画序列的细节和局部特征变化，同时掌握着原始序列的大量信息，而RES 分量则掌控着序列的全局和趋势变化，在预测径流量的过程中可以通过提高IMF1 分量和 IMF2 分量的预测精度来提高对径流量的预测。

7.4　基于 ARMA 模型的模拟预测分析

7.4.1　模型识别

建立模型之前，需要检验径流时间序列的平稳性，即 ADF 单位根检验。对唐乃亥水文站 1960—2005 年年径流量经过多时间尺度分解形成的各分量进行单位根检验，判断分量是否平稳，检验结果见表 7.1。由单位根检验结果可知，径流量 IMF1 分量、IMF2 分量和 RES 分量为平稳序列，IMF3 分量和 IMF4 分量为一阶单整序列，即IMF3 分量和 IMF4 分量的差分序列为平稳序列，故表明可以对分量或差分序列进行建模。

表 7.1　　　　　　　　　　　各序列对应模型的信息准则值

模　型	信息准则	IMF1	IMF2	ΔIMF3	ΔIMF4	RES
ARMA（1，1）	AIC 值	9.624159	8.107653	4.300495	3.906395	1.460234
	SC 值	9.783171	8.266665	4.459507	4.065407	1.619246
	HQ 值	9.683726	8.167220	4.360062	3.965962	1.519801
ARMA（1，2）	AIC 值	9.641134	7.411715	3.270200	2.828643	6.659800
	SC 值	9.839900	7.610481	3.468966	3.027409	6.858565
	HQ 值	9.715593	7.486174	3.344659	2.903102	6.734259
ARMA（2，1）	AIC 值	9.598513	6.697651	2.087277	−1.073533	−8.790621
	SC 值	9.797278	6.896417	2.286042	−0.874767	−8.591856
	HQ 值	9.672971	6.772110	2.161736	−0.999074	−8.716163
ARMA（2，2）	AIC 值	9.641496	6.715560	1.438858	−2.132943	−9.775250
	SC 值	9.880015	6.954078	1.677376	−1.894424	−9.536731
	HQ 值	9.730847	6.804910	1.528208	−2.043592	−9.685899

通过分析 1960—2005 年径流各序列的自相关图（ACF 图）和偏自相关图（PACF 图），初步判定 ARMA（p，q）模型的取值范围。ACF 描述了一个观测值与另一个观测值之间的自相关，包括直接和间接的相关性信息。PACF 只描述观测值与其滞后（lag）之间的直接关系。这表明，超过 K 的滞后值（lag value）不会再有相关性。其中 IMF1 分量、IMF2 分量和 RES 分量利用其原始序列画相关图，IMF3 分量和 IMF4 分量利用其差分平稳序列画相关图，各序列的 ACF 图和 PACF 图见图 7.2。

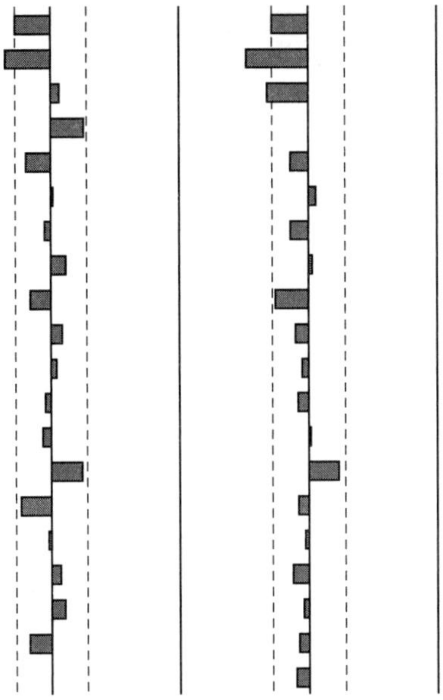

自相关	偏相关		AC	PAC	Q-Stat	Prob
		1	−0.294	−0.294	4.2395	0.039
		2	−0.361	−0.489	10.769	0.005
		3	0.078	−0.322	11.080	0.011
		4	0.279	0.004	15.160	0.004
		5	−0.190	−0.144	17.106	0.004
		6	0.014	0.080	17.116	0.009
		7	−0.064	−0.143	17.346	0.015
		8	0.116	0.019	18.132	0.020
		9	−0.168	−0.247	19.818	0.019
		10	0.096	−0.084	20.379	0.026
		11	0.050	−0.031	20.535	0.039
		12	−0.042	−0.071	20.652	0.056
		13	−0.070	0.011	20.978	0.073
		14	0.260	0.247	25.639	0.029
		15	−0.250	−0.081	30.078	0.012
		16	−0.019	−0.021	30.103	0.017
		17	0.069	−0.136	30.462	0.023
		18	0.113	−0.044	31.478	0.025
		19	−0.185	−0.080	34.288	0.017
		20	0.006	−0.091	34.292	0.024

（a）IMF1 分量相关图

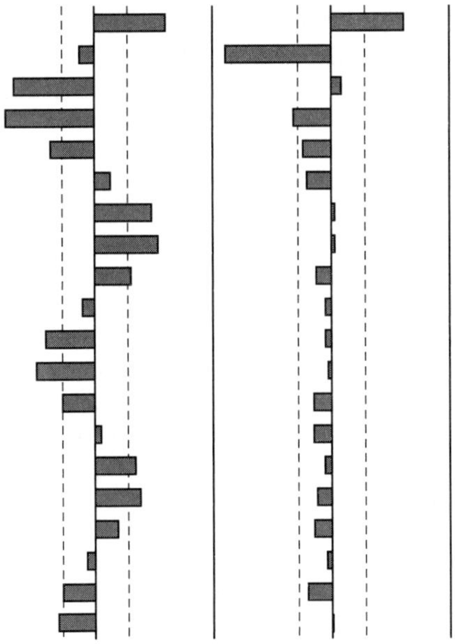

自相关	偏相关		AC	PAC	Q-Stat	Prob
		1	0.642	0.642	20.217	0.000
		2	−0.115	−0.896	20.879	0.000
		3	−0.703	0.100	46.286	0.000
		4	−0.777	−0.335	77.990	0.000
		5	−0.385	−0.232	85.990	0.000
		6	0.150	−0.195	87.236	0.000
		7	0.518	0.051	102.43	0.000
		8	0.570	0.047	121.32	0.000
		9	0.318	−0.099	127.36	0.000
		10	−0.094	−0.084	127.90	0.000
		11	−0.437	−0.026	139.94	0.000
		12	−0.512	−0.023	156.97	0.000
		13	−0.287	−0.048	162.48	0.000
		14	0.079	−0.138	162.90	0.000
		15	0.359	−0.040	172.10	0.000
		16	0.407	−0.120	184.26	0.000
		17	0.221	−0.144	187.97	0.000
		18	−0.064	−0.049	188.29	0.000
		19	−0.289	−0.194	195.14	0.000
		20	−0.335	0.015	204.66	0.000

（b）IMF2 分量相关图

图 7.2（一）　唐乃亥水文站径流量各序列的 ACF 图和 PACF 图

自相关	偏相关		AC	PAC	Q-Stat	Prob
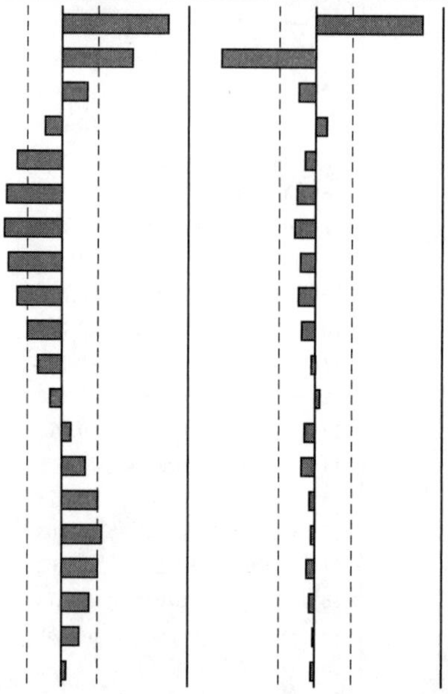		1	0.863	0.863	35.813	0.000
		2	0.553	−0.752	50.867	0.000
		3	0.174	−0.117	52.399	0.000
		4	−0.161	0.087	53.742	0.000
		5	−0.389	−0.070	61.742	0.000
		6	−0.496	−0.165	75.082	0.000
		7	−0.510	−0.188	89.569	0.000
		8	−0.467	−0.116	102.03	0.000
		9	−0.398	−0.134	111.36	0.000
		10	−0.319	−0.110	117.49	0.000
		11	−0.221	−0.011	120.54	0.000
		12	−0.097	0.017	121.13	0.000
		13	0.045	−0.090	121.27	0.000
		14	0.174	−0.123	123.34	0.000
		15	0.266	−0.038	128.31	0.000
		16	0.300	−0.036	134.88	0.000
		17	0.276	−0.077	140.63	0.000
		18	0.208	−0.056	144.02	0.000
		19	0.121	−0.022	145.21	0.000
		20	0.040	−0.027	145.35	0.000

（c）IMF3 分量相关图

自相关	偏相关		AC	PAC	Q-Stat	Prob
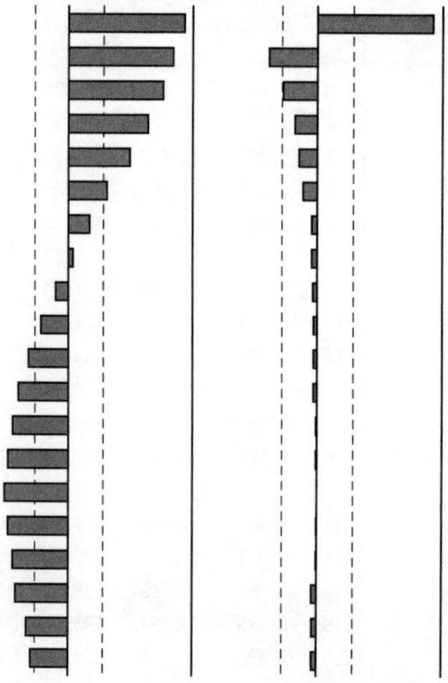		1	0.956	0.956	43.898	0.000
		2	0.876	−0.425	81.677	0.000
		3	0.767	−0.284	111.32	0.000
		4	0.634	−0.203	132.06	0.000
		5	0.484	−0.147	144.43	0.000
		6	0.324	−0.100	150.13	0.000
		7	0.163	−0.057	151.61	0.000
		8	0.009	−0.029	151.61	0.000
		9	−0.134	−0.029	152.67	0.000
		10	−0.260	−0.035	156.76	0.000
		11	−0.367	−0.035	165.14	0.000
		12	−0.452	−0.029	178.21	0.000
		13	−0.512	−0.019	195.53	0.000
		14	−0.547	−0.010	215.98	0.000
		15	−0.559	−0.007	237.97	0.000
		16	−0.547	−0.011	259.78	0.000
		17	−0.515	−0.019	279.84	0.000
		18	−0.467	−0.029	296.94	0.000
		19	−0.407	−0.037	310.43	0.000
		20	−0.339	−0.039	320.17	0.000

（d）IMF4 分量相关图

图 7.2（二） 唐乃亥水文站径流量各序列的 ACF 图和 PACF 图

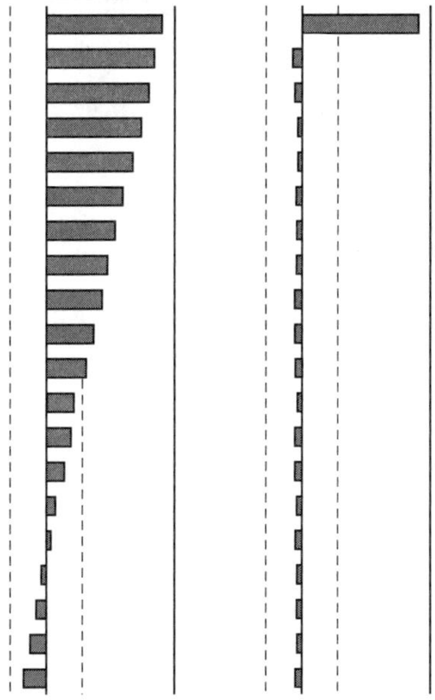

自相关	偏相关		AC	PAC	Q-Stat	Prob
		1	0.945	0.945	43.860	0.000
		2	0.889	−0.051	83.476	0.000
		3	0.830	−0.049	118.81	0.000
		4	0.769	−0.048	149.88	0.000
		5	0.707	−0.047	176.77	0.000
		6	0.643	−0.046	199.62	0.000
		7	0.579	−0.044	218.63	0.000
		8	0.515	−0.043	234.05	0.000
		9	0.451	−0.042	246.18	0.000
		10	0.387	−0.041	255.36	0.000
		11	0.323	−0.040	261.95	0.000
		12	0.261	−0.039	266.36	0.000
		13	0.199	−0.038	269.02	0.000
		14	0.139	−0.037	270.36	0.000
		15	0.081	−0.036	270.83	0.000
		16	0.025	−0.035	270.88	0.000
		17	−0.028	−0.034	270.94	0.000
		18	−0.079	−0.033	271.44	0.000
		19	−0.128	−0.032	272.77	0.000
		20	−0.173	−0.030	275.31	0.000

(e) RES 分量相关图

图 7.2（三） 唐乃亥水文站径流量各序列的 ACF 图和 PACF 图

根据径流量各序列的 ACF 图和 PACF 图，通常在小滞后阶数中进行尝试，初步判定 ARMA（p，q）模型的取值范围为 ARMA（1，1）、ARMA（1，2）、ARMA（2，1）、ARMA（2，2）。同时，根据模型最大滞后阶数的 t 检验并结合 AIC 值、SC 值、HQ 值等信息准则，AIC 值、SC 值、HQ 值越小，意味着模型越好。最终，综合判断最优滞后阶数的大小。

对 IMF1 分量、IMF2 分量和 RES 分量的原始序列及 IMF3 分量和 IMF4 分量的差分序列分别进行 ARMA（1，1）、ARMA（1，2）、ARMA（2，1）、ARMA（2，2）模型回归，统计相应模型的 AIC 值、SC 值、HQ 值等信息，确定各分量最优的滞后阶数和对应的模型形式，各序列检验结果见表 7.1。

可见，综合最小的 AIC、SC、HQ 信息准则以及每个模型最大滞后变量对应的系数的显著性，判断 IMF1 分量选择 ARMA（2，1）模型、IMF2 分量选择 ARMA（2，1）模型、IMF3 分量的差分序列选择 ARMA（2，2）模型、IMF4 分量的差分序列选择 ARMA（2，2）模型，RES 分量选择 ARMA（2，2）模型。

7.4.2 模型回归与检验

对各分量确定的 ARMA 模型形式进行回归，为了考察所建模型的优劣，需要对建立模型后的残差序列进行相关检验，并判断是否为白噪声序列。若是，则模型合理，可以用于模拟预测；反之，则不合理，需要改进。模型检验通常用残差自相关检验法。通过残差自相关检验，若残差序列为单纯随机序列（白噪声序列），则表明所建立的模型包含原始序列的所有趋势信息，所建模型是合理的，可用于模拟预测。若不是则为非纯随机序列，说明残差序列中还含有某种信息，所建立的模型不合适。可通过查看残差序列的自相关图，若残差序列的自相关与 0 无异或者说基本落入随机区间内，则为白噪声，也可以采用拉格朗日乘数检验（Lagrange multiplier test），即假设残差序列不存在自相关，如果 F 统计量的 P 值小于 5％ 的置信水平，则表示拒绝原假设，即模型存在序列自相关，所建立的模型不合理，需要改进；反之则合理。利用信息准则 AIC 值、SC 值和 HQ 值，选取残差序列相关 LM 检验的滞后阶数。各残差序列的 LM 检验结果见表 7.2。

由表 7.2 可知，LM 检验统计量 Obs ＊ R－squared 对应的 Prob 值均大于 5％ 的显著性水平，均在 5％ 的显著性水平下，不拒绝原假设。检验结果表明，各分量残差无序列相关，所选取的滞后阶数和模型是合理的。

同理，进行异方差检验（ARCH 检验）。根据残差平方滞后项系数的显著性以及信息准则 AIC 值、SC 值和 HQ 值，综合确定 ARCH 检验的最优滞后阶数和进行ARCH 检验。ARCH 检验的结果见表 7.3。

表 7.2　残差序列的 LM 检验统计

序　列	Obs ＊ R－squared 统计量	Prob 值
IMF1	0.342843	0.5236
IMF2	2.503795	0.1307
ΔIMF3	0.927015	0.6242
ΔIMF4	5.96013	0.0508
RES	5.389959	0.0203

表 7.3　ARCH 检验结果统计

序　列	Obs ＊ R－squared 统计量	Prob 值
IMF1	9.729423	0.0018
IMF2	0.284777	0.8673
ΔIMF3	5.855036	0.1189
ΔIMF4	11.54073	0.0031
RES	29.40307	0.0000

由表 7.3 可知，ARCH 检验统计量 Obs ＊ R－squared 对应的 Prob 值均大于 5％ 的显著性水平，均在 5％ 的显著性水平下，不拒绝原假设，表明检验结果无 ARCH 效应，没有 ARCH 形式的异方差。检验结果表明，所选取的模型是合理的。

7.4.3　模型模拟及预测

1. 模型模拟

利用对各分解序列建立的 ARMA 模型对 1960—2005 年时段的径流量进行模拟，各分量模拟结果以及组合模拟结果见图 7.3。利用纳什效率系数计算各分解序列的模拟值及组合值对应的纳什效率系数，用以表示模型的模拟精度，并计算组合值的相对误差，其对应的各年份的相对误差结果见表 7.4。

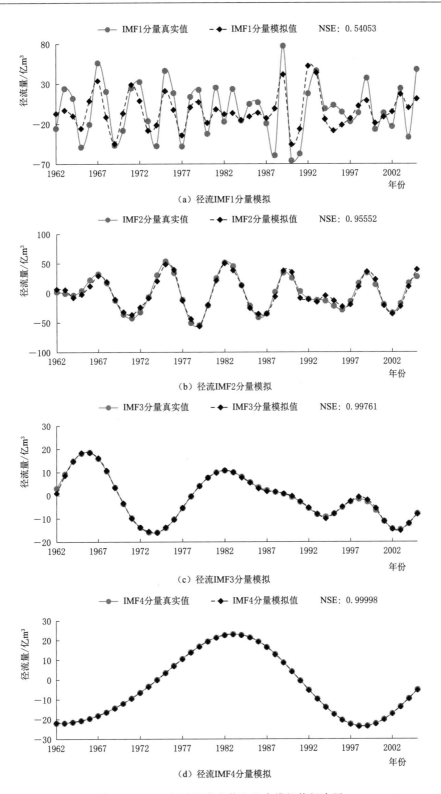

图 7.3（一）　径流量真实值和组合模拟值拟合图

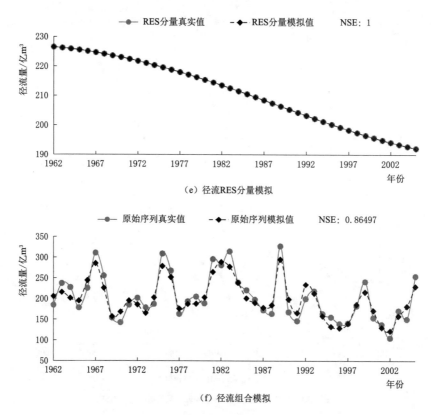

（e）径流RES分量模拟

（f）径流组合模拟

图 7.3（二） 径流量真实值和组合模拟值拟合图

表 7.4 径流量模型模拟值的误差表

年份	误差/%	年份	误差/%	年份	误差/%	年份	误差/%
1960	—	1972	7.78	1984	0.05	1996	7.42
1961	—	1973	7.46	1985	8.85	1997	0.72
1962	11.29	1974	8.29	1986	4.07	1998	1.92
1963	9.01	1975	9.82	1987	3.20	1999	10.57
1964	11.45	1976	5.79	1988	12.50	2000	11.20
1965	9.32	1977	7.67	1989	9.78	2001	5.18
1966	8.28	1978	3.34	1990	18.05	2002	15.61
1967	8.05	1979	8.33	1991	13.00	2003	7.47
1968	11.50	1980	7.55	1992	17.08	2004	20.38
1969	2.13	1981	10.59	1993	2.52	2005	9.87
1970	17.96	1982	2.83	1994	3.15	平均	8.70
1971	5.36	1983	11.73	1995	14.48		

由图 7.3 可以看出，利用 ARMA 模型对各分解序列进行模拟，效果较好，其中 IMF1 分量的拟合效果一般，RES 分量的拟合效果最好。从 IMF1 分量到 RES 分量，

随着波动周期的增大，从高频分量到低频分量，对应的拟合效果逐渐增强。通过计算各分量模拟值对应的纳什效率系数，发现各分量对应的纳什效率系数随着波动周期的增大而增大，IMF1 分量模拟值对应的纳什效率系数最小为 0.54053，RES 分量模拟值对应的纳什效率系数最大为 1，其计算结果与各模拟图分析结果相对应。

　　由图 7.3 可知，径流量实测值和各分量组合模拟值的变化趋势大体一致，结合纳什效率系数可知，其系数为 0.86497，其值较大，表明其模型组合拟合效果较好。由表 7.4 可知，各年份其模型组合模拟的误差均在 20％以下（除 2004 年外），其年平均相对误差为 8.70％，其中有 29a 误差在 10％以下，表明利用 ARMA 模型进行组合模拟结果较好。由纳什效率系数进行模态重构精度评价可知，高频 IMF1 分量对原始序列的贡献度是最大的，而在分量模拟的过程中，IMF1 分量的拟合程度是最差的，通过年份相对误差分析，发现分量组合模拟误差较大，主要是由于对应的年份中 IMF1 分量模拟值的模拟精度较差所导致。因此，高频分量在模态重构和组合模拟预测中起着举足轻重的作用，可以提高 IMF1 分量的模拟精度，从而提高整个模型的预测精度。

　　2. 模型预测

　　根据建立的组合 ARMA 模型，对 2006—2013 年的径流量进行组合预测，各分量预测结果以及组合预测结果和对应的纳什效率系数见图 7.4。其对应的各年份的组合预测结果及其预测相对误差见表 7.5。

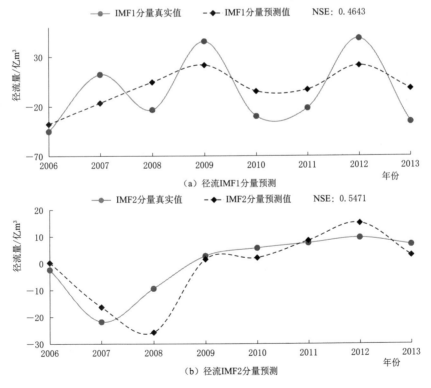

（a）径流 IMF1 分量预测

（b）径流 IMF2 分量预测

图 7.4（一）　径流量模型预测值与实际值变化图

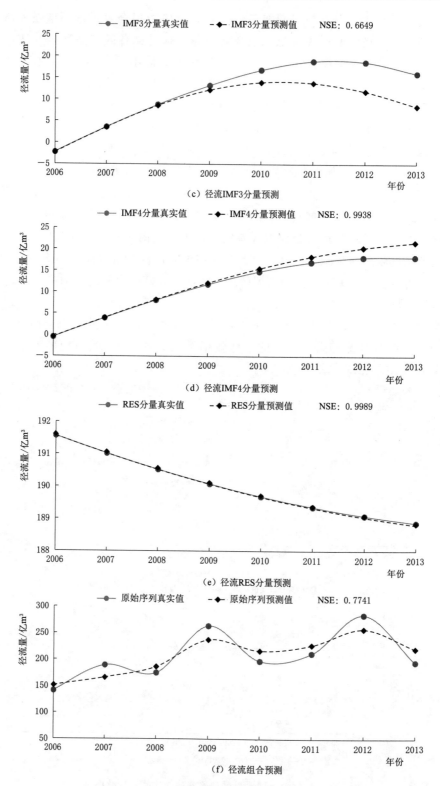

图 7.4（二）　径流量模型预测值与实际值变化图

表 7.5 径流量模型组合预测与相对误差表

年份	原始序列径流量 /亿 m³	径流量模型预测	
		组合预测/亿 m³	相对误差/%
2006	141.26	151.21	7.05
2007	189.04	165.89	12.25
2008	174.60	186.09	6.58
2009	263.48	237.55	9.84
2010	197.08	216.54	9.87
2011	211.21	226.90	7.43
2012	284.04	257.50	9.34
2013	194.64	219.92	12.99

由图 7.4 和表 7.5 可知:

利用组合 ARMA 模型对 2006—2013 年径流量进行预测,从 IMF1 分量到 RES 分量,对应的拟合效果逐渐增大,其中 IMF1 分量和 IMF2 分量对应的预测拟合效果一般。各分量的预测值对应的纳什效率系数随着波动周期的增大而增大,IMF1 分量模拟值对应的纳什效率系数最小,为 0.4643,RES 分量模拟值对应的纳什效率系数最大,为 0.9989。对原始序列预测值而言,其预测值的纳什效率系数为 0.7741,其值较大,表明组合预测效果较好。总体而言,不管是各分量的预测值还是整体组合预测值,对应的纳什效率系数都比模型模拟的系数小,表明模型模拟效果优于模型预测。但值得提出的是,模型预测值和实际观测值的相对误差大部分在 10% 以内,平均相对误差为 9.42%,模拟预测精度较高,说明利用模型组合预测效果较好。综上所述,将 CEEMDAN 方法与 ARMA 模型进行结合,建立组合 ARMA 模型,可利用该模型对唐乃亥水文站年径流量序列进行较精确的模拟预测。与基于径流-泥沙回归模型和 ECM 模型的径流量预测结果进行对比分析,发现利用 ECM 模型对径流量预测的相对误差较小,说明利用 ECM 模型更能反映唐乃亥水文站径流-泥沙之间的关系特征。

第8章 黄河源区水文变量
"延拓-分解-预测-重构"预测研究

8.1 研究理论及方法

8.1.1 端点效应

在对原始序列进行 EMD 分解获得 IMF 分量及 RES 分量的过程中,端点效应是一个不可忽视的问题。发生端点效应的大致原因如下:EMD 分解过程需要使用三次样条插值来对原始序列的极大值点和极小值点进行曲线拟合来求得其上下包络线,进而获得原始序列的包络平均值。在这一过程中,原始序列的端点处常常不是极值点,因此在三次样条插值时就会产生拟合误差,并且随着分解过程的进行,每次样条插值拟合造成的误差将不断积累叠加,最后将导致分解得到的分量产生较大的误差。而后续得到的其他分量是在原始序列减去之前分解所得分量的基础上进一步差分拟合得到的,随着分解过程的不断进行,最终导致整个序列都会被端点效应"污染",分解结果严重失真。

对于一个较长的数据序列来说,在进行 EMD 分解的过程中可以通过抛弃两个端点数据的方法来削弱或消除端点效应,而对较短的数据序列,可以通过对原始序列进行端点处数据延拓来抑制端点效应。

因为端点效应对 EMD 分解结果的影响巨大,因此抑制是进行 EMD 分解的关键问题。由 2.2 节中 CEEMDAN 具体算法可知,该算法在分解数据的过程中迭代原始 EMD 算法。因此,EMD 分解过程的端点效应问题同样可以影响 CEEMDAN 方法的分解精度。

8.1.2 数据延拓方法

目前抑制端点效应的方法主要有两种途径:一种是改用其他形式样条函数进行曲线拟合,得到信号局部均值,通过这种方式虽然在端点效应抑制上得到一定程度的改善,但其插值性能一般比三次样条差,所以这种方式一般情况下很少使用;另一种就是采用一定方法在信号两端找到合适的极值点,使信号拟合的包络线能够完整包络整个信号,这是到目前为止普遍认为的抑制端点效应的有效途径,目前国内外大多数学者都致力于这方面的工作,并已取得了一些进展。这些方法又可以细化为两类:一类是基于自身波的延拓法；另一类是基于序列预测法。信号的偶延拓、镜像延拓、周期延拓，都可以归为自身波的延拓法，而线性拟合、多项式拟合、AR预测和基于神经网络的预测都可以归结为序列预测法，下面简要介绍几种常用的具有代表性的抑制端点效应方法。

8.1.2.1　镜像延拓

镜像延拓的原理是在靠近序列两个端点处的具有对称性的极值点处各放置一面镜子，则镜中信号和原信号关于镜子对称，其实该方法就是把原信号对称地延拓成一个闭合环形信号。镜像延拓要求把镜面放在极值点且具有对称性的位置上，通常信号的端点处不一定是极值点，这就要截去部分数据，对于短信号来说，显然，这种方法不是很理想的。

8.1.2.2　AR预测法

AR模型是由线性回归模型引申并发展起来的，它是时序方法中最为基本的，应用最广泛的时序模型，不仅可以揭示动态数据自身的结构与规律，定量地观察数据之间的线性相关性，还可以预测数据未来的变化趋势。

AR模型的参数估计方法大致可以分为直接参数估计法和递推参数估计法。递推参数估计较适合连续的数据采集和建模，其优点是效率高、实时性好。在数据的延拓过程中，因为每一组数据都要建模，这就不能体现出递推估计法的优点，因此一般采用直接参数估计法。直接参数估计法一般采用最小二乘估计等方法。

基于AR模型的数据时间序列预测延拓通常可以分为以下几个步骤：

（1）对数据进行采样、检验和预处理。

（2）对AR模型的参数进行估计，然后建模。

（3）依据模型对数据进行预测，将预测得到的数据进行延拓。

基于时间序列模型的预测延拓方法，对线性和非线性的信号延拓效果均较好，同时信号是否为周期截取对延拓效果影响不大，但对于非线性信号要取得比较好的延拓效果，就要求AR模型有很高的阶数，增加了算法复杂度和运行时间，同时对于非平稳信号，AR预测的方法处理效果一般。

8.1.2.3　神经网络预测法

神经网络依据函数的逼近能力可以分为两类：全局逼近神经网络和局部逼近神经网络。全局逼近神经网络值，是网络中的一个或任意多个权值的自适应可调参数对每一个输出变量都有影响。它的缺点是对于每个输入输出数据对，网络的每一个权值均需调整，因而导致学习速度很慢，全局逼近神经网络的典型代表是BP神经网络；局部逼近神经网络是对于输入样本空间的某个局部范围，只有少数几个权值会影响网络的输出结果，对于每个输入输出数据对，只有少量的权值需要进行调整，它的优点是具有很快的学习速度，典型的局部逼近网络就是径向基函数（Radbas Function，RBF）网络。BP网络应用于函数逼近时具有存在局部极小和收敛速度慢的缺点，而RBF神经网络无论是在逼近能力还是在分类能力和学习速度等方面均优于BP网络。

一般用神经网络对数据进行延拓分两步：第一步是学习的过程；第二步是延拓的过程。数据的延拓就是根据学习获得的权重和阈值，通过数据序列在端点处的样本矩阵算出端点外的第一个延拓值，并以该值为原数据序列的新端点，重复以上方法，依次得到全部延拓序列，对信号的另一端也是如此。虽然基于径向基的数据延拓方法在端点延拓上有比较好的效果，克服了 BP 网络必须仔细选择网络结构的缺点，但是也有训练耗时较多的缺点。因此对于实时性要求比较严格的场合，该方法不是很适用。

本文主要采用 RBF 神经网络延拓方法，具体的延拓方法如下：

对给定的数据序列 x（令长度为 n），首先按一定规则产生一个学习样本矩阵 $P_{m \times k}$ 和与之对应的目标矩阵 $T_{l \times k}$，k 为样本组数，m、l 为数据点数。在 MATLAB 中用 newrbe 函数进行网络设计，将训练样本（P，T）输入到网络中训练网络，取合适的 spread（扩展系数）值，可以得到一个训练后的径向基网络。

采用此径向基函数神经网络进行数据延拓：确定序列 x 在边界（如右边界）的样本矩阵 p_1，将其输入到训练好的 RBF 神经网络中，输出延拓数据 a_1。将 a_1 当作原数据序列新的边界，产生新的样本矩阵 p_2，将 p_2 输入网络，得到新延拓数据 a_2，以此类推，直到在数据的右端延拓出合适长度的序列。用同样的方法在左端延拓出包含合适长度的序列，这样得到一个延拓后的序列 x_1，将其作 CEEMDAN 分解。

在实际进行序列延拓的过程中，应将预测长度设置在合理的范围内，保证延拓所得的数据保持一定的精度。另外，根据端点效应产生的原理，延拓必须使两端至少各出现一个极小值和一个极大值点来抑制分解误差，避免分解结果失真。

8.1.3　基础预测模型

8.1.3.1　ARIMA 模型

差分整合移动平均自回归（Autoregressive Integrated Moving Average，ARIMA）模型又称整合移动平均自回归模型，是一种时间序列分析、预测模型。该模型在 AR-MA 模型的基础上进一步发展，通过对非平稳的时间序列进行差分将其转化为平稳序列进而实现复杂非平稳序列的拟合及预测。像其他自回归模型一样，ARIMA 模型通过把握自身历史数据随时间的变化规律来对后续的变化进行预测，即在拟合期内模型的拟合效果在一定程度上决定了其后续的预测效果。拟合效果越好，说明模型对时间序列变化规律的把握越准确，预测也就越可靠，反之如果不能准确把握变化规律，预测精度将无法得到保证。ARIMA 模型具体的建模方法以及步骤在相关文献已有详细介绍，本文在此不再赘述。

8.1.3.2　RBF 模型

径向基函数神经网络（Radial Basis Function Neural Network，RBFNN）是以函数逼近理论为基础构建的一种三层前向网络，其基本原理是任意函数"$y(x)$"都可以近似表示为一系列非线性径向基函数"$g(x)$"的线性组合，使原来线性不可分的问题变得线性可分。因此，它能够以任意精度逼近任意非线性连续函数，相比于 BP

神经网络还具有收敛速度快、不易陷入局部极小点、鲁棒性好和易于实现等优点,该方法在有关非平稳、非线性序列的预测研究中已经得到广泛应用。

8.1.3.3 SVM 模型

支持向量机(support vector machines,SVM)是一种结构风险最小化的统计学习方法,是基于分类边界的方法,主要应用于小样本分类。SVM 大致分为线性可分、线性不可分和非线性 3 种情况。第一种情况是通过最大化边缘的超平面来实现的;第二种情况是通过定义松弛变量,存放到边缘的离差来实现的;第三种情况是将其低维空间中的点映射到新的高维空间,可以用适当的核函数,将其转换成线性可分,然后辨别分类的边界,从而大大避免维数灾难问题。即支持向量机的主要思想是通过非线性变换将输入空间变换到高维特征空间,再求出最优线性分类面。支持向量机也是一种神经网络,它对分类和预测作出了巨大贡献,得到国内外诸多研究人员的高度重视,并将其理论应用在多个领域,如在文本分类、语音方面、数据挖掘、序列预测范畴都有广泛应用。

8.1.4 评价指标

相关系数(correlation coefficient,R)和决定系数(coefficient of determination,R^2),均方根误差 RMSE 和相关系数 R 都是评价两个变量相关性的指标,均方根误差(Root Mean Square Error,RMSE)和平均绝对误差(Mean Absolute Error,MAE)为两个误差评价指标,这四个评价指标都可以用来定量描述延拓序列和无延拓序列的分解精度,以及预测模型的预测精度。

平均绝对误差(MAE):

$$MAE = 1 - \frac{\sum\limits_{i=1}^{n}(x_i - X_i)^2}{\sum\limits_{i=1}^{n}(\mid \overline{x} - X_i \mid + \mid \overline{x} - x_i \mid)^2} \tag{8.1}$$

决定系数(R^2):

$$R^2 = \frac{\sum\limits_{i=1}^{n} \mid x_i - X_i \mid}{n} \tag{8.2}$$

均方根误差(RMSE):

$$RMSE = \sqrt{\frac{\sum\limits_{i=1}^{n}(x_i - X_i)^2}{n}} \tag{8.3}$$

式中:n 为数据的个数;x_i 为标准序列的第 i 个数据;X_i 为第 i 个预测值或 CEEM-DAN 分解后的相应分量的第 i 个数据。

相关系数(R):

$$R_j = \frac{\mathrm{cov}(x_j, \mathrm{IMF}_j)}{\sqrt{\delta(x_j)}\sqrt{\delta(\mathrm{IMF}_j)}} \tag{8.4}$$

式中：x_j 为原始信号的第 j 个分量；IMF_j 为第 j 个本征模态函数；δ 为方差；cov 为协方差。相关系数 R_j 可以表征 IMF 与标准序列分量的相似程度，反映分解精度，R 越接近 1，分解结果越准确。

8.2　水文气象变量延拓-分解研究

8.2.1　唐乃亥水文站年径流量

8.2.1.1　序列选取

以黄河源区唐乃亥水文站 1956—2013 年实测年径流量资料为基础，设置 3 组序列进行研究：①截取 1963—2006 年共 44 年数据作为本次研究的原始序列；②分别利用镜像延拓、AR 延拓、RBF 延拓技术将原始序列向左右两端进行延拓，其中左端延拓至 1956 年，右端延拓至 2013 年，得到的 1956—2013 年序列为延拓序列；③将 1956—2013 年整个实测年径流量作为标准序列。

8.2.1.2　数据延拓

在唐乃亥水文站年径流原始序列中，相邻两个极大值或极小值点的最大间隔为 6a，为了保证延拓能够出现新的极值点来抑制端点效应并且具有一定精度，原始序列左右两端都选择 7a 作为延拓长度，即 1956—1962 年为原始序列的左端延拓部分，2007—2013 年为原始序列的右端延拓部分。在 1963—2006 年共 44a 数据中，模型的率定期为 31a，检验期为 13a，模型构建经过了交叉验证。将这两个时段内唐乃亥水文站年径流实测数据与延拓结果进行对比，延拓结果及相对误差分别见图 8.1 和表 8.1。

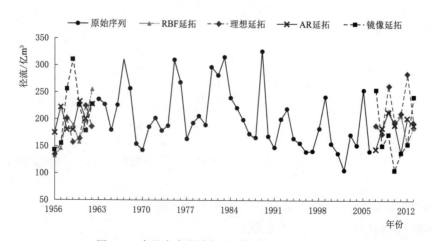

图 8.1　唐乃亥水文站径流原始序列及延拓结果

表 8.1   唐乃亥水文站径流延拓误差

年　份		实测数据 /亿 m³	RBF 延拓 /亿 m³	相对误差 /%	AR 延拓 /亿 m³	相对误差 /%	镜像延拓 /亿 m³	相对误差 /%
左端	1956	133.43	132.09	1.00	175.75	31.72	142.99	7.16
	1957	155.01	145.41	6.19	223.15	43.96	154.13	0.57
	1958	201.06	205.04	1.98	181.38	9.79	256.14	27.39
	1959	156.89	189.69	20.91	180.63	15.13	311.11	98.30
	1960	163	157.65	3.28	232.95	42.91	226.20	38.77
	1961	224.8	197.57	12.11	199.12	11.42	178.81	20.46
	1962	184.7	254.81	37.96	229.31	24.15	227.76	23.31
右端	2007	189.04	202.76	7.26	145.23	23.17	254.99	34.89
	2008	174.6	156.41	10.42	184.48	5.66	151.35	13.32
	2009	263.47	223.56	15.15	214.48	18.59	171.55	34.89
	2010	197.08	175.78	10.81	190.33	3.43	105.77	46.33
	2011	211.21	239.70	13.49	138.52	34.42	138.15	34.59
	2012	284.03	156.81	44.79	201.88	28.92	154.51	45.60
	2013	194.64	185.03	4.94	188.29	3.26	241.87	24.27

　　由图 8.1 和表 8.1 可知，镜像延拓直接截取了端点附近的数据对称处理后来扩展序列，虽然具有快速便捷的优势，但是数据延拓精度差，延拓部分并不能够准确反映原始序列端点外的数据变化规律。特别是对于非线性的径流数据，镜像延拓所得数据与实测值的变化趋势和大小有明显差距，平均相对误差为 32.13%，在 1959 年相对误差最高达到 98.30%，较大的延拓误差会直接影响后续 CEEMDAN 方法分解序列的精度。

　　AR 延拓是基于线性自回归的预测延拓方法，虽然构建模型的过程中考虑了数据本身的变化规律，但其给出的预测方程并不能完全把握非平稳性较强的径流序列的变化规律。AR 延拓所得数据的平均相对误差为 21.18%。相较于镜像延拓，其预测结果整体更贴近于实测值，然而延拓部分的极值点分布和变化趋势与实测值仍有明显差距，左端延拓中仅在 1959 年出现的极小值点与实测数据同步。数据延拓可以消除端点效应的原理就是使序列两端出现新的极值点，CEEMDAN 分解过程会对极值点进行三次样条差值，这些延拓所得极值点保证原本端点部分的分解结果不会严重失真。如果延拓所得极值点的分布情况与实际数据有较大差距，那么分解过程会引入新的误差，降低分解精度。AR 模型在右端的延拓结果有 3 个极值点与实测数据一致，但数值相差较大，影响后续的分解精度。

　　RBF 延拓也是一种基于数据预测的延拓方法，而 RBF 神经网络更善于处理非平稳、非线性的数据系列，对唐乃亥水文站年径流序列的延拓效果较好。在 RBF 延拓所得结果中，原始序列向右延拓所得的 7 年数据中，2007—2012 年每一年的延拓值都成为了新的极值点，前 5 个极值点符合实测数据变化趋势，最后一个极值点即 2012 年的延拓结果则产生了明显偏差，相对误差达到了 44.79％；左端延拓得到了 1958 年、1960 年及 1962 年 3 个极值点，其中 1962 年处的极值点与实测数据趋势不一致，误差为 37.96％，另外两个极值点则基本符合实际情况。因此，对非平稳性较强的年径流序列而言，直接运用 RBF 模型进行预测可能导致某些点与真实值发生偏离，造成较大误差。从整体看，尽管存在两个偏差较大的点，但 RBF 延拓在左右两端的延拓结果基本上可以反映标准序列变化的大概趋势。

8.2.1.3　分解结果

1. 结果对比

应用 CEEMDAN 方法分别分解延拓序列以及标准序列，分解结果见图 8.2～图 8.5。其中延拓序列和标准序列中两端的数据即 1956—1962 年和 2007—2013 年数据系列为在 CEEMDAN 分解过程中被端点效应"污染"的数据，故分解后将这两部分失真的数据摒弃而保留受端点效应影响较小的部分。以标准序列的分解结果作为基准来评判延拓序列的分解精度。

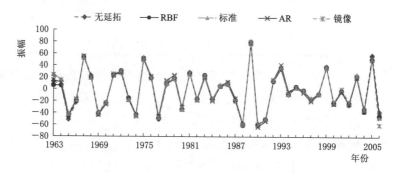

图 8.2　CEEMDAN 分解所得 IMF1 分量

由图 8.2 可知，高频 IMF1 分量以 2～5a 的准周期上下波动，无延拓序列、RBF 延拓、AR 延拓以及镜像延拓序列，分解得到的 IMF1 分量与标准序列基本重合，仅在左右两侧端点处体现出较小的差异。在左侧端点，RBF 延拓序列与标准值的差异性更大，分解结果较小；在右侧端点，镜像延拓的分解结果小于其他序列。结合图 8.1 的延拓结果来看，这是由于 RBF 延拓在左侧端点以外得到的第一个点即 1962 年的延拓值与实测值有较大差距，导致分解结果偏离真值；镜像延拓方法在 2010 年延拓所得极值点与实测值也有明显差异。高频 IMF1 分量的对比结果显示，端点效应对 IMF1 分量的影响不够明显，不能直观看出数据延拓对分解精度的影响，所有序列的分解结果均能保留原始径流数据在该时间尺度上的变化规律和波动特征。

在图 8.3 中，五组分量的中间部分也基本重合，都准确反映了 IMF2 分量具有 4～8a 的准周期，但是在分量的两端，无延拓序列与标准值虽然保持相同趋势，但线条之间产生了较为明显的分离，端点效应造成的误差开始显现。镜像延拓序列在左右两端也与标准值产生了分离，反映了延拓误差对分解结果造成的影响。RBF 延拓和

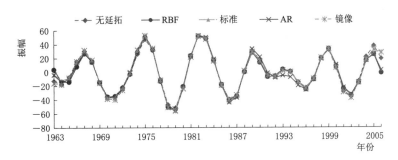

图 8.3 CEEMDAN 分解所得 IMF2 分量

AR 延拓数据与标准值接近，三者的波动趋势和幅值基本一致，端点效应得到抑制。结果显示，RBF 延拓和 AR 延拓较为明显地提高了 IMF2 分量两端的精度。

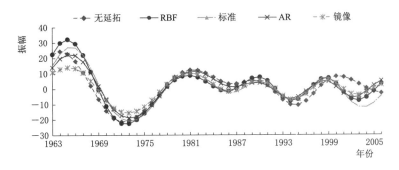

图 8.4 CEEMDAN 分解所得 IMF3 分量

由图 8.4 可知，无延拓序列受端点效应的影响在 IMF3 分量中进一步体现，与标准序列的重合部分大大减少，左端变化趋势与真值出现了不同步，右端则更加显著，准周期明显偏大。三组延拓序列的分解结果仍与标准序列有大范围的重合，仅在两端分离，幅值有所偏差，但变化趋势始终一致，满足同步的周期变化，优于无延拓序列。其中，镜像延拓在左右两端与标准序列的差距最为显著，振幅明显偏小，特别是在左端，与标准序列产生了较大范围的分离，分解精度降低。RBF 延拓和 AR 延拓与标准值的差距较小，分解效果更好。结果显示，在 IMF3 分量中，RBF 延拓和 AR 延拓可以有效抑制端点效应造成的误差，保证了 9～16a 准周期、变化趋势及中部振幅等信息的真实准确。镜像延拓虽然可以反映该时间尺度上的准周期和变化趋势，但左侧端点处振幅信息产生了一定程度的失真。

在图 8.5 中，无延拓数据的分量与标准值之间的差距进一步加大，振幅偏小，准周期偏大，在两端都有误差继续扩大的趋势，信息严重失真。三组延拓数据与标准值也发生了大范围的分离，只有少部分重合。其中 RBF 延拓幅值与标准序列最为接近，变化趋势、准周期等信息仍然与标准序列保持一致。而 AR 延拓和镜像延拓的分解结果则与标准值产生了较大偏差，AR 延拓序列的波动趋势放缓，已不能准确反映真实的周期信息和其他分量变化特征。但是相较于无延拓序列，它更加接近于标准序列，

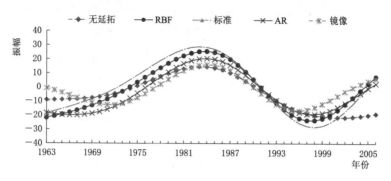

图 8.5　CEEMDAN 分解所得 IMF4 分量

仍然在一定程度上抑制了端点效应的影响。镜像延拓序列与标准值的偏差更为明显，分解结果失真严重，失去了对端点效应的抑制功能。结果表明，在中低频的 IMF4 分量中，RBF 延拓仍可以有效抑制端点效应，保留主要的趋势和周期信息，在一定精度上反映幅值信息。AR 延拓和镜像延拓则无法准确反映该时间尺度上的分量变化特征。

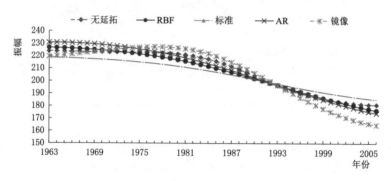

图 8.6　CEEMDAN 分解所得 RES 分量

　　在图 8.6 中，无延拓序列、RBF 延拓序列、AR 延拓序列等五组数据均反映了径流序列在长时间尺度上的下降趋势，仅幅值有所差距。镜像延拓序列则呈现先上升后下降的波动特征，偏离实际情况。相较于 AR 延拓序列，RBF 延拓序列与标准值更为贴近，分解效果更好。

　　由以上对比可以看出，端点效应造成的误差随着分解进行从端点处逐渐向内传播，进而影响整个序列分解的结果。对 IMF1 分量及趋势项，数据延拓对分解精度的改善并不明显，但是对于其他中低频分量，对原始数据进行 RBF 神经网络延拓可以明显减小端点效应的影响，抑制误差向内部传播，提高分解精度，更加准确地体现该时间尺度上的波动特征。特别是在端点处，可以真实反映数据的走势，为数据预测提供方便。AR 延拓和镜像延拓可以反映中高频 IMF1 分量、IMF2 分量和 IMF3 分量上的变化趋势、准周期等信息，但对于低频 IMF4 分量，其分解结果无法保留真实的波动信息，分解结果产生不同程度的失真。镜像延拓甚至无法反映趋势项 RES 分量的真实波动特征，相较于 AR 延拓和 RBF 延拓，其分解效果最差。尽管 AR 模型延拓序列不能在所有分量中都保持很好的分解精度，但其分解效果始终优于无延拓序列，始终具有抑制端点效应的作用。

总体而言，延拓精度越高分解所得的分量才能更加准确地反映不同时间尺度上真实的波动信息，延拓精度对分解效果有明显影响。对原始序列进行准确有效地延拓可以有效抑制端点效应，保证分解质量。径流原始序列经过 RBF 数据延拓后，CEEMDAN 分解过程中的端点效应并没有导致分解结果失真，分解误差被控制在合理范围内。因此，RBF 延拓序列的分解结果可以真实反映数据的变化规律，径流量的多时间尺度分析和预测可以以 RBF 延拓序列的分解结果为基础进行后续的研究。

2. 分解误差

本书选择相关系数（correlation coefficient，R）和决定系数（coefficient of determination，R^2）两个序列相关性评价指标，以及均方根误差（Root Mean Square Error，RMSE）和平均绝对误差（Mean Absolute Error，MAE）两个误差评价指标，以标准序列分解结果为基准来定量评价各组序列的分解效果。

CEEMDAN 分解后无延拓序列和延拓序列各分量误差见表 8.2 及图 8.7～图 8.9。

表 8.2　　　　　　　　　　无延拓序列和延拓序列各分量误差

评价指标		决定系数	相关系数	均方根误差	平均绝对误差
IMF1	无延拓	0.988133	0.994220	3.590869	2.345541
	RBF	0.987808	0.994718	3.639760	2.005230
	AR	0.991753	0.996280	2.993496	2.289154
	镜像	0.992355	0.996646	2.882194	1.895853
IMF2	无延拓	0.975539	0.988162	4.174095	2.485404
	RBF	0.993489	0.996854	2.153468	1.601114
	AR	0.991408	0.996337	2.473887	1.918930
	镜像	0.963981	0.983998	5.065098	2.624028
IMF3	无延拓	0.715773	0.855608	6.188807	4.876589
	RBF	0.924493	0.970858	3.189835	2.294290
	AR	0.901744	0.959946	3.638755	2.515132
	镜像	0.799814	0.938537	5.193862	3.603765
IMF4	无延拓	0.715481	0.910387	9.643719	8.118485
	RBF	0.953309	0.982478	3.906670	3.558305
	AR	0.794277	0.928216	8.200305	7.233891
	镜像	0.587659	0.821240	11.609590	10.381160
RES	无延拓	0.670102	0.985842	6.409056	5.939486
	RBF	0.743940	0.999760	5.646442	5.044658
	AR	0.423411	0.999825	8.473001	7.548721
	镜像	−0.059360	0.953928	11.484880	10.073880

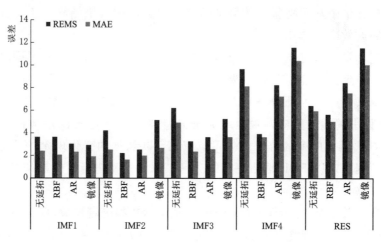

图 8.7 各组序列 CEEMDAN 分解所得分量误差

在表 8.2 及图 8.7 中，均方根误差 RMSE 和平均绝对误差 MAE 都反映了各组数据的分量与标准序列分量之间振幅的差距，数值越小，分量越接近标准值，分解误差越小。在 IMF1 分量中，RMSE 值和 MAE 值都比较小，各组数据分解精度高，4 组分量之间的差距在很小的范围内。在 IMF2 分量中，端点效应和较大延拓误差带来的影响开始显现，无延拓序列和镜像延拓序列的 RMSE 值和 MAE 值均有增大现象，并开始明显高于 RBF 序列和 AR 延拓序列。在 IMF3 分量中，各组序列的 RMSE 值和 MAE 值都变大，无延拓序列增幅最为明显。在 IMF4 分量中，各组序列的 RMSE 值和 MAE 值继续增加，镜像延拓序列甚至超过了无延拓序列，AR 延拓序列的分解误差显著增高，仅仅略低于无延拓序列。在 RES 分量中，三组延拓序列的 RMSE 值和 MAE 值继续增大，AR 延拓序列和镜像延拓序列的分解误差均高于无延拓序列，而无延拓序列的分解误差相较于 IMF4 分量有所下降。

在所有分量中，RBF 延拓序列的分解误差始终处于较低水平，在 IMF2 分量、IMF3 分量、IMF4 分量、RES 分量中均具有最小值，分解效果最好。AR 模型延拓序列的分解结果在 IMF1 分量、IMF2 分量和 IMF3 分量中误差较小，仅在 RES 分量中误差高于无延拓序列。镜像延拓序列的分解结果仅在 IMF1 分量和 IMF2 分量中误差较小，在 IMF4 分量和 RES 分量中误差高于无延拓序列。

在 3 组数据延拓序列中，从 IMF1 分量到 RES 分量随着分解进行，各组序列分解误差均逐渐增大，对端点效应的抑制效果逐渐降低，只有 RBF 延拓序列始终保持良好的抑制端点效应的效果。

在表 8.2 及图 8.8 中，决定系数 R^2 反映了各组数据的分量与标准序列分量之间相关性的大小，可以用来表征各分量反映标准序列分量实际波动特征的能力，R^2 越大即越接近于 1，那么该分量更能准确体现标准序列分量的变化趋势和波动周期等规律。在 IMF1 分量和 IMF2 分量中，各组序列的 R^2 均接近于 1，都可以准确反映标准序列在该时间尺度上的波动特征。在 IMF3 分量中，各序列的 R^2 都有所减小，无延

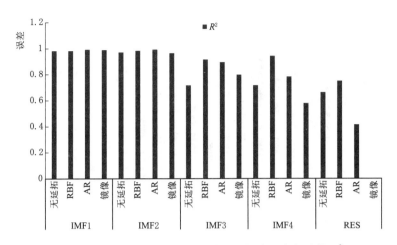

图 8.8 各组序列 CEEMDAN 分解所得分量决定系数 R^2

拓序列最为显著，其次为镜像延拓序列，这些序列均无法完整、准确地反映标准序列的波动特征。在 IMF4 分量中，无延拓序列、镜像延拓序列和 AR 延拓序列的 R^2 继续降低，难以表现标准序列变化趋势和波动周期；RBF 延拓序列的 R^2 有所增加，它仍然能准确反映真实的变化规律。在 RES 分量中，各序列的 R^2 都有减小，镜像延拓的 R^2 甚至减为负值，该组数据完全无法代表真实的趋势特征，RBF 延拓序列则仍具有较高的 R^2。

从图 8.8 中可以看出，在所有分量中，RBF 延拓序列的 R^2 均处于最高的水平，相比于其他序列，该序列分解所得的分量都能更加准确地反映标准序列分量的变化趋势和波动周期等规律，RBF 延拓可以有效抑制端点效应，优化分解效果。在 IMF1 分量、IMF2 分量、IMF3 分量和 IMF4 分量中，AR 延拓序列的 R^2 高于无延拓序列，在 IMF1 分量、IMF2 分量和 IMF3 分量中，镜像延拓的 R^2 高于无延拓序列，在这些分量上，两种数据延拓方法可以在一定程度上抑制端点效应现象，使分解结果更好地体现标准序列实际的波动规律。

在表 8.2 及图 8.9 中，相关系数 R 将分量概化为线性方程，与标准序列分量概化所得的线性方程进行斜率对比，R 值越接近于 1，两个线性方程斜率越接近。该值对度量中高频的 IMF1 分量、IMF2 分量和 IMF3 分量的分解效果意义不大，但对于低频的 IMF4 分量和趋势项 RES，相关系数 R 可以在一定程度上反映分解结果能否准确判断在较长时间尺度上数据的变化趋势。在 IMF4 分量和趋势项 RES 中，RBF 延拓序列的 R 值均处于最高的水平，可以反映标准序列在该分量上整体的变化趋势；镜像延拓序列的 R 值均处于最低的水平，与标准序列的整体变化趋势不一致；AR 延拓序列的 R 值均高于无延拓序列，AR 延拓可以改善无延拓序列的分解结果，使之在较长时间尺度上更好地反映实际的变化趋势。

8.2.1.4 分解结果总结

由以上延拓结果和分解结果可以看出，CEEMDAN 方法仍存在着端点效应问题，

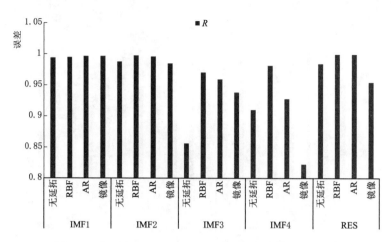

图 8.9　各组序列 CEEMDAN 分解所得分量相关系数 R

其造成的误差随着分解进行从端点处逐渐向内传播，进而影响后续分量的分解效果，从高频 IMF1 分量到趋势项 RES，分解误差逐渐增大。

在对原始数据进行 CEEMDAN 分解前，可以采用 RBF 延拓、AR 延拓和镜像延拓的方法来延拓原始序列。其中 RBF 延拓的精度最高，其次为 AR 延拓，镜像延拓的延拓误差最大。RBF 延拓的结果基本上可以反映实测序列实际的变化趋势，AR 延拓和镜像延拓无法有效把握准确的波动规律。

分解结果中，RBF 延拓可以有效抑制端点效应，提高分解精度。在不同的时间尺度上，RBF 延拓序列的分解结果均能比较准确地反映实际的波动周期和振幅信息。

AR 延拓抑制端点效应的效果劣于 RBF 延拓方法。在 IMF1 分量、IMF2 分量和 IMF3 分量中，AR 模型延拓序列的分解效果接近 RBF 延拓，但是在 IMF4 分量中，分解结果仅能反应标准序列的波动周期信息，振幅信息出现一定程度的失真现象。在 IMF1 分量、IMF2 分量、IMF3 分量和 IMF4 分量中，AR 延拓序列的分解结果始终优于原始序列，因此该延拓方法可以在这些分量上抑制端点效应，改善原始序列的分解结果。

镜像延拓抑制端点效应的效果最差，镜像延拓序列的分解结果仅能在 IMF1 分量、IMF2 分量和 IMF3 分量上反应标准序列的波动特征，优于原始序列的分解结果，但在 IMF4 分量和 RES 分量上，该序列的分解结果无法反映标准序列真实的变化规律，劣于原始序列的分解结果。

因此在后续的数据延拓过程中，本文主要选择 RBF 延拓方法来抑制端点效应，优化原始序列的分解结果，并以此为基础进行后续的水文要素预测研究，构建新的数据预测模型。

8.2.2　达日水文站年降雨量

8.2.2.1　序列选取

以黄河源区达日水文站 1956—2015 年实测年降雨量资料为基础，设置 3 组序列进行研究：①截取 1963—2008 年共 46a 数据作为本次研究的原始序列；②分别利用镜像延拓、AR 延拓、RBF 延拓技术将原始序列向左右两端进行延拓，其中左端延拓至 1956 年，右端延拓至 2015 年，得到的 1956—2015 年序列为延拓序列；③将 1956—2015 年整个实测年雨量作为标准序列。

8.2.2.2 数据延拓

在达日雨量站年雨量原始序列中，相邻两个极大值或极小值点的最大间隔为 4a，为了保证延拓能够出现新的极值点来抑制端点效应并且具有一定精度，原始序列左右两端都选择 7a 作为延拓长度，即 1956—1962 年为原始序列的左端延拓部分，2007—2013 年为原始序列的右端延拓部分。在 1963—2008 年共 46a 数据中，模型的率定期为 32a，检验期为 14a，模型构建经过了交叉验证。将这两个时段内达日雨量站年雨量实测数据与延拓结果进行对比，延拓结果及相对误差分别见图 8.10 和表 8.3。

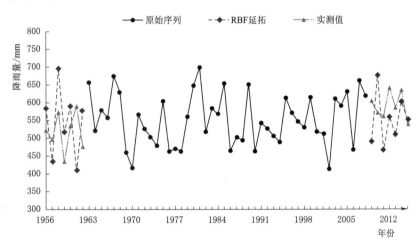

图 8.10 达日雨量站年降雨量原始序列及延拓结果

表 8.3 达日雨量站年降雨量延拓误差

年 份	左 端						
	1956	1957	1958	1959	1960	1961	1962
标准序列/mm	523.53	494.31	575.66	432.19	532.20	590.70	475.70
RBF 延拓/mm	585.76	431.53	695.90	515.14	590.06	406.59	577.79
延拓误差/%	11.89	12.70	20.89	19.19	10.87	31.17	21.46

年 份	右 端						
	2009	2010	2011	2012	2013	2014	2015
标准序列/mm	602.30	571.20	561.27	643.98	585.01	634.43	536.44
RBF 延拓/mm	490.44	677.84	464.72	559.64	508.40	601.61	550.66
延拓误差/%	18.57	18.67	17.20	13.10	13.10	5.17	2.65

由图 8.10 和表 8.3 可知，原始序列向右延拓所得的 7a 数据中，2009—2015 年每

一年的延拓值都成为了新的极值点，后 4 个极值点符合实测数据变化趋势，前两个极值点即 2009 年和 2010 年的延拓结果则产生了偏差，相对误差为 18.57% 和 18.67%；左端延拓得到了 1957 年、1958 年、1959 年、1960 年和 1961 年 5 个极值点，其中 1961 年处的极值点与实测数据趋势不一致，误差为 31.17%，另外的极值点则基本符合实际情况。因此，对达日雨量站的年降雨量序列而言，RBF 神经网络模型左右两端的延拓结果基本上可以反映标准序列的大概趋势。

8.2.2.3　分解结果

1. 结果对比

应用 CEEMDAN 方法分别分解延拓序列以及标准序列，分解结果见图 8.11。其中延拓序列和标准序列中两端的数据即 1956—1962 年和 2009—2015 年数据系列为在 CEEMDAN 分解过程中被端点效应"污染"的数据，故分解后将这两部分失真的数据摒弃而保留受端点效应影响较小的部分。以标准序列的分解结果作为基准来评判延拓序列的分解精度。

由图 8.11 可知，延拓序列以及标准序列均被 CEEMDAN 分解，得到 5 层分量。将两组序列的每一层分量进行对比可以看出，在 IMF1 分量和 IMF2 分量中，延拓序列与标准序列的分解结果几乎完全重合，端点效应造成的误差基本没有显现，RBF 延拓序列的分解结果可以完美表示高频分量的波动特征。在 IMF3 分量和 IMF4 分量中，延拓序列的分解结果仍与标准值有大范围的重合，在局部仅有幅值上的差异，但相差不大，且变化趋势、准周期等信息仍然与标准序列保持一致，RBF 数据延拓将端点效

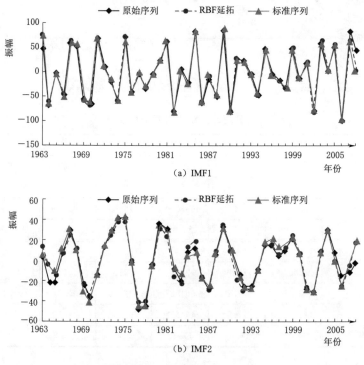

图 8.11（一）　达日雨量站降雨量序列 CEEMDAN 分解结果

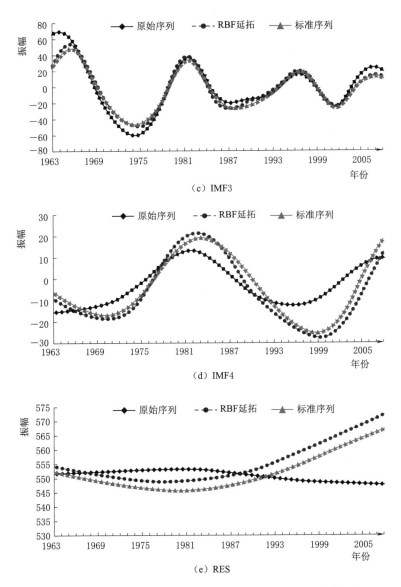

图 8.11（二）　达日雨量站降雨量序列 CEEMDAN 分解结果

应造成的误差控制在较小范围内，保证了 CEEMDAN 分解的结果准确，精度可靠。RES 分量均反映了雨量序列在长时间尺度上的下降趋势，序列趋势变化基本相同，仅幅值有所偏差，RBF 神经网络延拓序列的分解结果在最后一层分量上体现的信息仍然真实有效。

　　总体而言，雨量原始序列经过 RBF 数据延拓后，CEEMDAN 分解过程中的端点效应并没有导致与延拓序列分解结果失真，分解误差被控制在合理范围内。因此，延拓序列的分解结果可以真实反映数据的变化规律，为雨量的多时间尺度分析和精准预测提供可靠基础。

2. 分解误差

本书选择相关系数 R 和决定系数 R^2 两个序列相关性评价指标，以及均方根误差 RMSE 和平均绝对误差 MAE 两个误差评价指标，以标准序列分解结果为基准来定量评价各组序列的分解效果。

CEEMDAN 分解后无延拓序列和延拓序列各分量误差见表 8.4。

表 8.4　　　　　　　　　降雨原始序列与延拓序列各分量分解误差

评价指标		决定系数	相关系数	均方根误差	平均绝对误差
IMF1	无延拓	0.9695	0.98493	8.93758	4.72167
	RBF	0.99439	0.99723	3.83457	3.05912
IMF2	无延拓	0.93833	0.97069	5.76553	3.87537
	RBF	0.96155	0.98107	4.5526	3.55887
IMF3	无延拓	0.80333	0.95849	11.3277	7.70702
	RBF	0.98798	0.99713	2.80068	2.24583
IMF4	无延拓	0.65581	0.83391	8.34853	6.97472
	RBF	0.93454	0.98449	3.64087	3.1041
RES	无延拓	−0.7073	−0.9391	8.25142	6.54252
	RBF	0.68831	0.99599	3.52563	3.40137

由表 8.4 可知，在 IMF2 分量、IMF3 分量、IMF4 分量上，数据延拓序列的均方根误差 RMSE、决定系数 R^2 和平均绝对误差 MAE 等参数相比于无延拓的原始序列都有了明显改善，分解精度显著提高。在 IMF1 分量上，两者都具有较高的精度，对原始数据进行延拓没有十分明显的优势，但延拓序列中 RES 分量的误差更小。整体而言，延拓序列的分解精度优于无延拓的原始序列。

8.3 "延拓-分解-预测-重构"模型构建思路

水文序列具有明显的非平稳性和非线性特征，采用单个预测模型直接对原始序列进行预测很难达到理想精度。一方面是由于每个数据驱动的预测模型都有其独特的适用条件和优缺点，而复杂数据序列中蕴含的对模型选择有帮助的信息往往比较隐蔽，对其直接采用某种预测模型进行预测可能会由于模型选择失误而带来较大偏差。因此，运用单一模型对水文序列进行预测在选择模型时会产生一定的风险。另外，原始水文序列中数据的波动随机性很强，变化规律难以把握，传统的单个预测模型很难构建理想的预测方程来完全准确把握这种随机波动。或者说，造成原始水文序列随机波动的成因比较复杂，其变化过程受多种因素影响，控制水文变量发生变化的复杂成因很难用单一模型进行解释，因此水文序列本身的随机性和复杂性决定了单一数值预测模型很难稳定地取得理想的预测效果。综上所述，要想运用数据驱动预测模型较好地预测非平稳性、非线性较强的水文要素序列，首先需要对原始数据进行解析，挖掘有用的模型选择信息，从随机波动特征中分离出多维的确定性较强的波动规律，然后充分利用解析原始数据所得的有用结论，对多维信息有针对性地构建预测模型，将各个模型的预测能力发挥到最大，最后汇总得到组合预测模型，达到高效、合理预测，提高预测精度。

CEEMDAN 方法作为一种良好的时频分析方法，克服了小波变换需预设基函数、自适应性较差及对非线性序列分析效果一般等不足之处和同类 EMD 方法中的模态混淆、残留噪声等问题，并以其完备性、自适应性和近似正交性等优点，已在水文序列多时间尺度分析和水文预测中得到广泛应用。该方法可以将复杂的非线性数据序列分解得到多个分量，这些分量蕴含了原始序列在不同时间尺度上的波动信息，而且分量的变化特征相对平稳，数据波动的确定性增强，变化规律易于掌握，可以用来帮助我们有效把握水文要素序列的内在变化规律，为构建数据预测模型提供有用信息。因此，本书选择 CEEMDAN 方法来对水文要素序列进行处理，构建基于该方法的组合预测模型。

在水文时间序列预测领域中，基于各类时频分析方法的"分解-预测-重构"预测模型构建思路已被广泛应用。其中，许多文章围绕分解后分解结果的预测方法进行了深入研究以提升预测精度，并取得了一系列成果。但是，在"分解""预测"和"重构"过程中，不仅仅需要在"预测"阶段通过选择合适的模型对预测结果的精度进行优化，"分解"过程中也需要对分解精度进行控制，来保证分解结果可以真实、有效地反映原始数据中蕴含的不同时间尺度的波动特征。只有分解结果能够准确把握原始数据在微观尺度上的变化规律，针对分解结果构建的预测模型才能做到有效预测，使最终预测结果符合实际的波动规律，达到精准预测的目的。因此，分解结果作为预测模型的输入对最终预测结果有显著影响，我们在构建"分解-预测-重构"模型时需要考虑。

对于原始序列进行分解处理的多种时频分析方法均有其自身的局限性，在运用这些方法的过程中需要根据实际情况消除方法本身带来的负面影响，以获得真实、可靠的分解结果。本书选用的 CEEMDAN 方法虽然相比于小波分析和 EMD 方法具有多种优势，但是正如对 CEEMDAN 方法分解效果进行的研究可以发现，该方法在分解过程中仍然会受到端点效应影响，降低分解精度。忽视分解误差简单地构建"分解-预测-重构"模型显然会导致预测效果变差，预测结果难以达到更高的精度。因此根据 RBF 延拓技术可以有效抑制端点效应、降低 CEEMDAN 方法分解误差的结论，我们提出了"延拓-分解-预测-重构"的组合预测模型构建思路，先利用合适的数据延拓方法处理原始序列来解决分解方法本身带来的端点效应问题，改善分解结果，再针对分解结果优选预测方法，构建组合预测模型提高分量预测精度，最后将分量预测结果重构，得到最终的预测结果。

8.4　基于经验选择的组合预测

本节针对单纯运用 CEEMDAN 方法分解原始数据而忽视端点效应的问题，以及分解所得各分量具有不同波动特征的情况，基于"延拓-分解-预测-重构"的模型设计思路构建了"RBF - CEEMDAN - RBF - ARIMA"模型（RCRA 模型），实现了对黄河源区唐乃亥水文站年径流数据的精准预测。

该模型先选用 RBF 延拓技术对原始序列进行延拓，然后对延拓序列进行 CEEM-DAN 分解，考虑到分解结果各分量的不同波动特征和对预测模型特点的经验性认识，对分解得到的非线性较强的分量进行 RBF 神经网络预测，而对较平稳的分量进行 ARIMA 预测，保证分量预测的合理性和准确性。将"RCRA 模型"预测结果和无延拓的原始序列，直接与"CEEMDAN - RBF - ARIMA"预测的结果对比，探讨 RBF 延拓对"分解-预测-重构"预测模型预测精度的影响。

8.4.1　模型构建

本节提出一种基于 RBF 数据延拓、CEEMDAN 分解和经验选择的组合预测模型"RCRA 模型"，它集成了 CEEMDAN 方法、RBF 神经网络预测模型和 ARIMA 预测模型，其建模流程如下。

步骤 1：原始序列延拓。

为抑制 CEEMDAN 分解过程中出现的端点效应问题，先将原始水文序列进行 RBF 神经网络延拓得到延拓序列，保证分解结果准确可靠。

步骤 2：CEEMDAN 分解。

将利用 RBF 神经网络延拓获得的延拓序列进行 CEEMDAN 分解，得到具有不同时间尺度的 IMF 分量和残差项 RES 分量。相较于原始序列，这些分量平稳性较强，波动规律容易掌握，采用数值模型进行预测得到的预测结果更为可靠。

步骤 3：对 IMF 分量进行组合预测。

分解结果表明，不同时间尺度上的 IMF 分量具有不同的波动特征，简单的单一预测模型不能够适应所有分量的数据变化特性。因此考虑到分解结果各分量的不同变化规律，结合对不同预测模型的经验性认知，对分解得到的非线性较强的高频 IMF1 分量进行 RBF 神经网络预测，而对相较平稳的其他分量进行 ARIMA 预测，保证分量预测的合理性和准确性。

步骤 4：汇总预测结果。

通过步骤 4 获得每个 IMF 分量的预测结果，叠加预测结果以获得最终预测值。

8.4.2　模拟预测

本节选择以黄河源区唐乃亥水文站 1956—2013 年的实测年径流量资料为研究对

象，截取 1963—2006 年共 44a 数据作为本次研究的原始序列。构建"RBF – CEEM-DAN – RBF – ARIMA"模型（RCRA 模型）实现对唐乃亥水文站年径流数据的有效预测。将预测过程和结果与无延拓原始序列直接进行 CEEMDAN 分解后再预测的方法进行对比，探讨 RBF 延拓技术对基于 CEEMDAN 方法的"分解-预测-重构"组合预测模型的改进效果。

1. 数据延拓及分解

唐乃亥水文站径流原始序列的延拓及分解结果在 8.2.1 节已经进行了讨论，这里直接选用原始序列和 RBF 延拓序列的分解结果进行后续的分量预测工作。RBF 延拓可以有效抑制端点效应，提高分解精度，特别是在端点处，RBF 延拓序列的分解结果能够很好地模拟实际的变化规律，反映数据的波动趋势，为分量的精准预测提供保障。

2. 分量预测

对原始序列及延拓序列的每一层分量分别进行预测，预测长度选为 7a，预测年份为 2007—2013 年。虽然标准序列中包含了 2007—2013 年的实测数据，但其位于序列右端，受 CEEMDAN 分解过程中端点效应的影响，这些年份的分解结果可能产生误差，无法准确表示分量的实际变化规律，因此没有将其作为预测期的标准来判断分量预测结果的优劣。在各层分量中，将延拓序列的预测结果称为预测 1，将原始序列的预测结果称为预测 2，本节主要对两组预测的差异性进行分析和研究。

两组径流序列经 CEEMDAN 分解后，IMF1 仍保留着较强的非平稳性，因此考虑采用 RBF 神经网络模型进行预测；其他分量相对平稳且 ARIMA 拟合效果较好，因此选择 ARIMA 模型进行预测。各层分量的预测结果见图 8.12～图 8.16。

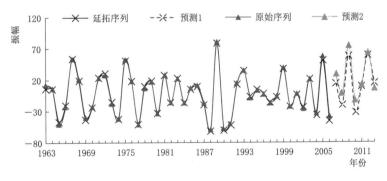

图 8.12　IMF1 分量预测结果

从图 8.12 中可以看到，由于原始序列与延拓序列的 IMF1 分量基本重合，它们的预测值也相差不大。预测 1 的前 4 个点处于预测 2 的下方，这可能是由于在 IMF1 分量右端端点处原始序列数值小于延拓序列，这种趋势在预测中得到了进一步反映。

在图 8.13 中，尽管两组序列的 IMF2 分量在中间部分有大范围的重合，但右侧端点处的不一致导致其预测结果出现了更为明显的分离。预测 2 极值点的出现时间滞后于预测 1，其峰值也更小，这符合两组序列在 IMF2 分量右端所体现的变化特征。

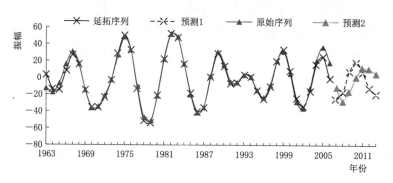

图 8.13　IMF2 分量预测结果

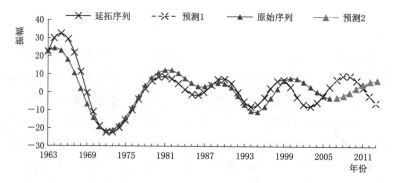

图 8.14　IMF3 分量预测结果

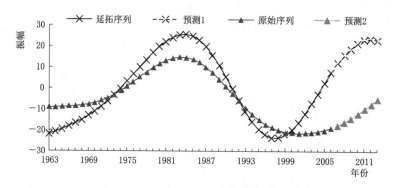

图 8.15　IMF4 分量预测结果

在图 8.14 和图 8.15 中，两组预测都反映了各自分量在本层特别是端点处的变化趋势，但两者的差距更加显著，所体现的波动规律也有较大的区别。在 IMF3 分量上，预测 1 到达峰值之后开始下降，而预测 2 从谷底持续上升至峰值附近；在 IMF3 分量上，预测 1 先增加到极大值然后出现下降趋势，预测 2 则处于从谷到峰的爬升状态。

从图 8.16 可知，原始序列 RES 分量的下降速率在末端放缓，预测 1 维持了这种趋势且出现了略微上升的迹象；预测 2 则保持了对应分量端点处持续下降的势头。

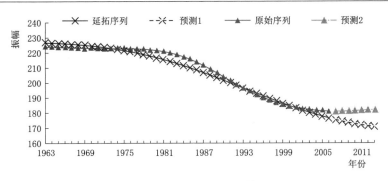

图 8.16 RES 分量预测结果

综上所述，IMF1 分量的预测结果基本一致，原始序列与延拓序列的预测差距主要体现在其他中低频分量上，端点处的变化规律对这些分量的预测结果产生较大影响。另外，经过 CEEMDAN 分解后，中低频分量都较为平稳，非线性较弱，预测结果相对可靠，将差距不大的 IMF1 分量预测结果与其他分量可靠的预测结果进行重构后得到的最终预测可以真实、客观地反映两组序列的预测效果。

3. 重构预测

将各层分量的预测 1 和预测 2 分别进行重构得到延拓序列预测结果和原始序列预测结果，具体见图 8.17 及表 8.5。在 8.2.2 节中，RBF 神经网络延拓所得 2007—2013 年延拓结果即是对原始序列直接运用 RBF 神经网络模型得到的预测结果。这种预测方法并未对原始数据进行任何处理，是水文时间序列预测中常用的一般方法。在表 8.5 中加入 2007—2013 年延拓结果的相对误差与两组运用"分解-预测-重构"模式的预测结果进行对比研究。

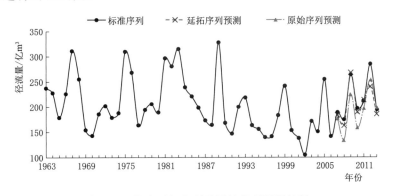

图 8.17 径流延拓序列及原始序列预测结果

表 8.5 径流预测结果及相对误差

变量	评价指标	2007 年	2008 年	2009 年	2010 年	2011 年	2012 年	2013 年	均值
径流量 /亿 m³	标准序列	189.04	174.60	263.47	197.08	211.21	284.03	194.64	216.30
	延拓序列预测	183.45	163.77	267.80	188.42	213.74	240.16	185.40	206.11
	原始序列预测	176.48	134.65	224.39	158.75	198.29	253.42	196.60	191.80

续表

变量	评价指标	2007 年	2008 年	2009 年	2010 年	2011 年	2012 年	2013 年	均值
相对误差/%	RBF 延拓	7.26	10.42	15.15	10.81	13.49	36.59	12.08	15.11
	延拓序列预测	2.96	6.20	1.64	4.39	1.20	15.45	4.75	5.23
	原始序列预测	6.64	22.88	14.83	19.45	6.11	10.78	1.01	11.67

从图 8.17 及表 8.5 中可以看出，两组预测的波动规律均与标准序列一致，而预测精度有所差距。在前 5 个点上即 2007—2011 年，原始序列预测所得径流量明显小于标准序列，且在 2008 年相对误差达到了 22.88%；而延拓序列的预测结果更加精准，相对误差维持在 10% 以内。结合图 8.12～图 8.16 中分量的预测结果可知，在 IMF1 分量和 RES 分量中，原始序列的预测结果均大于延拓序列，在 IMF2～IMF4 分量上则相反，且预测结果相差较大，在重构过程中，这种差距的叠加导致原始序列预测结果偏小。

结合整体来看，两组运用"分解-预测-重构"模式的预测结果都对 RBF 延拓结果中 2012 年相对误差较大（图 8.17 及表 8.5）的情况进行了改善，且原始序列预测结果误差更小。但延拓序列的预测结果中，2012 年仍是相对误差最大的点，与延拓误差的分布规律一致，而在原始序列的预测结果中，2008—2010 年的相对误差均高于 2012 年，甚至在 2008 年和 2010 年，其预测误差高于 RBF 神经网络延拓结果的误差。这可能是由于端点效应以及分量预测的偏差，导致无延拓的原始序列经过"分解-预测-重构"之后其预测结果将误差转移到其他点上。

在对原始序列直接运用 RBF 神经网络模型、"分解-预测-重构"模式以及"延拓-分解-预测-重构"模式进行预测的结果中，采用 RBF 模型直接预测的效果最差，平均相对误差达到 15.11%；采用 CEEMDAN 分解-预测-重构方法预测的平均相对误差为 11.67%，预测效果有所改善；采用 RBF 延拓-CEEMDAN 分解-预测-重构方法预测的平均相对误差为 5.23%，预测精度进一步提高。因此运用 CEEMDAN 方法进行预测时，将原始序列进行合理延拓后再进行"分解-预测-重构"可以达到有效降低预测误差的目的。

8.5　基于参数选择的组合预测

在 8.4 节构建预测模型的过程中，根据分解结果各分量的波动频率特征主观地选择了 RBF 神经网络模型对高频、非线性较强的 IMF1 分量进行预测，选择 ARIMA 模型对低频、非线性较弱的其他分量进行预测。这种模型选择方法虽然符合预测模型本身的一般用法，但高频与低频、非线性强与弱的界限很难直观判断，人为选择的预测模型不一定足够合适，因此该模型选择方法较为粗糙，对预测结果的改进效果有限。

本节对模型选择方法进行了优化，设置三种预测机制不同的预测模型 ARIMA 模型、RBF 神经网络模型和 SVR 模型作为分量预测的备选模型。将 CEEMDAN 分解结果所得分量分为模拟期和预测期两段，分别利用这些模型对每个分量的模拟期内数据进行模拟，然后对预测期内的数据进行预测，并选用相关系数 R 和决定系数 R^2 两个序列相关性评价指标，以及均方根误差 RMSE 和平均绝对误差 MAE 两个误差评价指标来对上述分量预测结果进行评价，根据四种误差评价指标的大小选择对该分量预测效果最好的模型。模型选择完成后，构建组合预测模型开始进行后续的分量预测工作。这种模型选择方法避免了主观选择分量模型带来的预测风险，可以更好地发挥各个模型预测特定类型数据序列的优势，能够进一步提升组合预测模型的预测精度。

　　构建模型的过程中仍然考虑端点效应影响，遵循"延拓-分解-预测-重构"思路，采用 RBF 神经网络延拓技术对原始序列进行延拓后再开始 CEEMDAN 分解，提高分解精度，保证分量预测模型输入端的数据可靠性，改善预测效果。并与无延拓序列的预测结果进行对比，继续考察 RBF 延拓技术对"分解-预测-重构"组合模型的优化能力。

8.5.1　模型构建

　　本节提出一种基于 RBF 数据延拓、CEEMDAN 分解和参数选择的组合预测模型，使用 RBF 数据延拓技术和 CEEMDAN 方法对原始数据进行处理，得到不同时间尺度上平稳性较好的多组分量，结合 ARIMA 模型、RBF 神经网络模型和 SVR 模型三种不同预测模型的数据预测方法在分量预测中的表现，来优选最适合各组分量的最佳预测模型。其中，选用相关系数 R、决定系数 R^2、均方根误差 RMSE 和平均绝对误差 MAE 四种误差评价标准来判断分量预测过程中每种模型的优劣，排除人为主观选择预测模型的风险。为每个分量选出最优预测模型后，再继续进行分量的预测和重构，获得最终预测值。其建模步骤如下。

　　步骤 1：原始序列延拓。

　　为抑制 CEEMDAN 分解过程中出现的端点效应问题，先将原始水文序列进行 RBF 神经网络延拓得到延拓序列，保证分解结果准确可靠。

　　步骤 2：CEEMDAN 分解。

　　将利用 RBF 神经网络延拓获得的延拓序列进行 CEEMDAN 分解，得到具有不同时间尺度的 IMF 分量和残差项 RES 分量。相较于原始序列，这些分量平稳性较强，波动规律容易掌握，采用数值模型进行预测得到的预测结果更为可靠。

　　步骤 3：最佳组合预测模型选择。

　　首先，将 CEEMDAN 分解得到的分量分为模拟期和预测期两段，模拟期数据用来构建合适的 ARIMA 模型、RBF 神经网络模型和 SVR 模型。模型构建完成后，利用该模型对预测期数据进行预测。然后利用相关系数 R、决定系数 R^2、均方根误差 RMSE 和平均绝对误差 MAE 对模型预测效果进行评价。根据误差评价指标的大小选出预测结果最优的模型作为该分量的最终预测模型。汇总整理各个分量的最佳预测模型，最终得到最佳组合预测模型。

步骤 4：对 IMF 分量进行组合预测。

对 CEEMDAN 分解结果运用优选的最佳组合预测模型进行预测，得到各个分量的预测结果。在步骤 3 中选出的最佳预测模型不仅考虑了 CEEMDAN 分解结果各分量的不同变化规律，还发挥了每种模型处理不同数据的独特优势，保证了分量预测的合理性和准确性。

步骤 5：汇总预测结果。

通过步骤 4 获得每个 IMF 分量的预测结果，叠加预测结果以获得最终预测值。

8.5.2　模拟预测

本节选择以黄河源区达日雨量站 1956—2015 年的实测年降雨量资料为研究对象，截取 1963—2008 年共 46a 数据作为本次研究的原始序列。构建基于 RBF 神经网络数据延拓、CEEMDAN 方法和参数选择的组合预测模型实现对达日雨量站年降雨量数据的有效预测。将预测结果与无延拓原始序列直接采用组合预测模型的预测结果进行对比，深入探讨 RBF 延拓技术对基于 CEEMDAN 方法的组合预测模型的改进效果。

1. 数据延拓及分解

达日雨量站降雨量原始序列的延拓及分解结果在 8.2.2 节已经进行了讨论，这里直接选用原始序列和 RBF 延拓序列的分解结果进行后续的分量预测工作。RBF 神经网络延拓可以有效抑制端点效应，提高分解精度，特别是在端点处，RBF 神经网络延拓序列的分解结果能够很好地模拟实际的变化规律，反映数据的波动趋势，为分量的精准预测提供保障。

2. 组合预测模型选择

用 CEEMDAN 方法分解所得的分量分为模拟期和预测期两个时段，模拟期为 1963—2002 年，预测期为 2003—2008 年。利用模拟期内数据分别构建 ARIMA 模型、RBF 神经网络模型和 SVR 模型，运用这些模型对预测期内数据进行预测，预测精度采用相关系数 R 和决定系数 R^2 两个序列相关性评价指标，以及均方根误差 RMSE 和平均绝对误差 MAE 两个误差评价指标进行定量评价。各个分量预测模型的预测精度见表 8.6。

表 8.6　　　　　　　　　　　　降雨量预测结果及误差评价

预测模型	延拓后	IMF1	IMF2	IMF3	IMF4	RES
ARIMA	R^2	0.77	0.59	0.98	1.00	1.00
	R	0.97	0.79	1.00	1.00	1.00
	REMS	27.28	11.73	1.45	0.35	0.04
	MAE	24.00	9.81	1.35	0.27	0.03
RBF	R^2	0.86	0.94	0.99	1.00	1.00
	R	0.96	0.98	1.00	1.00	1.00
	REMS	21.58	4.41	1.22	0.37	0.11
	MAE	18.09	4.02	1.08	0.35	0.07

预测模型	延拓后	IMF1	IMF2	IMF3	IMF4	RES
SVR	R^2	0.71	0.22	0.99	0.99	1.00
	R	0.94	0.54	1.00	1.00	1.00
	$REMS$	30.43	16.06	0.88	0.94	0.10
	MAE	27.13	14.69	0.77	0.83	0.09

根据表 8.6 可知,在对 IMF1 分量和 IMF2 分量进行预测的模型中,RBF 模型的预测精度最高;对 IMF3 分量采用 SVR 模型预测可以获得最高的预测精度;ARIMA 模型对低频 IMF4 分量和 RES 分量的预测效果最好。因此,针对 CEEMDAN 方法获得的各个分量,构建组合预测模型的具体方案为:对 IMF1 分量和 IMF2 分量采用 RBF 模型预测,对 IMF3 分量采用 SVR 模型预测,对 IMF4 分量和 RES 分量采用 ARIMA 模型预测。组合预测模型选择方案见表 8.7。

表 8.7 　　　　　　　　　　　降雨量组合模型选择结果

延拓后	预测模型	决定系数	相关系数	均方根误差	平均绝对误差
IMF1	RBF	0.85	0.95	21.58	18.08
IMF2	RBF	0.94	0.97	4.41	4.02
IMF3	SVR	0.99	0.99	0.87	0.77
IMF4	ARIMA	0.99	0.99	0.34	0.26
RES	ARIMA	0.99	0.99	0.04	0.03

3. 分量预测

对原始序列及延拓序列的每一层分量分别进行预测,预测长度选为 7 年,预测年份为 2009—2015 年。虽然标准序列中包含了 2009—2015 年的实测数据,但其位于序列右端,受 CEEMDAN 分解过程中端点效应的影响,这些年份的分解结果可能产生误差,无法准确表示分量的实际变化规律,因此没有将其作为预测期的标准来判断分量预测结果的优劣。在各层分量中,将延拓序列的预测结果称为预测 1,将原始序列的预测结果称为预测 2,本节主要对两组预测的差异性进行分析和研究。

根据模型选择结果,对 IMF1 分量和 IMF2 分量采用 RBF 神经网络模型预测,对 IMF3 分量采用 SVR 模型预测,对 IMF4 分量和 RES 分量采用 ARIMA 模型预测,预测结果见图 8.18～图 8.22。

从图 8.18 中可以看到,原始序列与延拓序列的预测结果变化趋势一致,预测值也相差不大。预测 1 的波动幅度大于预测 2,这与 IMF1 分量中端点处原始序列的极大值大于延拓序列而极小值小于延拓序列的规律一致。

在图 8.19 中,尽管原始序列和延拓序列的 IMF2 分量在中间部分有大范围的重合,但右侧端点处变化规律的不一致导致两组序列的预测结果出现了更为明显的分

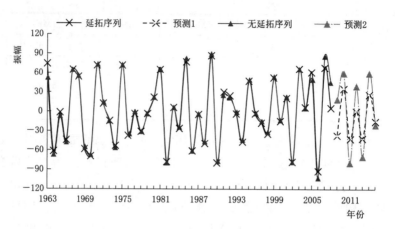

图 8.18　IMF1 分量预测结果

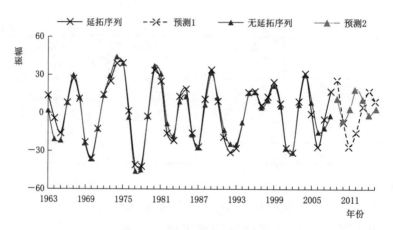

图 8.19　IMF2 分量预测结果

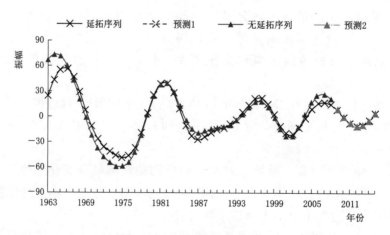

图 8.20　IMF3 分量预测结果

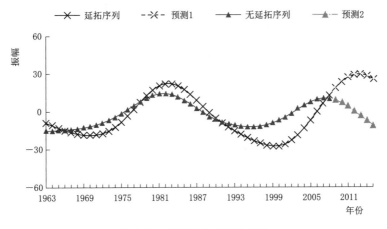

图 8.21 IMF4 分量预测结果

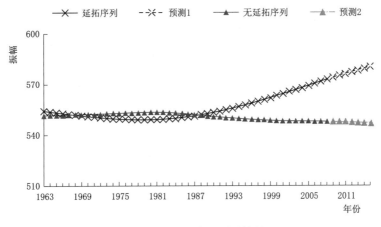

图 8.22 RES 分量预测结果

离。预测 2 极值点的出现时间早于预测 1，波动幅度更小，符合两组序列在 IMF2 分量右端所体现的变化特征。

在图 8.20 中，两组预测结果基本重合，这是由于分解结果中原始序列和延拓序列在右端的变化趋势一致，波动幅度相差不大，IMF3 分量的非线性较弱，预测结果所体现的波动规律更为明确，符合原始序列和延拓序列共同的变化特征。

在图 8.21 中，IMF4 分量的两组预测结果都反映了各自端点处的变化趋势，但两者的差距更加显著，所体现的波动规律也有较大的区别。预测 1 上升至峰值后出现下降，而预测 2 则一直处于下降状态。

由图 8.22 可知，原始序列和延拓序列的 RES 分量变化趋势相反，原始序列在右端为下降趋势，延拓序列为上升趋势，两组预测结果分别继承了两种不同的变化状态。

综上所述，IMF1 分量和 IMF3 分量的预测结果基本一致，原始序列与延拓序列的预测差距主要体现在其他分量上，端点处的变化规律对这些分量的预测结果产生了较大影响。另外，经过 CEEMDAN 分解后，中低频分量都较为平稳，非线性较弱，预测结果相对可靠，将差距不大的 IMF1 分量预测结果与其他分量可靠的预测结果进行重构后，得到的最终预测可以真实、客观地反映两组序列的预测效果。

4. 重构预测

将各层分量的预测 1 和预测 2 分别进行重构，得到延拓序列预测结果和原始序列预测结果，具体见图 8.23 及表 8.8。在 8.2 节中，RBFNN 延拓所得 2009—2015 年延拓结果即是对原始序列直接运用 RBFNN 模型得到的预测结果。这种预测方法并未对原始数据进行任何处理，是水文时间序列预测中常用的一般方法。在表 8.8 中加入 2009—2015 年延拓结果的相对误差与两组运用"分解-预测-重构"模式的预测结果进行对比研究。

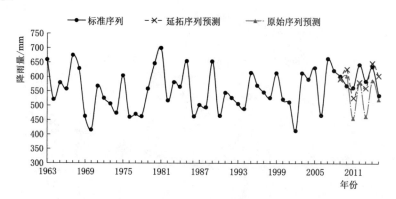

图 8.23　降雨量延拓序列及原始序列预测结果

表 8.8　降雨量预测结果及相对误差

变量	评价指标	2007 年	2008 年	2009 年	2010 年	2011 年	2012 年	2013 年	均值
降雨量 /mm	标准序列	602.30	571.20	561.20	643.90	585.00	634.40	536.80	590.69
	延拓序列预测	592.00	626.66	528.27	581.63	561.85	648.08	603.57	591.72
	原始序列预测	596.41	603.40	455.85	580.50	463.67	587.65	522.17	544.24
相对误差 /%	RBF 延拓	18.59	18.67	17.19	13.08	13.09	5.17	2.65	12.63
	延拓序列预测	1.71	9.71	5.87	9.67	3.96	2.16	12.44	6.50
	原始序列预测	0.98	5.64	18.77	9.85	20.74	7.37	2.73	9.44

从图 8.23 及表 8.8 中可以看出，原始序列与延拓序列预测结果的波动规律与标准序列基本一致，仅在 2008 年与实测值产生了偏差，但差距不大，相对误差分别为 9.71% 和 5.64%。延拓序列预测结果更贴近于实测值，平均相对误差为 6.50%；原始序列预测结果明显偏小，位于其他两组数据下方，平均相对误差为 9.44%。从各分量预测的结果来看，IMF4 和 RES 两组分量的预测结果导致了原始序列预测值偏小。将预测所得各点与实测值进行对比可以看出，延拓序列预测结果优于原始序列，延拓序列最大相对预测误差为 12.44%，其他各点的相对误差均在 10% 以内；原始序列的最大相对误差为 20.74%，其次为 18.77%，均大于延拓序列的最大相对预测误差。

整体来看，两组数据运用"分解-预测-重构"模式及模型选择方法的预测结果都对RBF 神经网络预测结果中相对误差较大的情况进行了改善，而延拓序列对预测精度的提升更为显著，平均相对误差由 12.63% 下降为 6.50%，下降幅度约为原来的一半，预测效果明显改善。

利用 RBF 神经网络模型预测方法、"分解-预测-重构"模式及其模型选择方法，以及"延拓-分解-预测-重构"模式及其模型选择方法三种预测方法分别进行预测，结果表明采用 RBF 神经网络模型直接预测的效果最差，平均相对误差达到 12.63%；采用 CEEMDAN 分解-预测-重构和模型选择方法预测的平均相对误差为 9.44%，预测效果有所改善；采用 RBF 神经网络延拓-CEEMDAN 分解-预测-重构和模型选择方法预测的平均相对误差为 6.50%，预测精度进一步提高。因此运用 CEEMDAN 方法进行预测时，将原始序列进行合理延拓后再进行"分解-预测-重构"，可以达到有效降低预测误差的目的。

参 考 文 献

［1］ 高超，刘莉，王紫霞，等. 黄河唐乃亥以上流域降雨偏差纠正方法研究［J］. 水力发电学报，2018，37（9）：29-39.

［2］ 周帅，王义民，郭爱军，等. 气候变化和人类活动对黄河源区径流影响的评估［J］. 西安理工大学学报，2018，34（2）：205-210.

［3］ 王战策，谢小平，曹光明. 龙羊峡水库径流调节作用及效益分析［J］. 人民黄河，2017，39（1）：14-17.

［4］ 刘贵春，张志浩，喇承芳. 黄河上游唐乃亥站径流变化趋势分析［J］. 甘肃水利水电技术，2009，45（12）：4-6.

［5］ 张昂. 黄河源区汛期径流模拟与预测［D］. 北京：清华大学，2016.

［6］ HAMED K H，RAO A R. A modified Mann-Kendall trend test for autocorrelated data［J］. Journal of Hydrology，1998，204（1/4）：182-196.

［7］ MYRONIDIS D，STATHIS D，IOANNOU K，et al. An integration of statistics temporal methods to track the effect of drought in a Shallow Mediterranean Lake［J］. Water Resources Management，2012，26：4587-4605.

［8］ SEO L，KIM T W，KWON H H. Investigation of trend variations in annual maximum rainfalls in South Korea［J］. KSCE Journal of Civil Engineering，2012，16（2）：215-221.

［9］ REITER A，WEIDINGER R，MAUSER W. Recent climate change at the upper danube—A temporal and spatial analysis of temperature and precipitation time series［J］. Climatic Change，2012，111：665-696.

［10］ 张建云，王国庆，贺瑞敏，等. 黄河中游水文变化趋势及其对气候变化的响应［J］. 水科学进展，2009，20（2）：153-158.

［11］ 丁志宏，冯平，牛军宜. 黑河莺落峡年径流量时序变化的趋势特性及丰枯演化规律研究［J］. 干旱区资源与环境，2009，23（10）：59-63.

［12］ 刘茂峰，高彦春，甘国靖. 白洋淀流域年径流变化趋势及气象影响因子分析［J］. 资源科学，2011，33（8）：1438-1445.

［13］ 顾世祥，李远华，何大明，等. 近45年元江干热河谷灌溉需水的变化趋势分析［J］. 水利学报，2007，38（12）：1512-1518.

［14］ TONGAL H，DEMIREL M C，BOOIJ M J. Seasonality of low flows and dominant processes in the Rhine River［J］. Stochastic Environmental Research and Risk Assessment，2013，27：489-503.

［15］ 姚治君，姜丽光，吴珊珊，等. 1956—2011年金沙江下游梯级水电开发区降水变化特征分析［J］. 河海大学学报（自然科学版），2015，42（4）：289-296.

［16］ HU Z Y，LI Q X，CHEN X，et al. Climate changes in temperature and precipitation extremes in an alpine grassland of Central Asia［J］. Theoretical And Applied Climatology，2016，126：519-531.

［17］ 许文龙，赵广举，穆兴民，等. 近60年黄河上游干流水沙变化及其关系［J］. 中国水土保持科学，2018，16（6）：38-47.

［18］ 杨敏，毛德华，刘培亮，等. 1951—2015年洞庭湖水沙演变及人类活动对径流影响的定量评估［J］. 中国水土保持，2019（1）：38-43，69.

［19］ 罗玉，秦宁生，周斌，等. 1961—2016年长江源区径流量变化规律［J］. 水土保持研究，2019，26（5）：123-128.

［20］ 刘星根. 赣江流域年降雨和径流量的周期特征分析［J］. 人民珠江，2019，40（6）：54－60.

［21］ LANE S N. Assessment of rainfall－runoff models based upon wavelet analysis［J］. Hydrological Processes，2007，21（5）：586－607.

［22］ NAKKEN M. Wavelet analysis of rainfall－runoff variability isolating climatic from anthropogenic patterns［J］. Environmental Modelling & Software，1999，14（4）：283－295.

［23］ AKSOY H，AKAR T，UNAL N E. Wavelet analysis for modeling suspended sediment discharge［J］. Nordic Hydrology，2004，35（2）：165－174.

［24］ SHENIFY M，DANESH A S，GOCIC M，et al. Precipitation estimation using support vector machine with discrete wavelet transform［J］. Water Resources Management，2016，30：641－652.

［25］ 陶伟，李文尧，张登，等. 基于小波变换的 TEM 信号处理中小波基函数的选择［J］. 中国锰业，2016，34（6）：175－176，179.

［26］ HUANG N E，SHEN Z，LONG S R，et al. The empirical mode decomposition and the Hilbert spectrum for nonlinear and non－stationary time series analysis［J］. Proceedings of the Royal Society A：Mathematical，Physical and Engineering Sciences，1998，454：903－995.

［27］ WU Z，HUANG N E. Ensemble empirical mode decomposition：A noise－assisted data analysis method［J］. Advances in Adaptive Data Analysis，2009，1（1）：1－41.

［28］ YEH J R，SHIEH J S，HUANG N E. Complementary ensemble empirical mode decomposition：A novel noise enhanced data analysis method［J］. Advances in Adaptive Data Analysis，2010，2（2）：135－156.

［29］ TORRES M E，COLOMINAS M A，SCHLOTTHAUER G，et al. A complete ensemble empirical mode decomposition with adaptive noise［J］. Proc. 36th IEEE Int. Conf. on Acoust.，Speech and Signal Process［A］. ICASSP 2011，Prague，Czech Republic，2011：4144－4147.

［30］ COLOMINAS M A，SCHLOTTHAUER G，TORRES M E. Improved complete ensemble EMD：A suitable for biomedical signal processing［J］. Biomedical Signal Processing and Control，2014，14（11）：19－29.

［31］ 梁喆，彭苏萍，郑晶. 基于 EMD 和互信息熵的微震信号自适应去噪［J］. 计算机工程与应用，2014，50（4）：7－11，32.

［32］ 朱瑜，王殿，王海洋. 基于 EMD 和信息熵的滚动轴承故障诊断［J］. 轴承，2012（6）：50－53.

［33］ 雷瑞生. 基于经验模态分解的医学信号研究与应用［D］. 广州：广东工业大学，2019.

［34］ 张洪波，余茭皓，孙文博，等. 面向 EMD 分解的径流分量重构方法对比研究［J］. 南水北调与水利科技，2017，15（1）：60－66，166.

［35］ 任博，薛泽宇，任全志，等. 基于 EMD 的凌河流域降水径流预测模型研究［J］. 人民黄河，2016，38（6）：63－65.

［36］ 王俊鸿，覃光华，童旭. 基于 EMD 的岷江上中游流域流量特性分析［J］. 中国农村水利水电，2019（5）：38－42.

［37］ ZHANG J P，ZHAO Y，DING Z H. Research on the joint probability distribution of rainfall and reference crop evapotranspiration［J］. Paddy and Water Environment，2017（15）：193－200.

［38］ MENG E H，HUANG S Z，HUANG Q，et al. A robust method for non－stationary streamflow prediction based on improved EMD－SVM model［J］. Journal of Hydrology，2019，568：462－478.

［39］ 杜懿，麻荣永，赵立亚. 基于 EEMD－BP－ANN 模型的澄碧河年径流量预测研究［J］. 广西水利水电，2018（2）：11－14.

［40］ 姜璇. 基于 EEMD－ANN 模型的三峡水库中长期径流预报研究［D］. 天津：天津大学，2016.

［41］ 张晶，赵雪花. 基于 EEMD 的漳泽水库年径流周期分析［J］. 水力发电，2015，41（2）：8－11.

［42］ REDDY M J，ADARSH S. Time－frequency characterization of sub－divisional scale seasonal rainfall in India using the Hilbert – Huang transform [J]. Stochastic Environmental Research and Risk Assessment, 2016, 30: 1063 – 1085.

[43] KIM T, SHIN J Y, KIM S, et al. Identification of relationships between climate indices and long – term precipitation in South Korea using ensemble empirical mode decomposition [J]. Journal of Hydrology, 2018, 557: 726 – 739.

[44] PRASAD R, DEO R C, LI Y, et al. Weekly soil moisture forecasting with multivariate sequential, ensemble empirical mode decomposition and Boruta – random forest hybridizer algorithm approach [J]. Catena, 2019, 177: 149 – 166.

[45] ANTICO A, TORRES M E, DIAZ H F. Contributions of different time scales to extreme Paraná floods [J]. Climate Dynamics, 2016, 46: 3785 – 3792.

[46] KARTHIKEYAN L, KUMAR D N. Predictability of nonstationary time series using wavelet and EMD based ARMA models [J]. Journal of Hydrology, 2013, 502: 103 – 119.

[47] NAPOLITANO G, SERINALDI F, SEE L. Impact of EMD decomposition and random initialisation of weights in ANN hindcasting of daily stream flow series: An empirical examination [J]. Journal of Hydrology, 2011, 406: 199 – 214.

[48] 张文. 蚁蚂吐河流域降雨径流关系变化分析 [J]. 水电能源科学, 2020, 38 (7): 8 – 10, 33.

[49] 张克阳, 陈沫宇. 近30年来清水河上游西沟降水径流变化及原因分析 [J]. 海河水利, 2016 (3): 37 – 39, 70.

[50] KORADIA A K, BHALALA A D, TIWARI M K. Rainfall – runoff simulation modelling using artificial neural networks in semi – arid middle Gujarat region [J]. Indian Journal of Soil Conservation, 2019, 47 (3): 231 – 238.

[51] NIELSEN K T, MOLDRUP P, THORNDAHL S, et al. Field – scale monitoring of urban green area rainfall – runoff processes [J]. Journal of Hydrologic Engineering, 2019, 24 (8): 04019022.

[52] 张金萍, 肖宏林, 张鑫. 水库运行对径流-泥沙关系的影响分析 [J]. 水电能源科学, 2019, 37 (9): 17 – 20, 50.

[53] 邓娟, 呼东峰, 上官周平. 陕西省不同生态类型区河流水质与径流泥沙间的关系 [J]. 水土保持研究, 2018, 25 (4): 110 – 115.

[54] HUSEN D, ABATE B. Estimation of runoff and sediment yield using SWAT model: The case of katar watershed, rift valley lake basin of ethiopia [J]. Science Publishing Group, 2020, 8 (6): 125 – 134.

[55] LI Y T, CAI Y P, LI Z, et al. An approach for runoff and sediment nexus analysis under multi – flow conditions in a hyper – concentrated sediment river, Southwest China [J]. Journal of Contaminant Hydrology, 2020, 235: 103702.

[56] 张富, 赵传燕, 邓居礼, 等. 祖厉河流域降雨径流泥沙变化特征研究 [J]. 干旱区地理, 2018, 41 (1): 74 – 82.

[57] 许小梅. 砚瓦川流域降雨径流泥沙变化研究 [J]. 现代农业科技, 2020 (11): 194 – 195, 199.

[58] WANG Y, DING Y J, YE B S, et al. Contributions of climate and human activities to changes in runoff of the Yellow and Yangtze rivers from 1950 to 2008 [J]. Science China Earth Sciences, 2013, 56 (8): 1398 – 1412.

[59] SHEN Q N, CONG Z T, LEI H M. Evaluating the impact of climate and underlying surface change on runoff within the Budyko framework: A study across 224 catchments in China [J]. Journal of Hydrology, 2017, 554: 251 – 262.

[60] JIN H, ZHANG S, ZHANG J S. Spurious regression due to neglected of non – stationary volatility

[J]. Computation Statistics，2017，32（3）：1065 - 1081.

[61] LEE L F, YU J H. Spatial nonstationarity and spurious regression：The case with a row - normalized spatial weights matrix [J]. Spatial Economic Analysis. 2009，4（3）：301 - 327.

[62] ZHANG S, SUN R. The spurious regression of fractionally integrated processes with change points [J]. International Business and Management，2015，11（2）：69 - 73.

[63] 畅明琦，刘俊萍. 河川径流序列协整预测研究 [J]. 应用科学学报，2005，23（6）：109 - 112.

[64] 张利亚，张利平，曹枫林，等. 基于协整与误差修正机制的径流预测模型研究 [J]. 武汉大学学报（工学版），2006，39（6）：6 - 9.

[65] 张金萍，原文林，郭兵托. 基于协整分析的河川径流预测 [J]. 水电能源科学，2013，31（5）：18 - 20，99.

[66] 李佳艺，张金萍，石茜茜. 基于 VAR、VEC 模型的陆浑灌区降雨量与作物需水量的动态关系研究 [J]. 水电能源科学，2018，36（7）：5 - 9.

[67] ZHANG J P, ZHAO Y, XIAO W H. Multi - resolution cointegraton prediction for runoff and sediment load [J]. Water Resources Management，2015，29：3601 - 3613.

[68] ZHANG J P, LI Y Y, ZHAO Y, et al. Wavelet - cointegration prediction of irrigation water in the irrigation district [J]. Journal of Hydrology，2017，544：343 - 351.

[69] ZHANG J P, LI H B, SHI X X, et al. Wavelet - nonlinear cointegration prediction of irrigation water in the irrigation district [J]. Water Resources Management，2019，33（8）：2941 - 2954.

[70] 侯玉玲. 变结构协整理论在电力中长期负荷预测中的应用 [J]. 云南电力技术，2015，43（6）：91 - 94.

[71] 杨宝臣，张世英. 变结构协整问题研究 [J]. 系统工程学报，2002（1）：26 - 31.

[72] 李松臣，张世英. 农业发展与经济增长的变结构协整关系研究 [J]. 当代经济管理，2006（3）：15 - 18.

[73] 任国平，刘黎明，管青春，等. 基于变结构协整检验的都市农业景观演变阶段分析 [J]. 农业工程学报，2017，33（24）：249 - 260.

[74] ZHANG J P, LI H B, SUN B, et al. Annual runoff prediction in the source area of the Yellow River based on structure change co - integration theory [J]. Water Supply，2020，20（5）：1664 - 1677.

[75] 郭兵托，孙素艳，张金萍，等. 陆浑灌区供需水的协整关系研究 [J]. 节水灌溉，2018（10）：68 - 73，77.

[76] WANG W. Stochasticity, nonlinearity and forecasting of streamflow processes [M]. Amsterdam：IOS Press，2006.

[77] 王文，马骏. 若干水文预报方法综述明 [J]. 水利水电科技进展，2005，25（1）：56 - 60.

[78] 邵年华. 水文时间序列几种预测方法比较研究 [D]. 西安：西安理工大学，2010.

[79] 程扬，王伟，王晓青. 水文时间序列预测模型研究进展 [J]. 人民珠江，2019，40（7）：18 - 23.

[80] BATES J M, Granger C W J. The combination of forecasts [J]. Opreational Research Quarterly，1969，20（4）：451 - 468.

[81] CLEMEN R T. Combining forecast：A review and annotated bibliography [J]. International Journal of Forecasting，1989，1：151 - 163.

[82] MAKRIDAKIS S, HIBON M. The M3 - competion：Results, conclusions and implications [J]. International Journal of Forecasting，2000，16：451 - 476.

[83] STOCK J H, WATSON M. Combining forecast of output growth in a seven country data set [J]. Journal of Forecasting，2004，23：405 - 443.

[84] XIONG L H, SHAMSELDIN A Y, O'CONNOR K M. A non - linear combination of the forecast

of rainfall – runoff models by the first – order Takagi – Sugeno fuzzy system [J]. Journal of Hydrology, 2001, 245 (1 – 4): 196 – 217.

[85] ZHANG J P, XIAO H L, FANG H Y. Component – based reconstruction prediction of runoff at multi – time scales in the source area of the Yellow River based on the ARMA model [J]. Water Resources Management, 2022, 36: 433 – 448.

[86] TINGSANCHALI T, GAUTAM M R. Applieation of tank, NAM, ARMA and neural network models to flood forecasting [J]. Hydrological Processes, 2000, 14: 2473 – 2487.

[87] SEE L, ABRAHART R J. Multi – model data fusion for hydrological forecasting [J]. Computers & Geosciences, 2001, 27 (8): 987 – 994.

[88] ABRAHART R J, SEE L. Multi – model data fusion for river flow forecasting: an evaluation of six alternative methods based on two contrasting catchments [J]. Hydrology and Earth System Sciences, 2002, 6 (4): 655 – 670.

[89] 董艳萍. 大伙房径流中长期预报及引水调度方式研究 [D]. 大连: 大连理工大学, 2008.

[90] 安鸿志, 陈敏. 非线性时间序列分析 [M]. 上海: 上海科学技术出版社, 1998.

[91] 叶守泽, 夏军. 水文科学研究的世纪回眸与展望 [J]. 水科学进展, 2002, 13 (1): 93 – 104.

[92] BOX G E P, JENKENS G M. Time series analysis forcasting and control [M]. San Francisco: Holden Day, 1970.

[93] TONG H, LIM K S. Threshold autoregression, limit cycles and cyclical data [J]. Journal of the Royal Statistical Society. Series B (Methodological), 1980: 245 – 292.

[94] HSU K, GUPTA H V, SOROOSHIAN S. Artificial neural network modeling of the rainfall – runoff process [J]. Water resources research, 1995, 31 (10): 2517 – 2530.

[95] 王昱, 丁明华. 平稳时间序列模型建立及在水文预报中的应用 [J]. 黑龙江水专学报, 2006 (1): 92 – 93.

[96] 汤成友, 郭丽娟, 王瑞. 水文时间序列逐步回归随机组合预测模型及其应用 [J]. 水利水电技术, 2007 (6): 1 – 4.

[97] MONDAL M S, CHOWDHURY J U. Synthetic stream – flow generation with deseasonalized ARMA model [J]. Journal of Hydrology and Meteorology, 2012, 8 (1): 32 – 46.

[98] 张春岚, 刘东旭, 杨向辉, 等. 黄河源区白河流域径流预报研究 [J]. 人民黄河, 2006 (12): 24 – 25.

[99] 白晓, 边凯, 贾亚琳, 等. 基于 Modflow 和 ARIMA 模型的峰峰矿区岩溶地下水模拟及预测 [J]. 科学技术与工程, 2019, 19 (17): 84 – 90.

[100] 周泽江, 覃光华, 于春平, 等. 若尔盖湿地黑河径流分析及预测 [J]. 水电与新能源, 2013 (3): 18 – 22.

[101] 屈忠义, 陈亚新, 史海滨, 等. 地下水文预测中 BP 网络的模型结构及算法探讨 [J]. 水利学报, 2004 (2): 88 – 93.

[102] BIRIKUNDSVYI S, LABIB R, TRUNG H T, et al. Performance of neural networks in daily streamflow forecasting [J]. Journal of Hydrologic Engineering, 2002, 7 (5): 392 – 398.

[103] 黄国如, 胡和平, 田富强. 用径向基函数神经网络模型预报感潮河段洪水位 [J]. 水科学进展, 2003 (2): 158 – 162.

[104] NOR N I A, HARUN S, KASSIM A H M. Radial basis function modeling of hourly streamflow hydrograph [J]. Journal of Hydrologic Engineering, 2007, 12 (1): 113 – 123.

[105] 陈守煜. 模糊水文学的基本理论模型与应用 [J]. 大连理工大学学报, 1992, 32 (2): 201 – 208.

[106] HENSE A. On the possible existence of a strange attractor for the southern oscillation [J]. Bei-

traeqe zur physik der Atmosphaere，1987，60（1）：34－47.

[107] 权先璋，温权，张勇传. 混沌预测技术在径流预报中的应用［J］. 华中理工大学学报，1999（12）：41－43.

[108] 林剑艺，程春田. 支持向量机在中长期径流预报中的应用［J］. 水利学报，2006（6）：681－686.

[109] MAITY R，BHAGWAT P P，BHATNAGAR A. Potential of support vector regression for prediction of monthly streamflow using endogenous property［J］. Hydrological Processes，2010，24（7）：917－923.

[110] 任化准，薛玉林，余小平，等. DGA－SVR 日径流非线性预报模型及应用［J］. 水电能源科学，2012，30（8）：23－25.

[111] 钱镜林，张晔，刘国华. 基于小波分解的径流预报非线性模型［J］. 水力发电学报，2006（5）：17－21.

[112] OKKAN U，SERBES Z A. The combined use of wavelet transform and black box models in reservoir inflow modeling［J］. Journal of Hydrology and Hydromechanics，2013，61（2）：112－119.

[113] 张洪波，王斌，兰甜，等. 基于经验模态分解的非平稳水文序列预测研究［J］. 水力发电学报，2015，34（12）：42－53.

[114] KARTHIKEYAN L，KUMAR D N. Predictability of nonstationary time series using wavelet and EMD based ARMA models［J］. Journal of Hydrology，2013，502：103－119.

[115] BELTRAN－CASTRO J，VALENCIAN－AGUIRRE J，OROZCO－ALZATE M，et al. Rainfall forecasting based on ensemble empirical mode decomposition and neural networks［J］. IWANN 2013，Part I，LNCS 7902：471－480.

[116] 刘艳，杨耘，聂磊，等. 玛纳斯河出山口径流 EEMD－ARIMA 预测［J］. 水土保持研究，2017，24（6）：273－280，285.

[117] BRIAN D R，JEFFREY V B，JENNIFER P，et al. Amethod for assessing hydrologic alteration within ecosystems［J］. Conservation Biology，1996，10（4）：1163－1174.

[118] BRIAN D R，JEFFREY V B，ROBERT W，et al. How much water does a river need?［J］. Freshwater Biology，1997，37（1）：231－249.

[119] BHAT S，JACOBS J M，HATFIELD K，et al. A comparison of storm－based and annual－based indices of hydrologic variability：A case study in Fort Benning，Georgia［J］. Environment Monitoring and Assessment，2010，167：297－307.

[120] CRAVEN S W，PETERSON J T，FREEMAN M C，et al. Modeling the relations between flow regime components，species traits，and spawning success of fishes in warmwater streams［J］. Environmental Management，2010，46：181－194.

[121] KUMARA B，SRIKANTASWAMY S，BAI S. Environmental flow requirements in tungabhadra River，Karnataka，India［J］. Natural Resources Research，2011，20（3）：193－205.

[122] 杜河清，王月华，高龙华，等. 水库对东江若干河段水文情势的影响［J］. 武汉大学学报（工学版），2011，44（4）：466－470.

[123] 张鑫，丁志宏，谢国权，等. 水库运用对河流水文情势影响的 IHA 法评价——以伊河陆浑水库为例［J］. 水利与建筑工程学报，2012，10（2）：79－83.

[124] 杨娜，梅亚东，许银山，等. 基于下游河道水流情势天然性要求的水库优化调度［J］. 水力发电学报，2012，31（5）：84－89.

[125] 郭文献，李越，王鸿翔，等. 三峡水库对下游河流水沙情势影响评估［J］. 中国农村水利水电，2018（11）：87－92，97.

[126] 刘彦，张建军，张岩，等. 三江源区近数十年河流输沙及水沙关系变化［J］. 中国水土保持科

学，2016，14（6）：61-69.

[127] 陈少冰，孙雪岚，董照，等. 伊洛河入汇对黄河下游水沙关系的影响分析 [J]. 中国农村水利水电，2017（6）：58-64.

[128] 姚文艺，侯素珍，丁赟. 龙羊峡、刘家峡水库运用对黄河上游水沙关系的调控机制 [J]. 水科学进展，2017，28（1）：1-13.

[129] 郭爱军，黄强，畅建霞，等. 基于 Copula 函数的泾河流域水沙关系演变特征分析 [J]. 自然资源学报，2015，30（4）：673-683.

[130] 赵静，黄强，刘登峰. 渭河流域水沙演变规律分析 [J]. 水力发电学报，2015，34（3）：14-20.

[131] LI E H，MU X M，ZHAO G J，et al. Effects of check dams on runoff and sediment load in a semi-arid river basin of the Yellow River [J]. Stochastic Environmental Research and Risk Assessment，2017，31：1791-1803.

[132] 张金萍，肖宏林，张鑫. 龙羊峡水库对下游水沙条件变化的影响分析 [J]. 中国农村水利水电，2020（1）：83-87，96.

[133] 韩璞璞，张生，丁志宏，等. 基于 CA 和 SPA 的黄河源区水沙变化关系研究 [J]. 水电能源科学，2012，30（10）：104-106，50.

[134] TIAN S M，XU M Z，JIANG E H，et al. Temporal variations of runoff and sediment load in the upper Yellow River，China [J]. Journal of Hydrology，2019，568：46-56.

[135] 李志威，王兆印，田世民，等. 黄河源水沙变化及与气温变化的关系 [J]. 泥沙研究，2014（3）：28-35.

[136] 刘晶，吉立，李志威，等. 黄河源唐乃亥水文站水沙序列重建与变化规律研究 [J]. 水文，2018，38（5）：34-41.

[137] 靳少波. 黄河上游降水时空分布对龙羊峡入库流量影响分析 [J]. 甘肃水利水电技术，2019，55（3）：5-7.

[138] 张陵，郭文献，李泉龙. 长江中下游水电开发对河流水文情势的影响研究 [J]. 中国农村水利水电，2019（9）：94-99.

[139] 刘稳，刘国东，夏菁. 近57年云南降水量时空格局及周期特性研究 [J]. 人民长江，2018，49（S2）：80-85，123.

[140] 刘政鸿. 陕西省近50年来降水量时空变化特征分析 [J]. 水土保持研究，2015，22（2）：107-112.

[141] 贾杰，姜丽红. 渭河源区径流量变化特征及趋势分析 [J]. 水利科技与经济，2017，23（5）：51-54.

[142] HURST H E. Long-term storage capacity of reservoirs [J]. Transactions of the American Society of Civil Engineers，1951，116：770-779.

[143] ENGLE R F，GRANGER C W J. Cointegration and error correction：Representation，estimation，and testing [J]. Econometrica，1987，55：252-276.

[144] 吴雄伟，张丽红，唐宏进，等. 基于误差修正模型的土石坝渗流观测资料分析 [J]. 人民长江，2018，49（S2）：296-299，320.

[145] 王勇，顾海燕，刘明磊，等. 基于误差修正模型的河川年径流量预测研究 [J]. 哈尔滨商业大学学报（自然科学版），2011，27（5）：751-753.

[146] GREGORY A W，HANSEN B E. Residual-based tests for cointegration in models with regime shifts [J]. Journal of Econometrics，1996，70：99-126.

[147] 杨宝臣，张世英. 部分协整型协整变结构检验 [J]. 系统工程学报，2005（3）：239-244，255.

[148] 杨宝臣，张世英. 机理变化型协整变结构检验 [J]. 系统工程理论方法应用，2006（1）：61-64.

[149] 张晓峒. Eviews 使用指南与案例 [M]. 北京：机械工业出版社，2007.

[150] 黎铭，张会兰，孟铖铖. 黄河皇甫川流域水沙关系特性及关键驱动因素 [J]. 水利水电科技进展，2019，39 (5)：27-35.

[151] 穆兴民，张秀勤，高鹏，等. 双累积曲线方法理论及在水文气象领域应用中应注意的问题 [J]. 水文，2010，30 (4)：47-51.

[152] KOHLER M A. On the use of double-mass analysis for testing the consistency of meteorological records and for making required adjustments [J]. Bulletin Of The American Meteorological Society, 1949 (30)：188-189.

[153] SHANNON C E. A mathematical theory of communication [J]. The Bell System Technical Journal, 1948，27 (3)：379-423.

[154] 王佳，周玉良，周平，等. 基于集对分析的安徽省梅雨期降水空间特征研究 [J]. 水电能源科学，2018，36 (11)：1-4.

[155] RICHTER B D, BAUMGARTNER J V, BRAUN D P, et al. A spatial assessment of hydrologic alteration within a river network [J]. Regulated Rivers：Research and Management, 1998, 14 (4)：329-340.

[156] JOANNA J, JOANNA W D, TOMASZ D, et al. Assessment of dam construction impact on hydrological regime changes in lowland river - a case of study：The Stare Miasto reservoir located on the Powa River [J]. Journal of Water and Land Development, 2016, 30 (1)：119-125.

[157] SONG X X, ZHUANG Y H, WANG X L, et al. Combined effect of Danjiangkou reservoir and cascade reservoirs on hydrologic regime downstream [J]. Journal of Hydrologic Engineering, 2018, 23 (6)：05018008.

[158] 王志良，邱林. 水资源管理多属性决策与风险分析理论方法及应用研究 [M]. 郑州：黄河水利出版社，2007.

[159] 马明卫. Meta-elliptical Copulas 函数在干旱分析中的应用研究 [D]. 咸阳：西北农林科技大学，2011.

[160] 曹燕燕. 干旱时空变化及分布特征研究 [D]. 天津：天津大学，2012.

[161] 丁志宏，张金良，冯平. 黄河中游汛期水沙联合分布模型及其应用 [J]. 吉林大学学报（地球科学版），2011，41 (4)：1130-1135.

[162] 史黎翔，宋松柏. 基于 Copula 函数的两变量洪水重现期与设计值计算研究 [J]. 水力发电学报，2015，34 (10)：27-34.

[163] 陈永娟. 自回归随机水文模型在梨园河年径流模拟和预报中的应用 [J]. 水利规划与设计，2020 (1)：49-52.

[164] 李琦. 基于 MA 模型的中国环境保护税福利效应预测研究 [J]. 经济研究参考，2018 (56)：58-65.

[165] 王琛文. 计量经济学 ARMA 模型详细介绍 [J]. 经济研究导刊，2017 (21)：3-4.

[166] 丁志宏，张金萍，赵焱. 基于 CEEMDAN 的黄河源区年径流量多时间尺度变化特征研究 [J]. 海河水利，2016 (6)：1-6.

[167] 李文龙，李鸿雁，郭希海，等. 太阳黑子活动周期规律分析及趋势预测 [J]. 水利水电技术，2019，50 (5)：53-62.